复杂介质地震波正演模拟方法及优化

黄建平　李庆洋　雍　鹏　田　坤　王自颖　等　编著

科学出版社
北　京

内 容 简 介

本书系统介绍了复杂介质地震波正演模拟的理论、方法及策略，内容主要包括有限差分正演模拟基础理论、各向同性完全弹性介质数值模拟、黏弹性介质数值模拟、非均匀各向异性介质正演模拟、时空双变网格模拟策略、起伏地表正演模拟方法、高斯束正演模拟方法等。全书内容翔实，图文并茂，公式推导清晰，实用性强。

本书可作为地球探测与信息技术专业、地球物理学专业研究生和高年级本科生学习参考用书，也可供从事地震波传播理论与成像方法研究的科技人员自学或参考。

图书在版编目(CIP)数据

复杂介质地震波正演模拟方法及优化 / 黄建平等编著. —北京：科学出版社，2022.11

ISBN 978-7-03-065563-9

Ⅰ. ①复… Ⅱ. ①黄… Ⅲ. ①复杂地层–地震勘探–研究 Ⅳ. ①P631.4

中国版本图书馆 CIP 数据核字(2020)第 105788 号

责任编辑：万群霞 / 责任校对：王萌萌
责任印制：苏铁锁 / 封面设计：图悦盛世

科 学 出 版 社 出版
北京东黄城根北街 16 号
邮政编码：100717
http://www.sciencep.com
北京凌奇印刷有限责任公司 印刷
科学出版社发行 各地新华书店经销
*
2022 年 11 月第 一 版 开本：787×1092 1/16
2022 年 11 月第一次印刷 印张：13 1/4
字数：314 000

POD定价： 118.00元
(如有印装质量问题，我社负责调换)

前　言

随着地震勘探技术的不断进步，地震波数值模拟技术从简单、大型中浅层构造逐渐向复杂地表和复杂深部的双复杂构造发展。地表剧烈起伏给地震资料采集、处理带来了严重的影响，为此地球物理研究人员研究了一系列方法来克服这一问题。常用的地震波数值模拟方法主要包括射线方程类和波动方程类。射线方程类方法主要考虑地震波的运动学特征，无法获得地震波动力学特征，仅是对全波场的一种近似研究。因此，目前对复杂构造的数值模拟常采用波动方程类方法。

波动方程类方法主要包括有限差分法、有限元法、伪谱法和谱元法等，国内外研究人员针对上述几类波动方程地震波正演模拟方法进行了系统研究。传统有限差分方法因其算法简单、计算速度快、占用内存低等优点得到广泛应用，但处理起伏地表时较困难。为此，许多学者做了大量改进，比较有代表性的是采用坐标变换的思路将起伏地表映射为水平地表，对应的波动方程也在曲坐标系下求解。有限元法主要以分段近似为基础，进行三角网格剖分，对起伏地表的适应性较高，但计算量较大且实现算法复杂。Moczo(1989)[①]采用有限元法进行起伏地表条件下的黏弹性介质正演模拟。黄自萍[②](2004)将有限元法和有限差分法结合起来，仅在地表处应用有限元法，在地下应用有限差分方法，很好地弥补了有限差分法处理起伏地表的劣势和有限元法计算速度慢的缺点。伪谱法的空间导数在频率域完成而时间导数在时间域完成，具有计算精度高和占用内存低等优点，但容易产生吉布斯效应，对复杂起伏地表和强变速地质构造模拟适应性较低，因此在处理起伏地表时常跟其他方法结合。马德堂和朱光明(2003)[③]将伪谱法与有限元法结合起来模拟起伏地表。Tessmer(2000)[④]将伪谱法与坐标变换法结合起来对起伏地表进行模拟。谱元法采用有限元法与谱展开相结合，对起伏地表有很好的模拟效果，但同样由于其复杂的算法实现度，在工业界远不如有限差分法广泛。

由于矩形网格剖分对处理起伏地表存在天然劣势，近年来，国内外地球物理学者对不规则网格地震波模拟做了大量的研究。Fornberg(1988)[⑤]在新的坐标系下应用伪谱法模拟波场，在模拟过程中直接基于曲网格进行。Tessmer(2000)[④]在曲坐标系矩形网格下应用弹性波波动方程，用一个辅助坐标系将不规则起伏区域变换为规则区域。赵景霞等(2003)[⑥]利用块映射和超限插值技术将曲界面变换成曲坐标系下的水平界面，并在新坐标下利用伪

---

① Moczo P. 1989. Finite-difference technique for SH waves in 2-D media, using irregular grids: Application to the seismic response problem. Geophysical Journal International, 99: 321-329.

② 黄自萍. 2004. 弹性波传播数值模拟的区域分裂法. 地球物理学报, 47(6): 1094-1100.

③ 马德堂, 朱光明. 2003. 弹性波波场 P 波和 S 波分解的数值模拟. 石油地球物理勘探, 38(5): 482-486.

④ Tessmer E. 2000. Seismic finite-difference modeling with spatially varying time steps. Geophysics, 65:1290-1293.

⑤ Fornberg B. 1988. The pseudospectral method: Accurate representation of interfaces in elastic wave calculations. Geophysics, 53(5): 625-637.

⑥ 赵景霞, 张叔伦, 孙沛勇. 2003. 曲网络伪谱法二维声波模拟. 石油物探, 42(1): 1-5.

谱法模拟波场。王祥春和刘学伟(2005)[①]利用双平方根法将地表采集的波场在曲坐标系下延拓，去除了起伏地表带来的影响。褚春雷和王修田(2005)[②]将三角网格应用于地震正演模拟中，能适应地表起伏的不规则性，但生成网格需要巨大计算量。Thomas 和 Middlecoff(1980)[③]引入贴体网格进行正演模拟，算法对起伏地表的适应性较好，但贴体网格的生成同样需要较大计算量。

本书以有限差分格式求解波动方程为例，系统介绍了复杂介质地震波正演模拟方法及策略，主要包括介质复杂性、网格剖分策略、边界条件优化、起伏地表处理等方面。本书章节编写分工如下：前言简要介绍正演模拟方法的背景及主要分类，由黄建平和李庆洋编写；第 1 章介绍有限差分正演基础，包括网格格式、差分系数及优化、震源加载方式等，由李庆洋和田坤编写；第 2 章介绍非均匀各向同性声波、弹性介质数值模拟，主要包括声波、弹性波介质模拟方法，弹性波波场分离等，由黄建平和雍鹏编写；第 3 章介绍非均匀各向同性黏性介质正演模拟，主要描述常 Q 拟合方法、黏声介质及黏弹性介质模拟理论方法等，由田坤和李庆洋编写；第 4 章介绍非均匀各向异性介质正演模拟，重点描述各向异性模拟理论、拟声波生成策略及 LG 网格各向异性模拟方法等，由黄建平、李庆洋和王自颖编写；第 5 章介绍时空双变网格模拟策略，包括空间双变网格策略、时空双变网格策略及时空四变网格模拟方法，由李庆洋和王自颖编写；第 6 章简要介绍常规起伏地表模拟方法、坐标变换处理策略及贴体网格模拟策略，由黄建平编写；第 7 章简要描述高斯束正演模拟的方法，由黄建平和国运东编写；第 8 章介绍边界条件设置，主要描述衰减边界、PML 边界、C-PML 边界及 M-PML 边界条件，由黄建平编写。

本书在编写过程中得到了中国石油大学(华东)SWPI(地震波传播与成像)实验室全体老师、学生的大力支持，在此表示感谢。本书也学习和吸收了中国石油大学(北京)刘洋教授、同济大学董良国教授等专家的研究思路和部分研究结果，并得到了李娜博士、杨继东博士等的大力支持，在此也一并表示感谢。同时，也感谢国家重点研发计划课题(2019YFC0605503)、中国石油重大科技项目(ZD2018-183-003)、国家自然基金(41821002；41922028；41874149)、泰山学者基金等联合资助。

由于数理和地球物理专业水平有限，书中定有许多不妥之处，恳请各位专家和同行批评指正，谢谢。

作　者

2022 年 3 月

---

① 王祥春，刘学伟. 2005. 变换坐标系下相移法起伏地表地震波波场延拓. 地球物理学进展, 20(3): 677-680.

② 褚春雷，王修田. 2005. 非规则三角网格有限差分法地震正演模拟. 中国海洋大学学报, 35(1): 43-48.

③ Thomas P D, Middlecoff J F. 1980. Direct control of the grid point distribution in meshes generated by elliptic equations. AIAA Journal, 18(6): 652-656.

目　录

前言

第 1 章　有限差分正演基础 …… 1

1.1　规则网格高阶精度有限差分系数计算公式 …… 1

1.1.1　一阶导数的 $2L$ 阶精度差分公式 …… 1

1.1.2　二阶导数的各阶精度差分公式 …… 2

1.1.3　混合偏导数的各阶差分格式 …… 5

1.2　交错网格任意 $2L$ 阶精度有限差分系数计算公式 …… 5

1.3　改进差分系数 …… 6

1.4　震源加载方式 …… 8

参考文献 …… 11

第 2 章　非均匀各向同性声波、弹性介质数值模拟 …… 12

2.1　声波介质数值模拟 …… 12

2.1.1　均匀介质声波方程规则网格高阶有限差分数值解 …… 12

2.1.2　非均匀介质中声波方程交错网格高阶有限差分数值解 …… 12

2.1.3　数值模拟算例 …… 13

2.2　弹性波方程及其交错网格高阶差分格式 …… 17

2.2.1　一阶速度-应力弹性波方程公式推导 …… 17

2.2.2　交错网格高阶差分格式 …… 19

2.2.3　正演模拟的模型试算 …… 20

2.3　弹性波波场分离 …… 26

2.3.1　方法原理 …… 27

2.3.2　模型试算 …… 29

参考文献 …… 31

第 3 章　非均匀各向同性黏性介质正演模拟 …… 32

3.1　黏弹性介质的基本理论 …… 32

3.1.1　黏弹性介质的基本特点 …… 32

3.1.2　黏弹性介质中波的传播特点 …… 33

3.1.3　黏弹性介质模型的构建 …… 33

3.1.4　品质因子 …… 35

3.2　黏声介质正演模拟 …… 36

3.2.1　线性黏弹模型基本理论 …… 36

3.2.2　黏声介质常 Q 拟合 …… 37

3.2.3　黏声介质有限差分正演模拟 …… 38

3.3　黏弹性介质正演模拟 …… 40

3.3.1　黏弹性介质常 Q 拟合 …… 40

3.3.2　黏弹性介质有限差分正演模拟……42
3.4　黏弹性介质中纵、横波分离的正演模拟……46
3.4.1　基本原理……46
3.4.2　数值模拟……49
第 4 章　非均匀各向异性介质正演模拟……54
4.1　引言……54
4.2　TTI 介质 LG 有限差分数值模拟……55
4.2.1　LG 机制下波动方程的有限差分格式……55
4.2.2　计算实例……56
4.3　TTI 介质 LG 与 SSG 耦合有限差分数值模拟……59
4.3.1　SSGS 与 LS 耦合机制下波动方程的有限差分格式……59
4.3.2　计算实例……67
参考文献……70
第 5 章　时空双变网格策略……71
5.1　引言……71
5.2　时空双变基本原理……72
5.2.1　速度场的多尺度网格离散策略……72
5.2.2　弹性波波动方程的离散化……73
5.2.3　局部时间采样变化（LVTS)思想……77
5.3　典型模型试算……80
5.3.1　复杂模型……80
5.3.2　低降速带模型……84
5.3.3　小结……85
5.4　双变网格优化……86
5.4.1　压制虚假反射——Lanczos 滤波……86
5.4.2　分块变网格原理……91
5.4.3　多级变网格原理……92
5.4.4　小结……94
参考文献……95
第 6 章　起伏地表正演模拟……96
6.1　常规有限差分弹性波起伏地表正演……96
6.2　坐标变换法弹性波起伏地表正演……104
6.2.1　曲坐标系下速度-应力弹性波波动方程……104
6.2.2　曲坐标系自由边界条件……106
6.2.3　模型试算……108
6.3　基于时空双变网格的起伏地表变坐标系正演模拟方法……109
6.3.1　原理……109
6.3.2　模型试算……111
6.4　分层坐标变换弹性波正演模拟方法……117
6.4.1　原理……117

6.4.2 模型试算 …… 120
6.5 贴体网格起伏地表正演模拟 …… 125
6.5.1 贴体网格 …… 125
6.5.2 二维正交曲网格的生成 …… 127
6.5.3 数值模拟 …… 136
参考文献 …… 138
第 7 章 高斯束正演模拟 …… 139
7.1 高斯射线束正演方法理论推导 …… 139
7.1.1 二维高斯射线束表达式 …… 139
7.1.2 运动学射线追踪 …… 141
7.1.3 动力学射线追踪 …… 144
7.1.4 高斯射线束合成地震记录 …… 145
7.1.5 二维均匀介质线性界面高斯射线束合成记录各参数求取 …… 148
7.2 高斯射线束算法实现及实例分析 …… 160
7.2.1 高斯射线束算法实现 …… 160
7.2.2 模型实例分析 …… 161
7.3 三维起伏地表的高斯束正演模拟方法 …… 170
7.3.1 三维起伏地表高斯束正演模拟原理 …… 171
7.3.2 数值算例 …… 175
7.3.3 结论和讨论 …… 178
7.4 基于投影菲涅耳波带的三维起伏地表高斯束正演模拟方法 …… 178
7.4.1 三维高斯束正演模拟原理 …… 179
7.4.2 数值算例 …… 183
7.4.3 结论及讨论 …… 187
参考文献 …… 187
第 8 章 边界条件的设置 …… 189
8.1 衰减边界条件 …… 189
8.2 完全匹配层边界条件 …… 190
8.2.1 PML 边界条件的基本思想 …… 190
8.2.2 PML 边界条件的基本原理 …… 190
8.3 卷积完全匹配层边界条件 …… 193
8.4 多轴完全匹配层边界条件 …… 194
8.5 多轴卷积完全匹配层边界条件 …… 195
8.6 模型试算与应用 …… 196
参考文献 …… 203

第1章　有限差分正演基础

地震波方程的离散化必会涉及地震波场的数值逼近问题。地震波场的数值模拟精度，一方面依赖于剖分网格的形状和大小，另一方面取决于离散波场的时间微分和空间微分的逼近误差。

1.1　规则网格高阶精度有限差分系数计算公式

1.1.1　一阶导数的 2*L* 阶精度差分公式

任意 $2L$ 阶精度中心有限差分系数计算公式推导如下：设 $u(x)$ 有 $2L+1$ 阶导数，则 $u(x)$ 在 $x=x_0 \pm m\Delta x$ 处的 $2L+1$ 阶泰勒展开式为

$$u(x_0 \pm m\Delta x)=u(x_0)+\sum_{i=1}^{2L+1}\frac{(\pm m)^i(\Delta x)^i}{i!}u^{(i)}(x_0)+O(\Delta x^{2L+2}),\quad m=1,2,\cdots,L \tag{1-1}$$

又有

$$\begin{aligned}&u(x_0+m\Delta x)-u(x_0-m\Delta x)\\&=2\left[m\Delta x\frac{\partial u(x_0)}{\partial x}+\sum_{i=1}^{L-1}\frac{(m)^{2i+1}(\Delta x)^{2i+1}}{(2i+1)!}u^{(2i+1)}(x_0)+O(\Delta x^{2(L+1)+1})\right]\end{aligned} \tag{1-2}$$

由于一阶导数 $2L$ 阶精度中心差分近似式可表示为

$$\begin{aligned}\Delta x\frac{\partial u(x)}{\partial x}\bigg|_{x=x_0}&=\sum_{i=1}^{L-1}a_m\left[u(x_0+m\Delta x)-u(x_0-m\Delta x)\right]\\&\quad+e_L u^{2L+1}(x_0)\Delta x^{2L+1}+O(\Delta x^{2(L+1)+1})\end{aligned} \tag{1-3}$$

将 L 个方程代入、化简，有

$$\begin{aligned}\frac{1}{2}\Delta x u^{(1)}(x_0)&=\sum_{i=1}^{L}m\Delta x u^{(1)}(x_0)+\sum_{m=1}^{L}\sum_{i=1}^{L-1}\frac{(m)^{2i+1}(\Delta x)^{2i+1}}{(2i+1)!}a_m u^{(2i+1)}(x_0)\\&\quad\times\sum_{i=1}^{L}\frac{(m)^{2L+1}(\Delta x)^{2L+1}}{(2L+1)!}a_m u^{(2L+1)}(x_0)+O(\Delta x^{2(L+1)+1})\end{aligned} \tag{1-4}$$

式中，差分系数由以下方程确定：

$$\begin{pmatrix} 1 & 2^1 & \cdots & L^1 \\ 1 & 2^3 & \cdots & L^3 \\ \vdots & \vdots & & \vdots \\ 1 & 2^{2L-1} & \cdots & (L)^{2L-1} \end{pmatrix} \begin{pmatrix} a_1 \\ a_2 \\ \vdots \\ a_L \end{pmatrix} = \begin{pmatrix} 1 \\ 2 \\ 0 \\ \vdots \\ 0 \end{pmatrix} \tag{1-5}$$

解系数方程[式(1-5)]可得

$$a_m = \frac{(-1)^{m+1} \prod_{i=1, i \neq m}^{L} i^2}{2m \prod_{i=1}^{m-1} (m^2 - i^2) \prod_{i=m+1}^{L} (i^2 - m^2)} \tag{1-6}$$

由式(1-6)可以得到一阶导数不同差分精度的差分权系数(表 1-1)。

表 1-1　一阶导数对应于各阶精度的差分权系数值

$2L$	a_0	a_1	a_2	a_3	a_4	a_5	a_6
2	0.00	5.00000×10^{-1}					
4	0.00	6.66667×10^{-1}	-8.33333×10^{-2}				
6	0.00	7.50000×10^{-1}	-1.50000×10^{-1}	1.66667×10^{-2}			
8	0.00	8.00000×10^{-1}	-2.00000×10^{-1}	3.80952×10^{-2}	-3.57143×10^{-3}		
10	0.00	8.33333×10^{-1}	-2.38095×10^{-1}	5.95238×10^{-2}	-9.92063×10^{-3}	7.93651×10^{-4}	
12	0.00	8.57143×10^{-1}	-2.67857×10^{-1}	7.93651×10^{-2}	-1.78571×10^{-2}	2.59740×10^{-3}	-1.80375×10^{-4}

中心差分近似的截断误差系数为

$$e_L = \frac{2}{(2L+1)!} \sum_{m=1}^{L} m^{2L+1} a_m \tag{1-7}$$

中心差分近似的极限，即 $L \to \infty$ 时，有

$$a_m = \frac{(-1)^{m+1}}{m}, e_L = 0 \tag{1-8}$$

于是有

$$\left. \frac{\partial u(x)}{\partial x} \right|_{x=x_0} = \sum_{m=1}^{L} \frac{a_m \left[u(x_0 + m\Delta x) - u(x_0 + m\Delta x) \right]}{\Delta x} \tag{1-9}$$

式中，一阶导数的中心差分算子长度为 $2L$。

1.1.2　二阶导数的各阶精度差分公式

在此仅对关于 x 的空间微商进行讨论，并假设差商具有的截断误差为 $O(\Delta x^{2L})$，L

是大于 1 的数。

$$u(x+\Delta x)=u(x)+\frac{\partial u}{\partial x}\Delta x+\frac{1}{2!}\frac{\partial^2 u}{\partial x^2}(\Delta x)^2+\frac{1}{3!}\frac{\partial^3 u}{\partial x^3}(\Delta x)^3+\cdots+\frac{1}{(2L)!}\frac{\partial^{2L} u}{\partial x^{2L}}(\Delta x)^{2L}+\cdots \tag{1-10}$$

$$u(x-\Delta x)=u(x)-\frac{\partial u}{\partial x}\Delta x+\frac{1}{2!}\frac{\partial^2 u}{\partial x^2}(\Delta x)^2-\frac{1}{3!}\frac{\partial^3 u}{\partial x^3}(\Delta x)^3+\cdots+\frac{1}{(2L)!}\frac{\partial^{2L} u}{\partial x^{2L}}(\Delta x)^{2L}+\cdots \tag{1-11}$$

$$\begin{aligned}\frac{u(x+\Delta x)-2u(x)+u(x-\Delta x)}{2}&=\frac{1}{2!}\frac{\partial^2 u}{\partial x^2}(\Delta x)^2+\frac{1}{4!}\frac{\partial^4 u}{\partial x^4}(\Delta x)^4+\cdots\\&\quad+\frac{1}{(2L)!}\frac{\partial^{2L} u}{\partial x^{2L}}(\Delta x)^{2L}+O(\Delta x^{2L})\end{aligned} \tag{1-12a$_1$}$$

$$\begin{aligned}u(x+2\Delta x)&=u(x)+\frac{\partial u}{\partial x}(2\Delta x)+\frac{1}{2!}\frac{\partial^2 u}{\partial x^2}(2\Delta x)^2+\frac{1}{3!}\frac{\partial^3 u}{\partial x^3}(2\Delta x)^3+\cdots\\&\quad+\frac{1}{(2L)!}\frac{\partial^{2L} u}{\partial x^{2L}}(2\Delta x)^{2L}+\cdots\\u(x-2\Delta x)&=u(x)-\frac{\partial u}{\partial x}(2\Delta x)+\frac{1}{2!}\frac{\partial^2 u}{\partial x^2}(2\Delta x)^2-\frac{1}{3!}\frac{\partial^3 u}{\partial x^3}(2\Delta x)^3+\cdots\\&\quad+\frac{1}{(2L)!}\frac{\partial^{2L} u}{\partial x^{2L}}(2\Delta x)^{2L}+\cdots\\\frac{u(x+2\Delta x)-2(x)+u(x-2\Delta x)}{2}&=\frac{1}{2!}\frac{\partial^2 u}{\partial x^2}(2\Delta x)^2+\frac{1}{4!}\frac{\partial^4 u}{\partial x^4}(2\Delta x)^4+\cdots\\&\quad+\frac{1}{(2L)!}\frac{\partial^{2L} u}{\partial x^{2L}}(2\Delta x)^{2L}+O(\Delta x^{2L})\end{aligned} \tag{1-12a$_2$}$$

$$\vdots$$

$$\begin{aligned}u(x+L\Delta x)&=u(x)+\frac{\partial u}{\partial x}(L\Delta x)+\frac{1}{2!}\frac{\partial^2 u}{\partial x^2}(L\Delta x)^2+\frac{1}{3!}\frac{\partial^3 u}{\partial x^3}(L\Delta x)^3+\cdots\\&\quad+\frac{1}{(2L)!}\frac{\partial^{2L} u}{\partial x^{2L}}(L\Delta x)^{2L}+\cdots\\u(x-L\Delta x)&=u(x)-\frac{\partial u}{\partial x}(L\Delta x)+\frac{1}{2!}\frac{\partial^2 u}{\partial x^2}(L\Delta x)^2-\frac{1}{3!}\frac{\partial^3 u}{\partial x^3}(L\Delta x)^3+\cdots\\&\quad+\frac{1}{(2L)!}\frac{\partial^{2L} u}{\partial x^{2L}}(L\Delta x)^{2L}+\cdots\\\frac{u(x+L\Delta x)-2u(x)+u(x-L\Delta x)}{2}&=\frac{1}{2!}\frac{\partial^2 u}{\partial x^2}(L\Delta x)^2+\frac{1}{4!}\frac{\partial^4 u}{\partial x^4}(L\Delta x)^4\\&\quad+\cdots+\frac{1}{(2L)!}\frac{\partial^{2L} u}{\partial x^{2L}}(L\Delta x)^{2L}+O(\Delta x^{2L})\end{aligned} \tag{1-12a$_L$}$$

令

$$f_1=\frac{u(x+\Delta x)-2u(x)+u(x-\Delta x)}{2}$$
$$f_2=\frac{u(x+2\Delta x)-2u(x)+u(x-2\Delta x)}{2}$$
$$\vdots$$
$$f_L=\frac{u(x+L\Delta x)-2u(x)+u(x-L\Delta x)}{2}$$

$$a_1=\frac{\partial^2 u}{\partial x^2}(\Delta x)^2,a_2=\frac{\partial^4 u}{\partial x^4}(\Delta x)^4,\cdots,a_L=\frac{\partial^{2L} u}{\partial x^{2L}}(\Delta x)^{2L} \tag{1-13}$$

由式(1-12a$_1$)～式(1-12a$_L$)，结合上述规定，可得如下方程组：

$$\begin{cases}\dfrac{1}{2!}a_1+\dfrac{1}{4!}a_2+\cdots+\dfrac{1}{(2L)!}a_L=f_1\\ \dfrac{2^2}{2!}a_1+\dfrac{2^4}{4!}a_2+\cdots+\dfrac{2^{2L}}{(2L)!}a_L=f_2\\ \vdots\\ \dfrac{L^2}{2!}a_1+\dfrac{L^4}{4!}a_2+\cdots+\dfrac{L^{2L}}{(2L)!}a_L=f_L\end{cases} \tag{1-14}$$

求解此线性方程组即可得到$a_1,a_2,\cdots,a_{\frac{L}{2}}$，我们仅需$a_1$即得$\frac{\partial^2 u}{\partial x^2}\Delta x^2$，因此存在下式：

$$2\frac{\partial^2 u}{\partial x^2}\Delta x^2=a_0u(x)+\sum_{m=1}^{\frac{L}{2}}a_m[u(x+m\Delta x)+u(x-m\Delta x)]+O(\Delta x^L) \tag{1-15}$$

由此，得到规则网格二阶导数各阶精度的权系数值(表1-2)。

表1-2　规则网格二阶导数对应于各阶精度的权系数值

$2L$	a_0	a_1	a_2	a_3	a_4	a_5	a_6
2	−2.00000	1.00000					
4	−2.50000	1.33333	-8.33333×10^{-2}				
6	−2.72222	1.50000	-1.50000×10^{-1}	1.11111×10^{-2}			
8	−2.84722	1.60000	-2.00000×10^{-1}	2.53968×10^{-2}	-1.78571×10^{-3}		
10	−2.92722	1.66667	-2.38095×10^{-1}	3.96825×10^{-2}	-4.96032×10^{-3}	3.17460×10^{-4}	
12	−2.98278	1.71429	-2.67857×10^{-1}	5.29101×10^{-2}	-8.92857×10^{-3}	1.03896×10^{-3}	-6.01251×10^{-5}

1.1.3　混合偏导数的各阶差分格式

空间混合偏导数可以首先沿一个方向(如 x)求取偏导数，再对其结果沿另一个方向(如 z)求取偏导数得到。若函数 $u(x, z)$ 的某阶混合偏导数连续，则该导数的结果与求导顺序无关。以二阶混合偏导数为例，可以写成

$$\frac{\partial^2 u}{\partial x \partial z} = \sum_{i=-n}^{n} \sum_{k=-n}^{n} \left[a_i a_k u(x + i\Delta x, z + k\Delta z) \right] \tag{1-16}$$

式中，a_i、a_k 为一阶导数对应的权系数值(同表 1-1)，显然满足

$$\sum_{i=-n}^{n} \sum_{k=-n}^{n} a_i a_k = 0 \tag{1-17}$$

1.2　交错网格任意 2L 阶精度有限差分系数计算公式

在交错网格技术中，变量的导数是在相应的变量网格点之间的半程上计算的。为此，可采用式(1-18)计算一阶空间导数。

设 $u(x)$ 有 $2L+1$ 阶导数，则 $u(x)$ 在 $x = x_0 \pm \frac{2m-1}{2}\Delta x$ 处 $2L+1$ 阶泰勒展开式为

$$u\left(x_0 \pm \frac{2m-1}{2}\Delta x\right) = u(x_0) + \sum_{i=1}^{2L+1} \frac{\left(\pm\frac{2m-1}{2}\right)^i (\Delta x)^i}{i!} u^{(i)}(x_0) + O(\Delta x^{2L+2}) \tag{1-18}$$

由于交错网格一阶导数 2L 阶精度差分近似式可表示为

$$\Delta x \frac{\partial u(x)}{\partial x} = \sum_{m=1}^{L} a_m \left[u\left(x_0 + \frac{2m-1}{2}\Delta x\right) - u\left(x_0 - \frac{2m-1}{2}\Delta x\right) \right] + O(\Delta x^{2L}) \tag{1-19}$$

将上述 L 个方程代入、化简，有

$$\Delta x u^{(1)}(x_0) \approx \sum_{m=1}^{L} (2m-1)\Delta x a_m u^{(1)}(x_0) + \sum_{m=1}^{L}\sum_{i=1}^{L-1} \frac{(2m-1)^{2i+1}\Delta x^{2i+1}}{(2i-1)!} a_m u^{(2i+1)}(x_0) \tag{1-20}$$

式中，待定系数由以下方程确定：

$$\begin{bmatrix} 1 & 3 & \cdots & 2L-1 \\ 1 & 3^3 & \cdots & (2L-1)^3 \\ \vdots & \vdots & & \vdots \\ 1 & 3^{2L-1} & \cdots & (2L-1)^{2L-1} \end{bmatrix} \begin{bmatrix} a_1 \\ a_2 \\ \vdots \\ a_L \end{bmatrix} = \begin{bmatrix} 1 \\ 0 \\ \vdots \\ 0 \end{bmatrix} \tag{1-21}$$

由系数方程[式(1-21)]计算可得如下结果。

(1) $L=1$时，$a_1=1$。

(2) $L=2$时，$a_1=1.125$；$a_2=-0.04166667$。

(3) $L>2$时，有

$$a_m=\frac{(-1)^{m+1}\prod_{i=1,i\neq m}^{L}(2i-1)^2}{(2m-1)\prod_{i=1}^{L-1}\left[(2m-1)^2-(2i-1)^2\right]} \tag{1-22}$$

由此可得到交错网格不同差分精度的差分权系数值(表1-3)。

表1-3 交错网格一阶导数对应于各阶精度的权系数值

$2L$	a_1	a_2	a_3	a_4	a_5	a_6
2	1.00000					
4	1.12500	-4.16667×10^{-2}				
6	1.17187	-6.51042×10^{-2}	4.68750×10^{-3}			
8	1.19629	-7.97526×10^{-2}	9.57031×10^{-3}	-6.97545×10^{-4}		
10	1.21124	-8.97217×10^{-2}	1.38428×10^{-2}	-1.76566×10^{-3}	1.18680×10^{-4}	
12	1.22134	-9.69315×10^{-2}	1.74477×10^{-2}	-2.96729×10^{-3}	3.59005×10^{-4}	-2.18478×10^{-5}

1.3 改进差分系数

网格频散是有限差分方法离散化求解波动方程产生的固有本质特征，频散会降低模拟结果的分辨率，而差分系数是影响频散效果的重要因素。目前，泰勒(Taylor)系数使用较广泛，此外，Tam 和 Webb(1993)引入最小二乘思想得到同位网格下线性欧拉方程的DRP(dispersion relation preserving)差分系数；沿用 Tam 和 Webb(1993)的思路，Ye 和 Bernd(2005)推导了非均匀网格二阶偏导的 DRP 系数并将其应用到声波数值模拟中；McGarry 等(2011)提出交错网格一阶微分的 DRC(dispersion reducing coefficients)系数，改善了频散现象。在前人的基础上，雍鹏等(2016)将 Taylor 级数展开方法与最小二乘思想结合得到新的频散改进差分系数，降低了 Taylor 系数对空间间距的依赖，使在大网格间距下仍然具有较高的模拟精度，从而节约内存和计算量，并且模型数据越大，该算子的优势越明显。

有限差分正演模拟的基本思想就是用M阶差分算子代替波动方程中的偏微分，通过求取波动方程差分形式的数值解来近似偏微分方程的解析解，偏微分的M阶差分形式可以表示为

$$\partial_x f(x)\approx \mathrm{D}_x[f(x)]=\frac{1}{\Delta x}\sum_{m=1}^{M/2}c_m[f(x+m\Delta x)-f(x-m\Delta x)] \tag{1-23}$$

可以看出，当差分精度M固定时，式(1-23)的近似精度取决于差分系数c_m及空间间

隔 Δx。现在广泛采用的是 Taylor 差分系数，首先对(1-23)式进行傅里叶变换，由欧拉公式得到一个关于波数与 Δx 的近似式：

$$K \approx \sum_{m=1}^{M/2} 2c_m \sin(mK) \triangleq \beta \tag{1-24}$$

式中，$K = k\Delta x$，其中 k 为波数；β 为近似值。将式(1-24)中的正弦函数展成 Taylor 级数，截取前 $M/2$ 项，根据等式两端对应项系数相等，便可推出计算 Taylor 系数的线性方程组：

$$\sum_{m=1}^{M/2} 2c_m m^{2n+1} = \delta, \quad n = 0,1,\cdots,\frac{M}{2}-1 \tag{1-25}$$

$$\delta = \begin{cases} 1, & n = 0 \\ 0, & n = 1,2,\cdots,\dfrac{M}{2}-1 \end{cases}$$

由 Taylor 级数的性质可知，采用 Taylor 差分系数时式(1-24)的精度随 Δx 的减小而提高，但是单纯地依靠减小空间间隔来提高精度会使内存和计算量成倍增加，不利于大规模数据的处理。为提高方法的计算效率，可引入最小二乘思想，寻找使式(1-24)对所有 $\Delta x \in (0, \Delta x_{\max})$ 的误差平方和最小的差分系数（$\Delta x_{\max}$ 为采样定理允许的最大间距），这样每个采样间隔对应的偏差都很小，近似精度也不会因为 Δx 的增大而降低，数值模拟时便可选取较大的采样间隔，从而降低存储内存与计算量。最小二乘方法的误差目标函数方程如下：

$$L = \int_0^{K_{\max}} \left[\sum_{m=1}^{M/2} 2c_m \sin(mK) - K \right]^2 \mathrm{d}K \tag{1-26}$$

根据 K 与 Δx 的关系及奈奎斯特(Nyquist)频率得到 $K_{\max} = \dfrac{2\pi}{N}$（$N$ 为单位波长内的采样点数，本书中 N=3）。此外，在式(1-26)的误差目标函数中直接选用正弦函数，避免先前方法中 Taylor 级数截断带来的误差，提高了式(1-23)的精度。使式(1-26)最小的差分系数可以通过方程组式(1-27)得

$$\frac{\partial L}{\partial c_m} = 0, \quad m = 1,2,\cdots,\frac{M}{2} \tag{1-27}$$

虽然式(1-27)得到的差分系数可以允许较大的采样间隔，但由于求取准则是误差平方和最小，而平方和内各项的误差大小不确定，这可能会使小采样间隔下的误差增大，导致频散甚至不稳定现象。因此，本书将最小二乘思想与 Taylor 方法结合：利用最小二乘方法降低对大空间采样的限制，同时，通过 Taylor 展开关系保证小采样间距下的模拟精度。经过多次试验，由式(1-25)的第一个与式(1-27)的前 $\dfrac{M}{2}-1$ 个（$m = 1,2,\cdots,\dfrac{M}{2}-1$）

构建的新方程组能够得到最优的差分系数(DIC)，表 1-4 给出 N=3 时的任意偶数阶差分精度下的 DIC 表。

表 1-4　任意偶数阶差分精度下的频散改进差分系数

精度(阶数)	c_1	c_2	c_3	c_4	c_5
M=5	1.23896	−0.11012	0.0246284	−0.005577	0.00081098
M=4	1.22959	−0.102319	0.0193287	−0.002755	
M=3	1.21325	−0.089220	0.0108821		
M=2	1.17770	−0.059234			

为了测试效果，将本书推导的差分系数与 Taylor 系数，DRP 系数[联立式(1-25)前 $\frac{M}{2}-1$ 个及式(1-27)中的任意一个得到]及 DRC 系数[结合式(1-25)前两个(n=0,1)及式(1-27)前 $\frac{M}{2}-2$ 个方程得到]进行对比，图 1-1 为 10 阶差分精度(M=10)下，分别采用上述 4 种差分系数得到的式(1-24)的频散曲线(已将 β 归一化)，可以看出在大空间网格间距下，本书提出的 DIC 算子与真实值(K)最接近，能更好地压制网格频散现象。

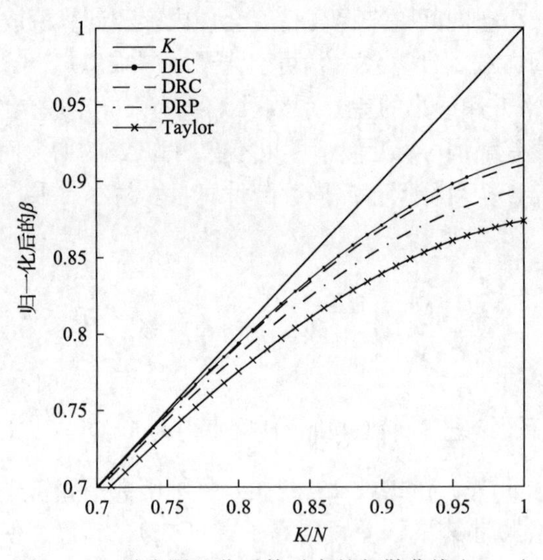

图 1-1　四种有限差分系数对应的频散曲线(M=10)

1.4　震源加载方式

震源模拟就是在有限差分法的差分网格点上施加震源。在地震波波场模拟中，震源模拟是一个关键步骤，震源模拟的好坏及震源施加方式将直接影响模拟结果。数值模拟震源非常灵活，可以模拟实际物理震源如重锤力源和炸药震源，也可以模拟非物理震源如等能量力源等。许多地震工作者在有关震源模拟方面都做过深入研究。这里重点介绍几种常见的模拟震源，并介绍其用于各向异性介质波场模拟的实现过程。

1. 集中力源

集中力源模拟是在差分网格某个结点上施加一个随时间变化的作用力。集中力源具有方向性，可以是垂直作用力，也可以是水平作用力，还可以是倾斜作用力。集中力源在弹性介质中激发的弹性波场具有方向效应，它的加载方式如图 1-2 所示。

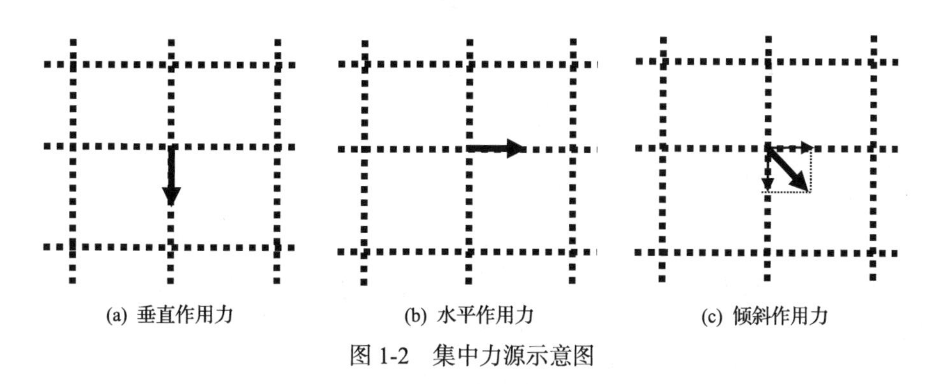

图 1-2　集中力源示意图

2. 炸药震源

炸药震源的作用是在球腔内产生对称的径向作用力。炸药震源模拟是在有限差分网格点上施加作用力，使其作用效果相当于球腔炸药震源。在均匀各向同性介质中，炸药震源相当于纯 P 波震源，因而产生纯 P 波波场；在各向异性介质中，由于纵横波的耦合，炸药震源也可以产生横波，其加载方式如图 1-3(a)所示。

3. 纯剪切力源

纯剪切力源相当于实际中的纯横波震源。纯剪切力源模拟就是在差分网格四个结点上施加垂向和水平方向大小相等的作用力，使其合力沿着四个结点所在的圆相切并旋转方向一致。纯剪切力源在均匀各向同性介质中只产生横波，而在各向异性介质中也会产生纵波，其加载方式如图 1-3(b)所示。

4. 等能量震源

在各向异性介质中，由于纵横波的耦合，炸药震源在激发纵波的同时会产生横波，但横波的能量很弱，不利于问题的研究讨论。纯剪切力源在激发横波的同时也会产生纵波，其纵波能量也很弱。为更好地研究各向异性介质中波动特征，希望有纵横波能量相当的震源，有利于波场特征的研究，这种震源就是等能量震源。等能量震源模拟就是在差分网格四个结点上施加方向不同的作用力之后，可以产生分解到各个结点上的径向和切向上大小相等的分量，这种震源起到了炸药震源和纯剪切力源的双重作用，在各向异性介质中同时激发能量相当的纵波与横波，但等能量震源激发的波场消除了与震源相关的方向效应，其加载方式如图 1-3(c)所示。

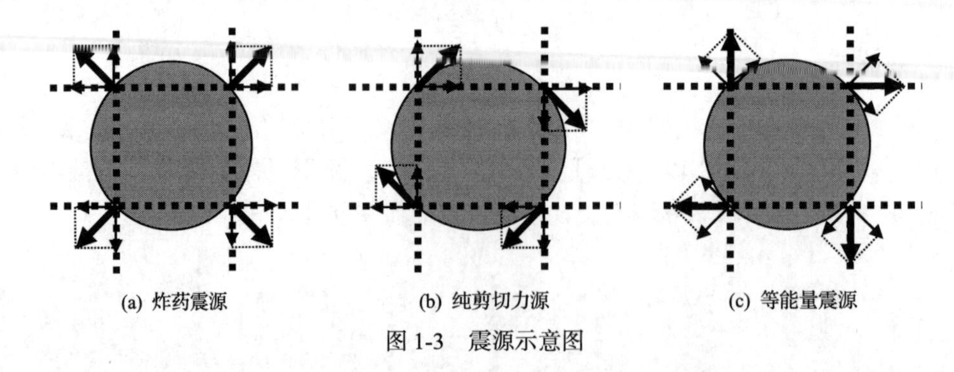

(a) 炸药震源　　(b) 纯剪切力源　　(c) 等能量震源

图 1-3　震源示意图

为了观测各向异性介质弹性波场与震源的相关性，分别采用集中力源、炸药震源、纯剪切力源和等能量震源进行激发，观察弹性波场的方向性效应，借鉴 Dellinger(1991) 有限差分模型示例进行不同震源激发波场模拟。

图 1-4～图 1-6 是集中力源激发的波场，从图中可以看出，在各向异性介质中采用集中力源激发，其波场中既有横波又有纵波，且这种波场具有与震源相关的方向性效应。在图 1-4 中，由于采用 z 方向集中力源激发，其横波能量在 z 方向为零，而在 x 方向能量最强；纵波能量在 z 方向上最强，而在 x 方向上能量为零。在图 1-5 中，由于采用 x 方向集中力源激发，横波能量在 x 方向上为零，在 z 方向上能量最强；纵波能量在 x 方向上最强，而在 z 方向上为零。图 1-6 是倾斜集中力源激发的波场，沿着力源方向纵波能量强，沿着力源垂直方向横波能量强。从此，可以看出集中力源激发的波场具有与震源相关的方向性效应。

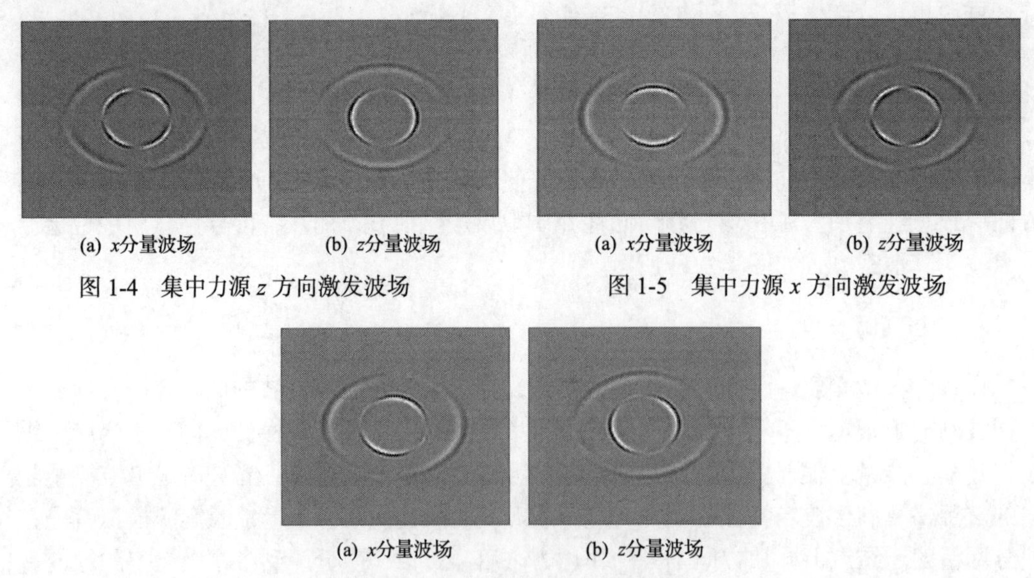

(a) x分量波场　　(b) z分量波场

图 1-4　集中力源 z 方向激发波场

(a) x分量波场　　(b) z分量波场

图 1-5　集中力源 x 方向激发波场

(a) x分量波场　　(b) z分量波场

图 1-6　集中力源 F 方向激发波场

图 1-7 和图 1-8 分别是炸药震源和纯剪切力源激发的波场，可以看出炸药震源在各向异性介质中激发不仅激发纵波，也可以激发横波，但横波能量相对较弱；纯剪切力源在各向异性介质中激发不只是激发横波，也会产生能量较弱的纵波。体现了各向异性介

质中体波的耦合。

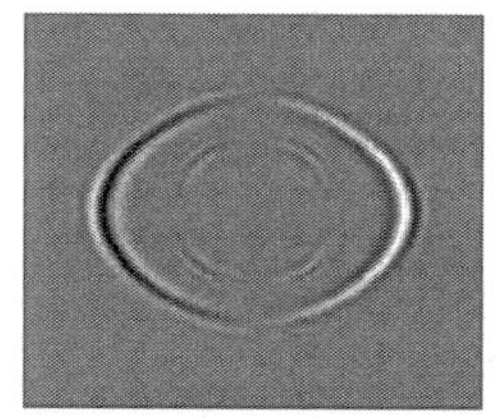

(a) x分量波场

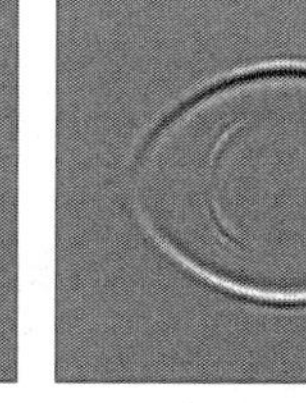

(b) z分量波场

图 1-7　炸药震源激发波场

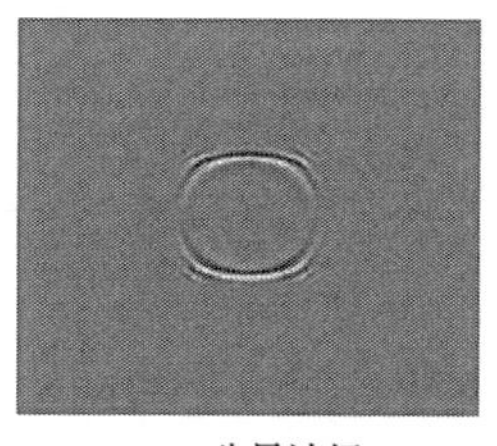

(a) x分量波场

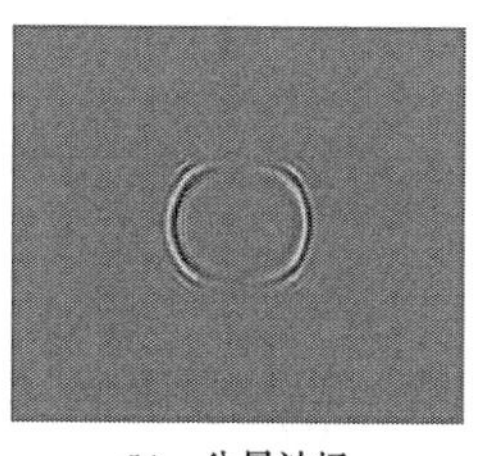

(b) z分量波场

图 1-8　纯剪切力源激发波场

图 1-9 是等能量震源激发的波场。等能量震源激发的弹性波场，其纵波与横波能量分布相当，并且去除了波场与震源相关的方向性效应，便于纵横波场特征研究。

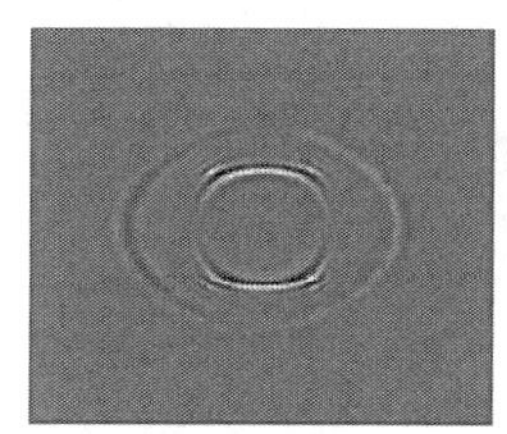

(a) x分量波场

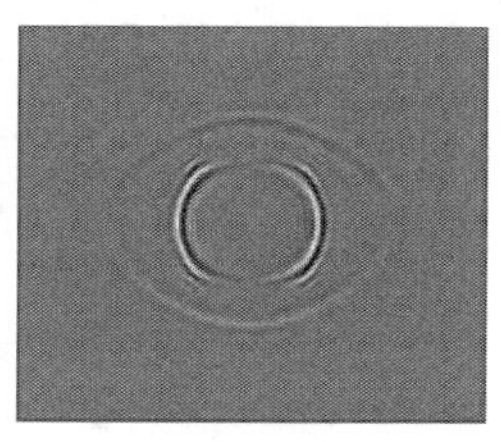

(b) z分量波场

图 1-9　等能量震源激发波场

参 考 文 献

雍鹏，黄建平，李振春，等．2016．一种时空域优化的高精度交错网格差分算子与正演模拟．地球物理学报，59(11)：4223-4233.

Dellinger J A. 1991. Anisotropic seismic wave propagation. Stanford: Stanford University.

McGarry R, Damir P, Cen O. 2011.Anisotropic elastic modeling on a Lebedev grid: Dispersion reduction and grid decoupling//SEG Technical Program Expanded Abstracts 2011. Society of Exploration Geophysicists: 2829-2833.

Tam C K W, Webb J C. 1993. Dispersion-relation-preserving finite difference schemes for computational acoustics. Journal of Computational Physics, 107(2): 262-281.

Ye F, Bernd M. 2005. Dispersion-relation-preserving finite difference operators: Derivation and application//2005 SEG Annual Meeting, Houston.

第 2 章　非均匀各向同性声波、弹性介质数值模拟

2.1　声波介质数值模拟

2.1.1　均匀介质声波方程规则网格高阶有限差分数值解

均匀各向同性介质二维声波方程可表示为

$$\frac{1}{{v_\mathrm{P}}^2}\frac{\partial^2 u}{\partial t^2}=\frac{\partial^2 u}{\partial x^2}+\frac{\partial^2 u}{\partial z^2} \tag{2-1}$$

式中，$u(x,z,t)$ 为声波波场；$v_\mathrm{P}(x,z)$ 为声波速度场。时间导数采用二阶中心差分、空间导数为 $2N$ 阶差分精度的二维声波方程的高阶差分格式为

$$\begin{aligned}u_{i,j}^{k+1}=2u_{i,j}^{k}-u_{i,j}^{k-1}&+\frac{1}{2}\left(\frac{v_\mathrm{P}\Delta t}{\Delta x}\right)^2\left[a_0 u_{i,j}^{k}+\sum_{n=1}^{N}a_n(u_{i+n,j}^{k}+u_{i-n,j}^{k})\right]\\&+\frac{1}{2}\left(\frac{v_\mathrm{P}\Delta t}{\Delta z}\right)^2\left[a_0 u_{i,j}^{k}+\sum_{n=1}^{N}a_n(u_{i,j+n}^{k}+u_{i,j-n}^{k})\right]\end{aligned} \tag{2-2}$$

2.1.2　非均匀介质中声波方程交错网格高阶有限差分数值解

非均匀各向同性介质中二维声波方程的一阶应力－速度方程形式可表示为

$$\begin{cases}\dfrac{\partial u}{\partial t}=-\rho {v_\mathrm{P}}^2\left(\dfrac{\partial v_x}{\partial x}+\dfrac{\partial v_z}{\partial z}\right)\\[2mm]\dfrac{\partial v_x}{\partial t}=\dfrac{1}{\rho}\dfrac{\partial u}{\partial x}\\[2mm]\dfrac{\partial v_z}{\partial t}=\dfrac{1}{\rho}\dfrac{\partial u}{\partial z}\end{cases} \tag{2-3}$$

式中，v_x、v_z 为质点速度；u 为法线应力；ρ 为密度；v_P 为纵波速度。

我们采用交错网格，相应的声波波场分量和弹性参数的空间位置见图 2-1，下面给出 $2N$ 阶空间差分精度、二阶时间差分精度交错网格高阶有限差分格式，设 $U_{i,j}^{k+1/2}$、$P_{i+1/2,j}^{k}$、$Q_{i,j+1/2}^{k}$ 分别是应力 u、速度 v_x 和 v_z 的离散值。则方程式(2-3)的差分格式为

$$\begin{aligned}U_{i,j}^{k+1/2}=U_{i,j}^{k-1/2}&-\frac{\Delta t\rho {v_\mathrm{P}}^2}{\Delta x}\left[\sum_{n=1}^{N}C_n^{(N)}\left(P_{i+(2n-1)/2,j}^{k}-P_{i-(2n-1)/2,j}^{k}\right)\right]\\&-\frac{\Delta t\rho {v_\mathrm{P}}^2}{\Delta z}\left[\sum_{n=1}^{N}C_n^{(N)}\left(P_{i,j+(2n-1)/2}^{k}-P_{i,j-(2n-1)/2}^{k}\right)\right]\end{aligned} \tag{2-4}$$

$$P_{i,j}^{k}=P_{i,j}^{k-1}-\frac{\Delta t}{\Delta x\rho}\left[\sum_{n=1}^{N}C_{n}^{(N)}\left(U_{i+(2n-1)/2,j}^{k-1/2}-U_{i-(2n-1)/2,j}^{k-1/2}\right)\right] \tag{2-5}$$

$$Q_{i,j}^{k+1/2}=Q_{i,j}^{k-1/2}-\frac{\Delta t}{\Delta z\rho}\left[\sum_{n=1}^{N}C_{n}^{(N)}\left(U_{i,j+(2n-1)/2}^{k-1/2}-U_{i,j-(2n-1)/2}^{k-1/2}\right)\right] \tag{2-6}$$

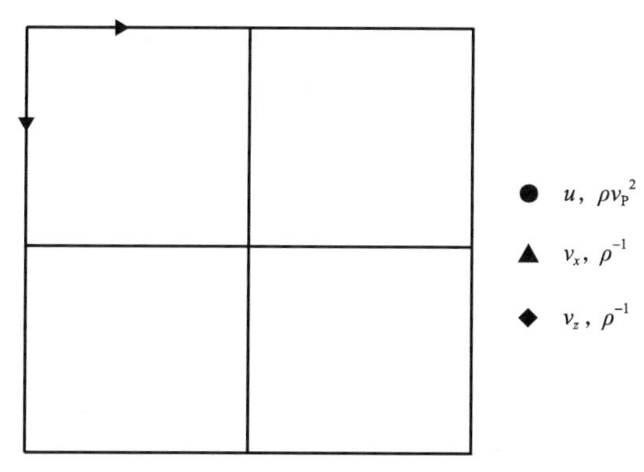

图 2-1　交错网格声波波场分量和弹性参数的空间位置

式中，$U_{i,j}^{k+1/2}=u\left(x,z,t+\frac{\Delta t}{2}\right)$；$P_{i+1/2,j}^{k}=v_x\left(x+\frac{\Delta x}{2},z,t\right)$；$Q_{i,j+1/2}^{k}=v_z\left(x,z+\frac{\Delta z}{2},t\right)$；$\Delta x$、$\Delta z$ 为 x、z 方向的网格间距；Δt 为时间步长。

2.1.3　数值模拟算例

均匀模型的计算区域为 3000m×3000m，速度为 3000m/s，密度为常数。震源为点震源(里克子波)，位于模型中央，时间步长为 $\Delta t=1\,\text{ms}$。图 2-2 是空间步长分别为 5m、10m、20m、30m 规则网格十阶差分格式模拟的 $t=400\text{ms}$ 时的瞬时波场快照，可以看出，当空间步长越大时，频散越严重，计算量越低，同样，时间步长也是如此。所以，合理地选择空间步长和时间步长，可抑制频散和提高计算效率并举。

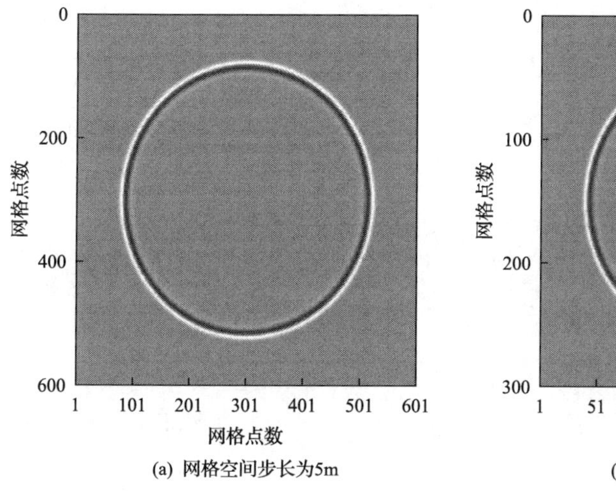

(a) 网格空间步长为5m

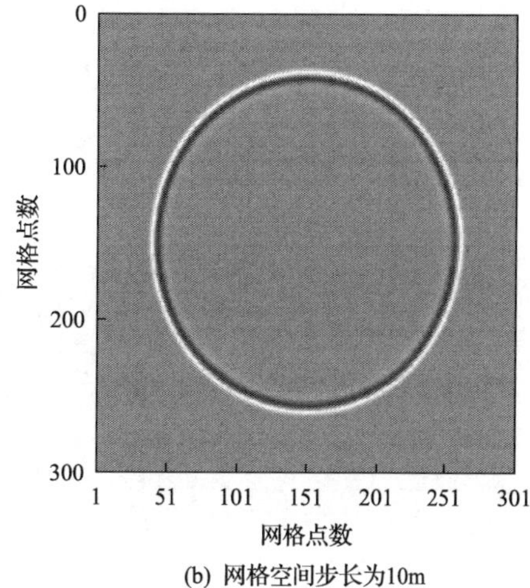

(b) 网格空间步长为10m

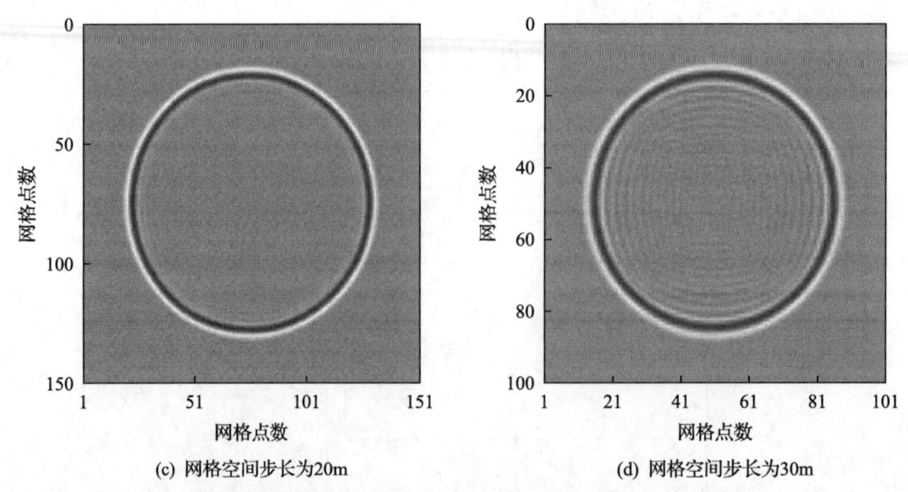

图 2-2　规则网格不同空间间距的十阶差分声波方程模拟地震波场的瞬时快照(t=400ms)

为比较不同精度差分格式模拟效果，取均匀模型，计算区域为 3000m×3000m，速度为 3000m/s，时间步长 $\Delta t = 1\,\text{ms}$，空间步长 $\Delta x = 15\text{m}$，图 2-3 和图 2-4 分别为不同阶数的规则网格和交错网格差分格式所模拟的 $t = 400\text{ms}$ 的瞬时波场快照。从图 2-4 中可以看出，当差分阶数较低时，频散严重，随着阶数的增加，频散降低，模拟波场的精度逐渐提高。由图 2-3、图 2-4 还可以看出，交错网格一阶全声波方程的模拟结果优于常规网格下的二阶声波方程高阶差分法的结果，高阶交错网格差分法计算效率高，精度也较高。

下面是对 Marmousi 模型的试算结果进行简要分析。图 2-5(a)为 Marmousi 模型，该模型浅层发育有三个大的断裂，中层中部有一盐丘，深层中部偏右 2500m 附近有一低速目的层。我们用精度为 $O(\Delta t^2, \Delta x^{10})$、边界为透射边界加 PML(perfectly matched layer)匹配层的组合边界处理方法进行模拟，图 2-5(b)和图 2-5(d)分别是对 Marmousi 模型进行的叠前单炮记录和叠后记录模拟结果，图 2-5(c)是对 Marmousi 模型模拟记录的 FFD(Fourier finite-difference)深度偏移结果。图 2-5(e)是叠后 SSF(split-step Fourier)偏移剖面，从偏移结果可以看出：三大断层、盐丘及低速目的层都较清楚，模拟效果很好。

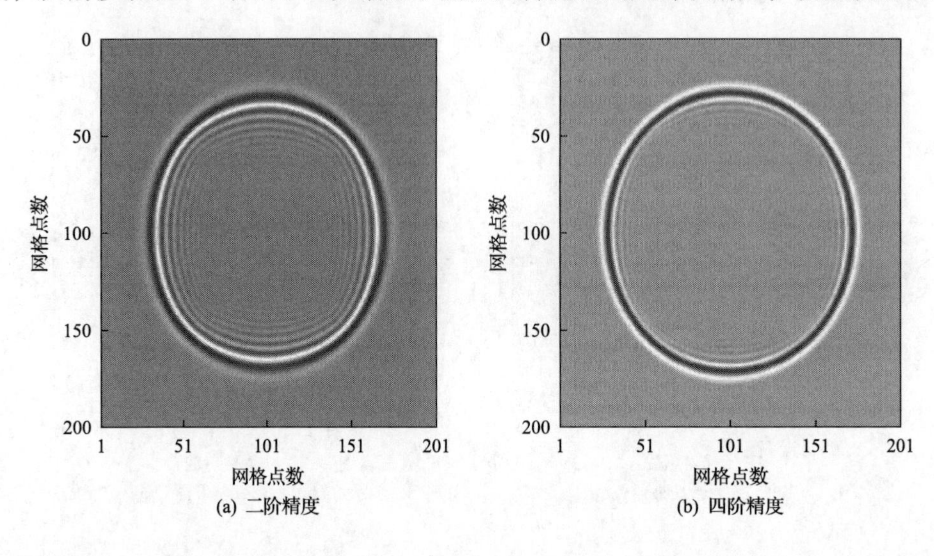

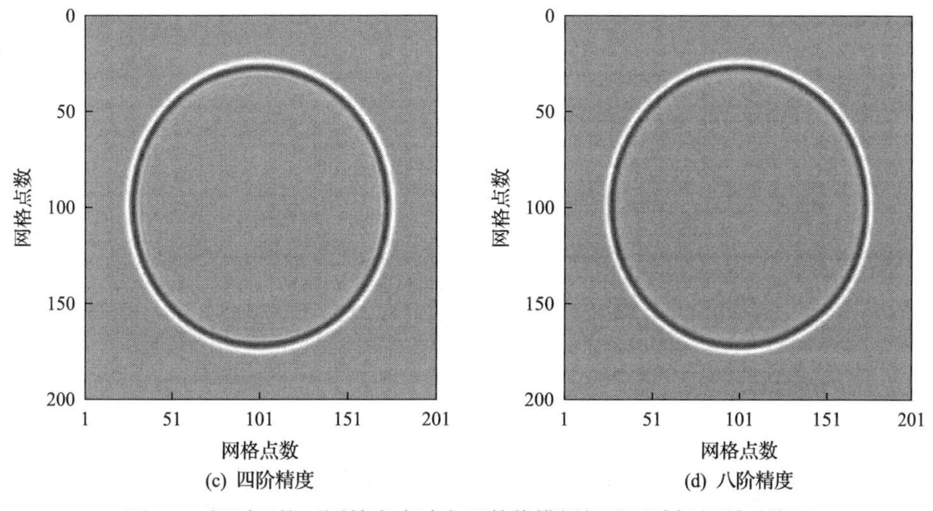

图 2-3　规则网格不同精度声波方程数值模拟的地震波场的瞬时快照

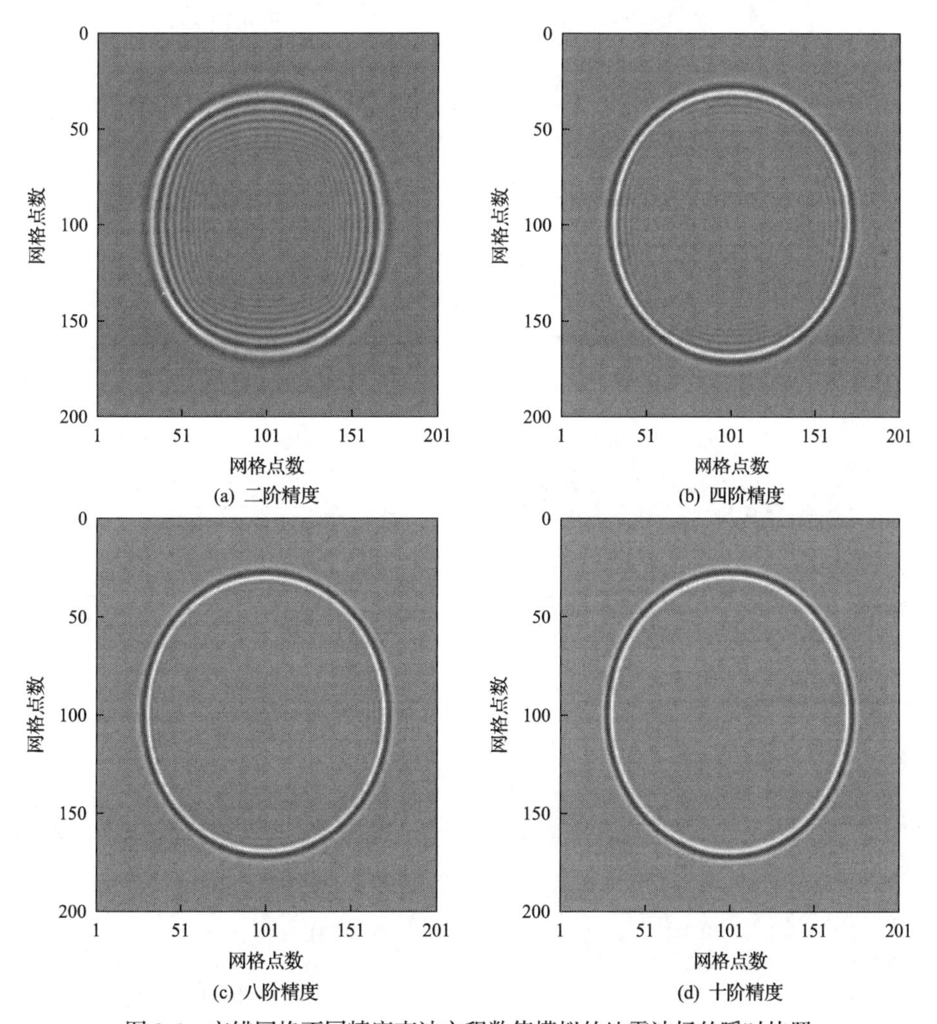

图 2-4　交错网格不同精度声波方程数值模拟的地震波场的瞬时快照

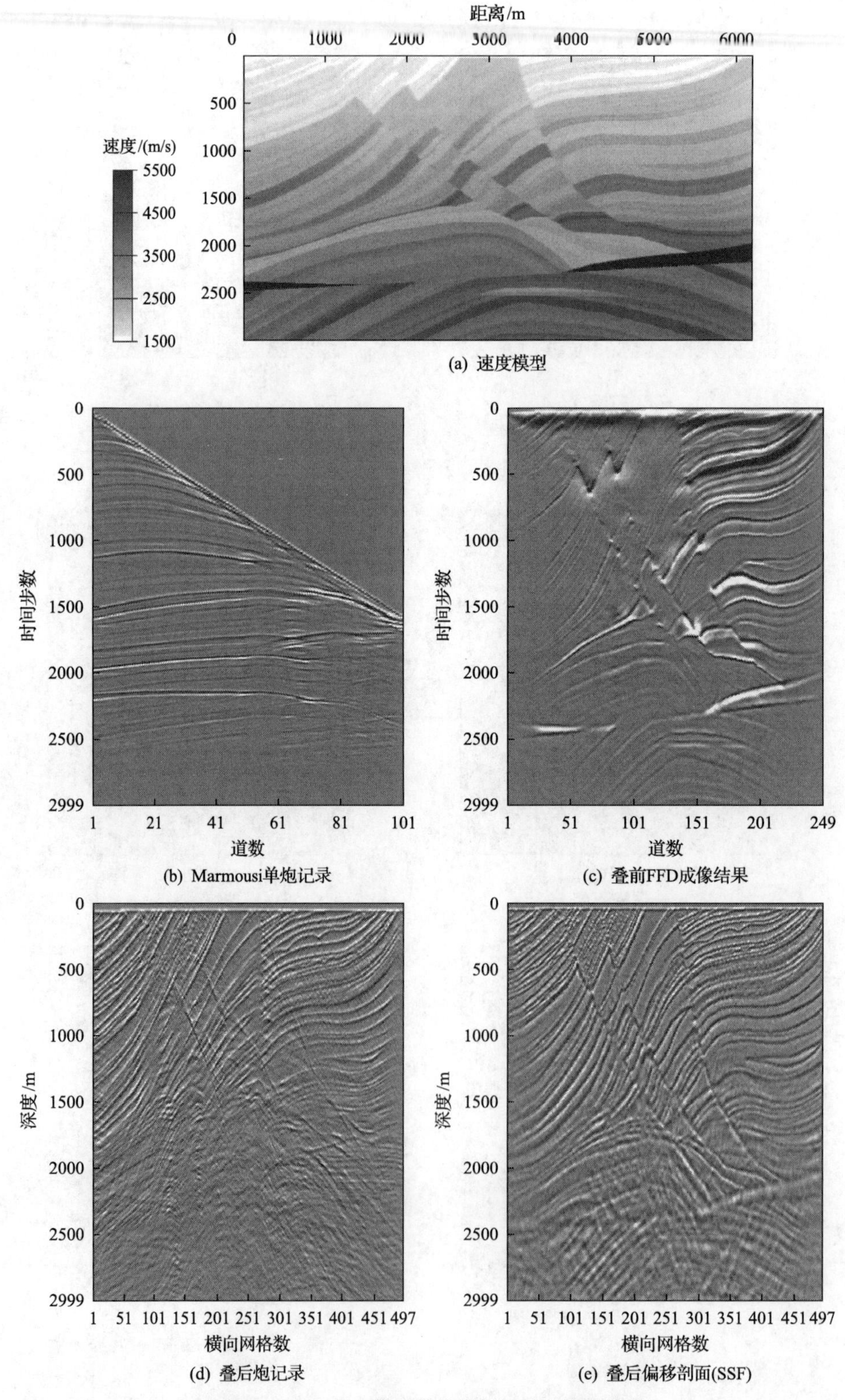

(a) 速度模型

(b) Marmousi单炮记录

(c) 叠前FFD成像结果

(d) 叠后炮记录

(e) 叠后偏移剖面(SSF)

图 2-5　Marmousi 模型数值模拟记录和偏移结果

2.2　弹性波方程及其交错网格高阶差分格式

2.2.1　一阶速度-应力弹性波方程公式推导

弹性理论主要研究物体受力与形变的关系，通过应力和应变分析、弹性体运动平衡关系分析，进而建立弹性波波动方程。

1. 广义胡克定律

弹性理论的一个基本点就是假定应力与应变间存在着单值的线性关系，即广义胡克定律，描述了应力与应变之间的关系，反映了介质所固有的物理性质。由切应力互等及应变张量的对称性得其表达式为

$$\begin{bmatrix} \sigma_{xx} \\ \sigma_{yy} \\ \sigma_{zz} \\ \sigma_{yz} \\ \sigma_{zx} \\ \sigma_{xy} \end{bmatrix} = \begin{bmatrix} C_{11} & C_{12} & C_{13} & C_{14} & C_{15} & C_{16} \\ C_{21} & C_{22} & C_{23} & C_{24} & C_{25} & C_{26} \\ C_{31} & C_{32} & C_{33} & C_{34} & C_{35} & C_{36} \\ C_{41} & C_{42} & C_{43} & C_{44} & C_{45} & C_{46} \\ C_{51} & C_{52} & C_{53} & C_{54} & C_{55} & C_{56} \\ C_{61} & C_{62} & C_{63} & C_{64} & C_{65} & C_{66} \end{bmatrix} \begin{bmatrix} e_{xx} \\ e_{yy} \\ e_{zz} \\ e_{yz} \\ e_{zx} \\ e_{xy} \end{bmatrix}$$

可简化为

$$\boldsymbol{\sigma} = \boldsymbol{C} \cdot \boldsymbol{\varepsilon} \tag{2-7}$$

式中，$\boldsymbol{\sigma} = (\sigma_{xx}\ \ \sigma_{yy}\ \ \sigma_{zz}\ \ \sigma_{yz}\ \ \sigma_{zx}\ \ \sigma_{xy})^{\mathrm{T}}$；$\boldsymbol{\varepsilon} = (e_{xx}\ \ e_{yy}\ \ e_{zz}\ \ e_{yz}\ \ e_{zx}\ \ e_{xy})^{\mathrm{T}}$

$$\boldsymbol{C} = \begin{bmatrix} C_{11} & C_{12} & C_{13} & C_{14} & C_{15} & C_{16} \\ C_{21} & C_{22} & C_{23} & C_{24} & C_{25} & C_{26} \\ C_{31} & C_{32} & C_{33} & C_{34} & C_{35} & C_{36} \\ C_{41} & C_{42} & C_{43} & C_{44} & C_{45} & C_{46} \\ C_{51} & C_{52} & C_{53} & C_{54} & C_{55} & C_{56} \\ C_{61} & C_{62} & C_{63} & C_{64} & C_{65} & C_{66} \end{bmatrix}$$ 为弹性系数矩阵。

对于各向同性介质，弹性系数矩阵 $\boldsymbol{C}$ 可简化为

$$\boldsymbol{C} = \begin{bmatrix} C_{11} & C_{12} & C_{13} & 0 & 0 & 0 \\ C_{21} & C_{22} & C_{23} & 0 & 0 & 0 \\ C_{31} & C_{32} & C_{33} & 0 & 0 & 0 \\ 0 & 0 & 0 & C_{44} & 0 & 0 \\ 0 & 0 & 0 & 0 & C_{55} & 0 \\ 0 & 0 & 0 & 0 & 0 & C_{66} \end{bmatrix}$$

式中，$C_{11}=C_{22}=C_{33}=\lambda+2\mu$，$C_{12}=C_{13}=C_{21}=C_{23}=C_{31}=C_{32}=\lambda$；$C_{44}=C_{55}=C_{66}=\mu$。

2. 运动微分方程

当弹性物体受到非零的合外力时，该外力要转化成物体内的应力，并使弹性介质内发生应变和位移，形成弹性波场。我们可以用牛顿第二定律描述，进而建立运动微分方程：

$$\rho\frac{\partial^2}{\partial t^2}\boldsymbol{U}=\boldsymbol{L\sigma}+\rho\boldsymbol{F} \tag{2-8}$$

式中，ρ 为介质密度；t 为时间变量；$\boldsymbol{U}=(u_x,u_y,u_z)^{\mathrm{T}}$ 为位移矢量；$\boldsymbol{F}=(f_x,f_y,f_z)^{\mathrm{T}}$ 为单位质量元素上的体力向量；$\boldsymbol{\sigma}$ 为应力向量；$\boldsymbol{L}$ 为偏导数算子矩阵。

$$\boldsymbol{L}=\begin{bmatrix}\frac{\partial}{\partial x} & 0 & 0 & 0 & \frac{\partial}{\partial z} & \frac{\partial}{\partial y}\\ 0 & \frac{\partial}{\partial y} & 0 & \frac{\partial}{\partial z} & \frac{\partial}{\partial x} & 0\\ 0 & 0 & \frac{\partial}{\partial z} & \frac{\partial}{\partial y} & \frac{\partial}{\partial x} & 0\end{bmatrix}$$

3. 几何方程

几何方程描述的是位移与应变之间的关系，其表达式为

$$\boldsymbol{\varepsilon}=\boldsymbol{L}^{\mathrm{T}}\boldsymbol{U} \tag{2-9}$$

式中，$\boldsymbol{\varepsilon}$ 为应变向量；$\boldsymbol{U}$ 为位移矢量，为偏导数算子矩阵的转置，写开为 $\varepsilon_{kl}=\frac{1}{2}\left(\frac{\partial u_k}{\partial x_l}+\frac{\partial u_l}{\partial x_k}\right)$。

由此，根据几何方程、物理方程和运动平衡方程的内在联系可导出弹性波波动方程：

$$\rho\frac{\partial^2}{\partial t^2}\boldsymbol{U}=\boldsymbol{LCL}^{\mathrm{T}}\boldsymbol{U}+\rho\boldsymbol{F} \tag{2-10}$$

由介质参数的不同取值，能得到不同介质下的弹性波波动方程。例如，在二维横向各向同性(transeversely isotropic, TI)介质中，用速度-应力表示的弹性波方程(假设体力为零)为

$$\begin{aligned}&\rho\frac{\partial v_x}{\partial t}=\frac{\partial\sigma_{xx}}{\partial x}+\frac{\partial\tau_{xz}}{\partial z}\\&\rho\frac{\partial v_z}{\partial t}=\frac{\partial\tau_{xz}}{\partial x}+\frac{\partial\sigma_{zz}}{\partial z}\\&\frac{\partial\sigma_{xx}}{\partial t}=c_{11}\frac{\partial v_x}{\partial x}+c_{13}\frac{\partial v_z}{\partial z}\end{aligned} \tag{2-11}$$

$$\frac{\partial \sigma_{zz}}{\partial t} = c_{13}\frac{\partial v_x}{\partial x} + c_{33}\frac{\partial v_z}{\partial z}$$

$$\frac{\partial \tau_{xz}}{\partial t} = c_{44}\frac{\partial v_z}{\partial x} + c_{44}\frac{\partial v_x}{\partial z}$$

式中，v_i 为速度分量；σ_{xx}、σ_{zz} 分别为 x 、z 方向上的正应力；τ_{xz} 为剪切应力，ρ 为密度；c_{ij} 为介质的弹性常数。在各向同性情况下，$c_{11}=c_{33}=\lambda+2\mu$，$c_{13}=\lambda$，$c_{44}=\mu$。

2.2.2　交错网格高阶差分格式

对一阶弹性波方程式(2-5)我们给出时间上二阶差分精度，空间上 2N 阶差分精度的差分格式，相应的交错差分网格见图 2-6。

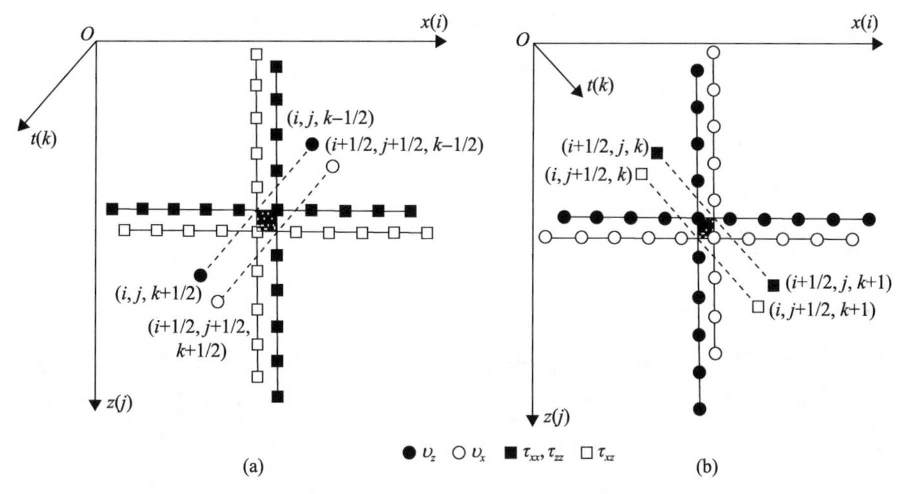

图 2-6　精度为 $O(\Delta t^4+\Delta x^{10})$ 的交错差分网格

设 $U_{i,j}^{k+1/2}$、$V_{i+1/2,j+1/2}^{k}$、$R_{i+1/2,j}^{k}$、$T_{i+1/2,j}^{k}$ 和 $H_{i,j+1/2}^{k}$ 分别是速度 v_x、v_z 与应力 τ_{xx}、τ_{zz}、τ_{xz} 的离散值，则方程式(2-11)的精度为 $O(\Delta t^2+\Delta x^{2N})$ 的差分格式为

$$\begin{aligned}R_{i+1/2,j}^{k}=&R_{i+1/2,j}^{k-1}+\frac{\Delta t(\lambda+2\mu)_{i+1/2,j}}{\Delta x}\sum_{n=1}^{L}a_n\left[U_{i+1/2+(2n-1)/2,j}^{k-1/2}-U_{i+1/2-(2n-1)/2,j}^{k-1/2}\right]\\&+\frac{\Delta t\,\lambda_{i+1/2,j}}{\Delta z}\sum_{n=1}^{L}a_n\left[V_{i+1/2,j+(2n-1)/2}^{k-1/2}-V_{i+1/2,j-(2n-1)/2}^{k-1/2}\right]\end{aligned}\tag{2-12}$$

$$\begin{aligned}T_{i+1/2,j}^{k}=&T_{i+1/2,j}^{k-1}+\frac{\Delta t\lambda_{i+1/2,j}}{\Delta x}\sum_{n=1}^{L}a_n\left[U_{i+1/2+(2n-1)/2,j}^{k-1/2}-U_{i+1/2-(2n-1)/2,j}^{k-1/2}\right]\\&+\frac{\Delta t\,(\lambda+2\mu)_{i+1/2,j}}{\Delta z}\sum_{n=1}^{L}a_n\left[V_{i+1/2,j+(2n-1)/2}^{k-1/2}-V_{i+1/2,j-(2n-1)/2}^{k-1/2}\right]\end{aligned}\tag{2-13}$$

$$H_{i,j+1/2}^{k}=H_{i,j+1/2}^{k-1}+\frac{\Delta t\,\mu_{i,j+1/2}}{\Delta z}\sum_{n=1}^{L}a_n\left[U_{i,j+1/2+(2n-1)/2}^{k-1/2}-U_{i,j+1/2-(2n-1)/2}^{k-1/2}\right]$$
$$+\frac{\Delta t\,\mu_{i,j+1/2}}{\Delta x}\sum_{n=1}^{L}a_n\left[V_{i+(2n-1)/2,j+1/2}^{k-1/2}-V_{i-(2n-1)/2,j+1/2}^{k-1/2}\right] \tag{2-14}$$

$$U_{i,j}^{k+1/2}=U_{i,j}^{k-1/2}+\frac{\Delta t}{\Delta x\rho_{i,j}}\sum_{n=1}^{L}a_n\left[R_{i+(2n-1)/2,j}^{k}-R_{i-(2n-1)/2,j}^{k}\right]$$
$$+\frac{\Delta t}{\Delta z\rho_{i,j}}\sum_{n=1}^{L}a_n\left[T_{i,j+(2n-1)/2}^{k}-T_{i,j-(2n-1)/2}^{k}\right] \tag{2-15}$$

$$V_{i+1/2,j+1/2}^{k+1/2}=V_{i+1/2,j+1/2}^{k-1/2}$$
$$+\frac{\Delta t}{\Delta x\rho_{i+1/2,j+1/2}}\sum_{n=1}^{L}a_n\left[T_{i+1/2+(2n-1)/2,j+1/2}^{k}-T_{i+1/2-(2n-1)/2,j+1/2}^{k}\right] \tag{2-16}$$
$$+\frac{\Delta t}{\Delta z\rho_{i+1/2,j+1/2}}\sum_{n=1}^{L}a_n\left[H_{i+1/2,j+1/2+(2n-1)/2}^{k}-H_{i+1/2,j+1/2-(2n-1)/2}^{k}\right]$$

2.2.3 正演模拟的模型试算

1. 模型一：Corner-edge 模型弹性波波场模拟

图 2-7(a) 所示为二维 Corner-edge 模型，模型大小为 5000m×5000m，$\Delta x=\Delta z=10\text{m}$，$\Delta t=1\text{ms}$。密度为常数，第二层固体($v_{\text{P}}=3500\text{m/s}$)的泊松比为 0.25。这里通过第一层($v_{\text{P}}=1500\text{m/s}$)从固体到液体泊松比的变化 $\nu=0.25\sim0.5$ 来研究固液界面弹性波波场特征。震源主频为 15Hz。对该模型用精度为 $O(\Delta t^2,\Delta x^{10})$ 的交错网格高阶有限差分法进行了模拟。图 2-7(b)～(d) 为 $t=600\text{ms}$ 时的不同泊松比的地震波场快照。

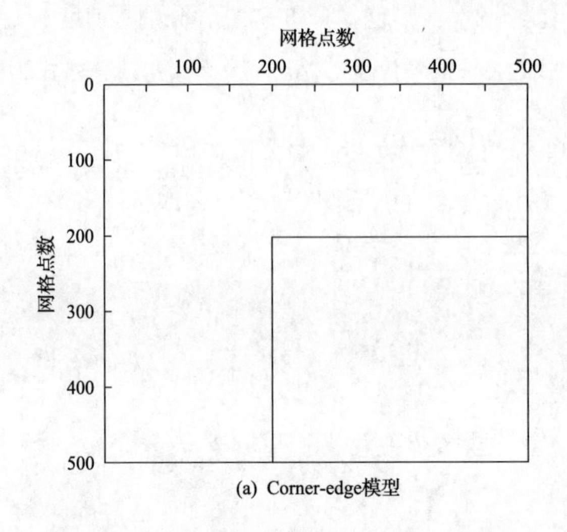

(a) Corner-edge模型

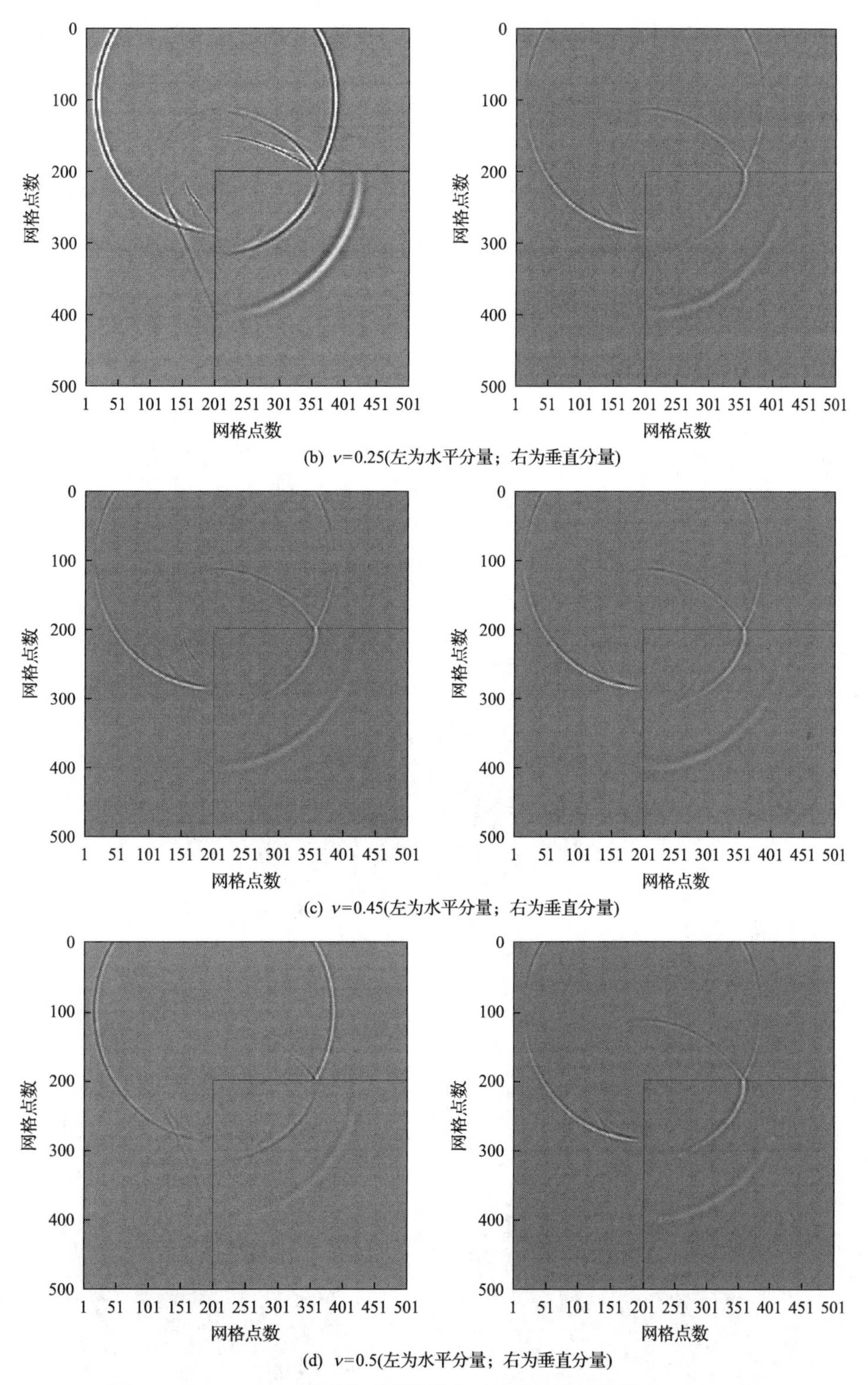

图 2-7　Corner-edge 模型中不同泊松比时地震波波场快照（$t=600\text{ms}$）

从图 2-7 可以看出：①随着泊松比增大到 0.5，自由界面上的 PS 波逐渐消失；②随着泊松比逐渐增大到0.5时，在角点上的绕射PS波波前面逐渐靠近且消失于固液界面上；③对于任意的泊松比，交错网格高阶有限差分算法稳定且精度高；④Corner-edge模型(类似于简单断层模型)起弹性波场复杂(直达波、面波、透射波、反射波、转换波、绕射波、C相波等)。C相波为断面侧反射；⑤Corner-edge模型的弹性波场比声波波场复杂得多，且存在模式转换和能量转换。

2. 模型二：倾斜界面模型弹性波波场模拟

图2-8所示为二维倾斜界面模型，界面倾角为26.6°，两层介质泊松比为0.25，密度为常数。模型大小为3000m×3000m，网格大小分别为$\Delta x = \Delta z = 10\text{m}$时，间采样间隔为$\Delta t = 1\text{ms}$。震源位置为(1500,1000)。通过三个方面的变化(①震源主频变化，分别为15Hz和20Hz；②界面速度差变化，第二层纵波速度分别为3000m/s和5000m/s，震源主频为20Hz；③界面倾角变化分别为26.6°和63.4°)来研究倾斜界面上弹性波波场模拟效果。对这些模型用精度为$O(\Delta t^2, \Delta x^{10})$的交错网格高阶有限差分法进行模拟。图2-9为震源主频

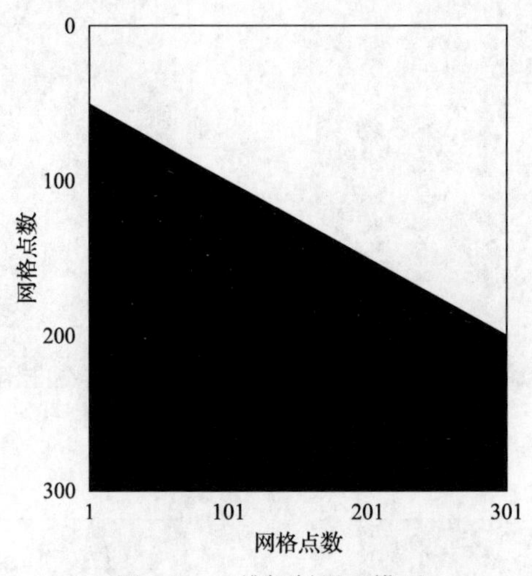

图2-8　二维倾斜界面模型

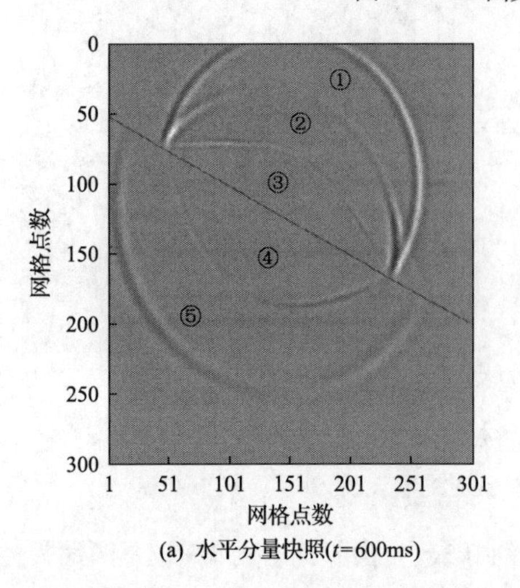

(a) 水平分量快照(t=600ms)

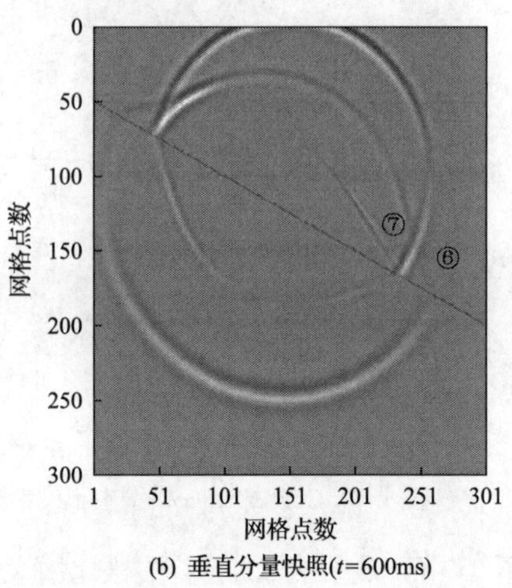

(b) 垂直分量快照(t=600ms)

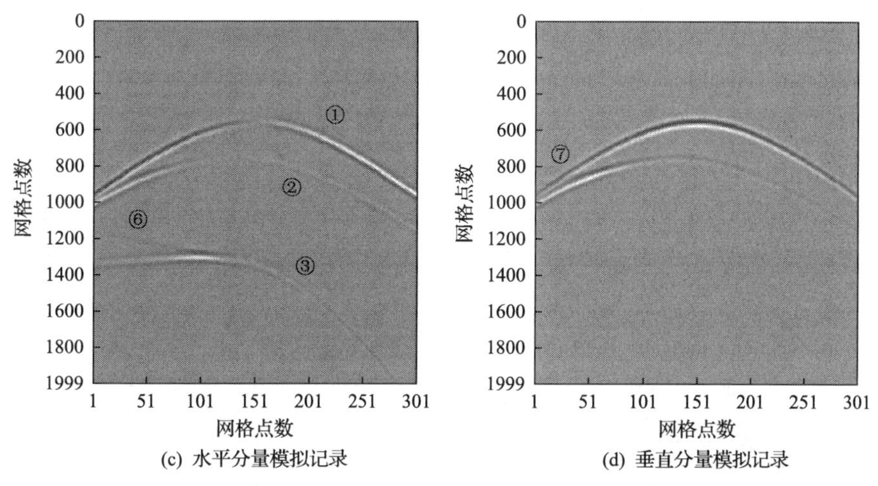

(c) 水平分量模拟记录　(d) 垂直分量模拟记录

图 2-9　震源主频为 15Hz，界面纵波速度差为 1000m/s 时弹性波波场快照和模拟记录
①为入射 P 波；②为 PP 反射波；③为 PS 转换波；④为 PS 透射波；⑤为 PP 反射波；⑥为 PP 首波；⑦为 PS 首波

为 15Hz，界面倾角为 26.6°，界面纵波速度差为 1000m/s 时弹性波波场快照和模拟记录。图 2-10 为震源主频为 20Hz，界面倾角为 26.6°，界面纵波速度差为 1000m/s 时的弹性波波

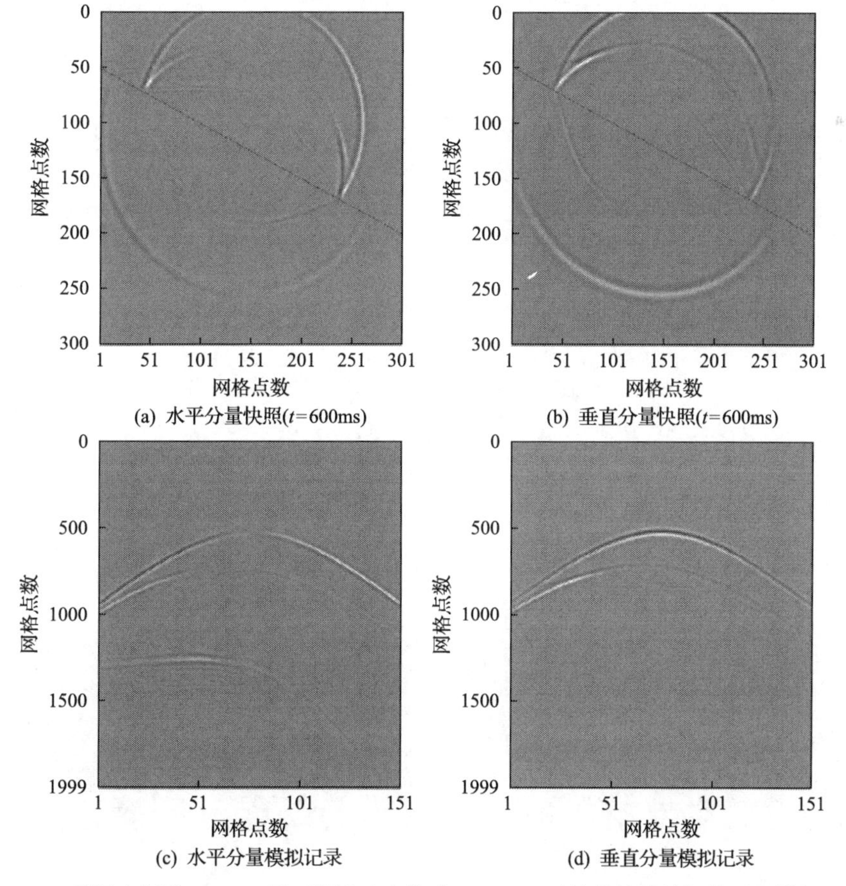

(a) 水平分量快照(t=600ms)　(b) 垂直分量快照(t=600ms)

(c) 水平分量模拟记录　(d) 垂直分量模拟记录

图 2-10　震源主频为 20Hz，界面纵波速度差为 1000m/s 时的弹性波波场快照和模拟记录

场快照和模拟记录。图 2-11 为界面纵波速度差为 3000m/s、震源主频为 20Hz，界面倾角为 26.6°时的弹性波波场快照和模拟记录。图 2-12 为界面倾角为 63.4°，震源主频为 20Hz，界面纵波速度差为 1000m/s 时的弹性波波场快照和模拟记录。

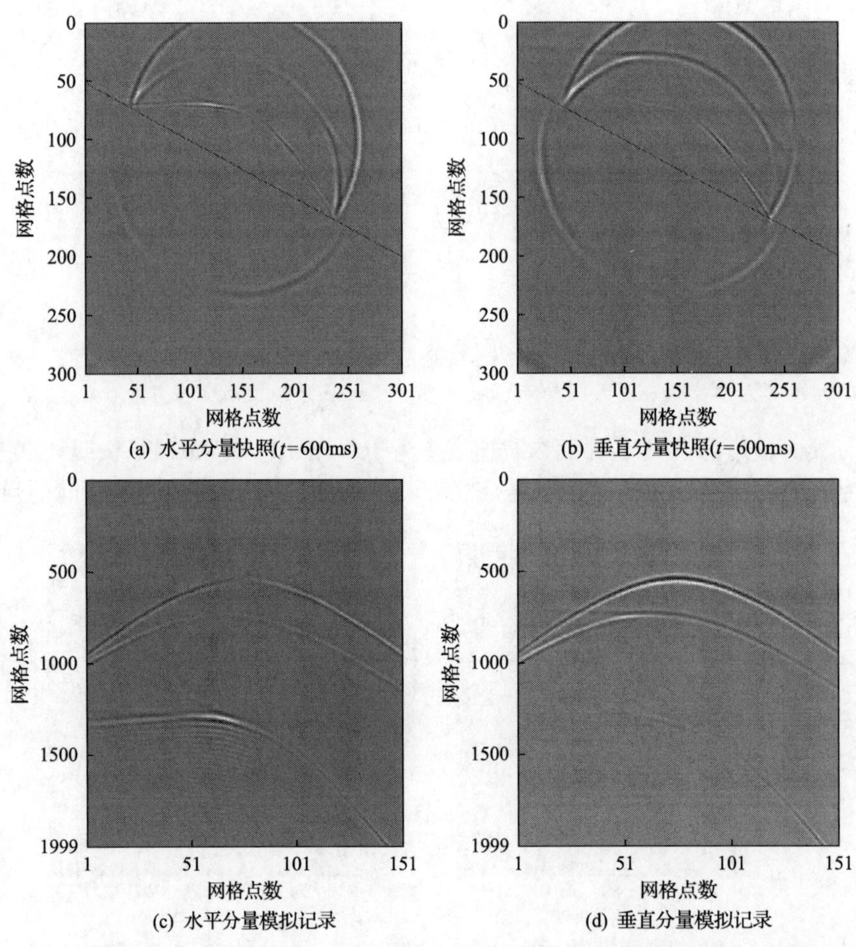

(a) 水平分量快照(t=600ms)　(b) 垂直分量快照(t=600ms)

(c) 水平分量模拟记录　(d) 垂直分量模拟记录

图 2-11　纵波速度差为 3000m/s 时，震源主频为 20Hz 时弹性波波场快照和模拟记录

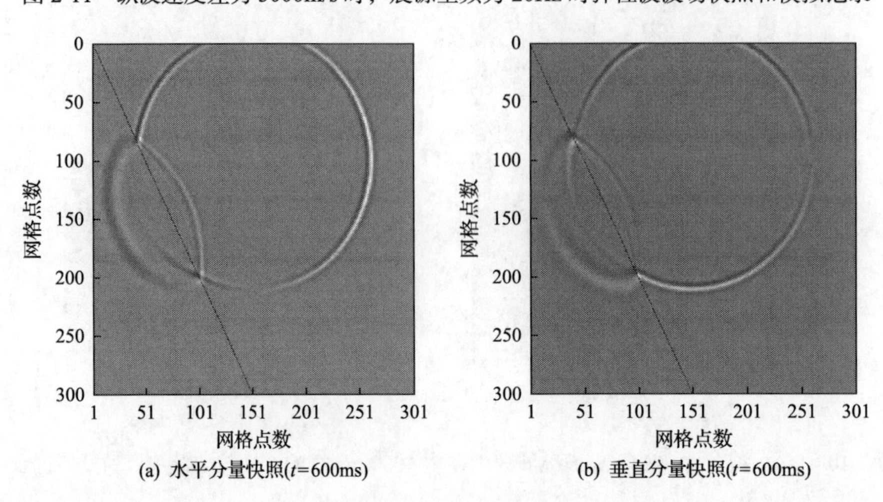

(a) 水平分量快照(t=600ms)　(b) 垂直分量快照(t=600ms)

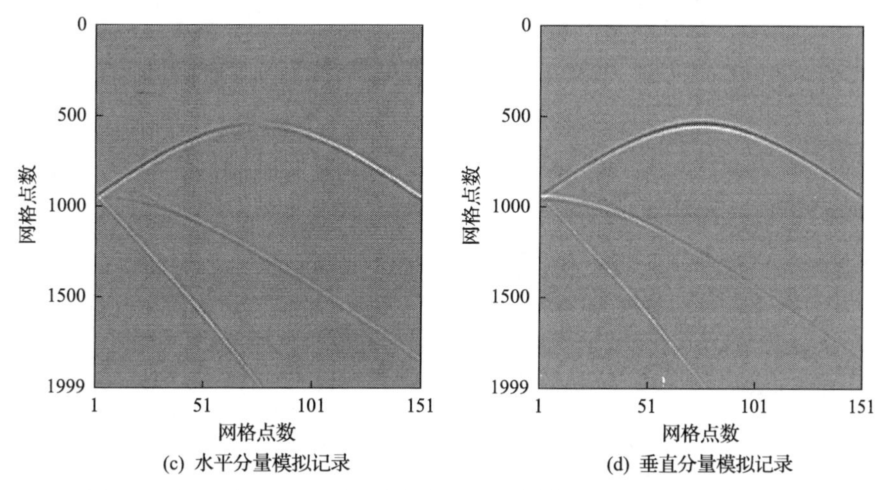

(c) 水平分量模拟记录　　(d) 垂直分量模拟记录

图 2-12　倾角为 63.4°，震源主频为 20Hz 时弹性波波场快照和模拟记录

从图 2-12 中可以看出：①随着界面速度差的增大，倾斜界面引起的网格频散越强，尤其是水平分量中的 PS 波。这种由倾斜界面引起的网格频散使波场模糊，降低了地震分辨率；②当主频对应的横波波长内的网格点数大于 7.5(本例中对应于 20Hz)时，倾斜界面引起的网格频散很小；③倾斜界面倾角的大小与倾斜界面网格频散基本无关。

3. 模型三：二维 Marmousi 纵波速度模型

取密度为常数，泊松比为 0.25，波场计算时的网格点数为(497,750)，网格大小分别为 $\Delta x = 12.5\mathrm{m}$，$\Delta z = 4\mathrm{m}$，时间采样间隔为 $\Delta t = 1\mathrm{ms}$。震源主频为 30Hz，位于 $(3100,20)$，时间为 3s。对该模型用精度为 $O(\Delta t^2, \Delta x^{10})$ 的一阶速度－应力方程交错网格高阶差分法进行了模拟，从图 2-13 中可以看出，模拟结果较为清晰。

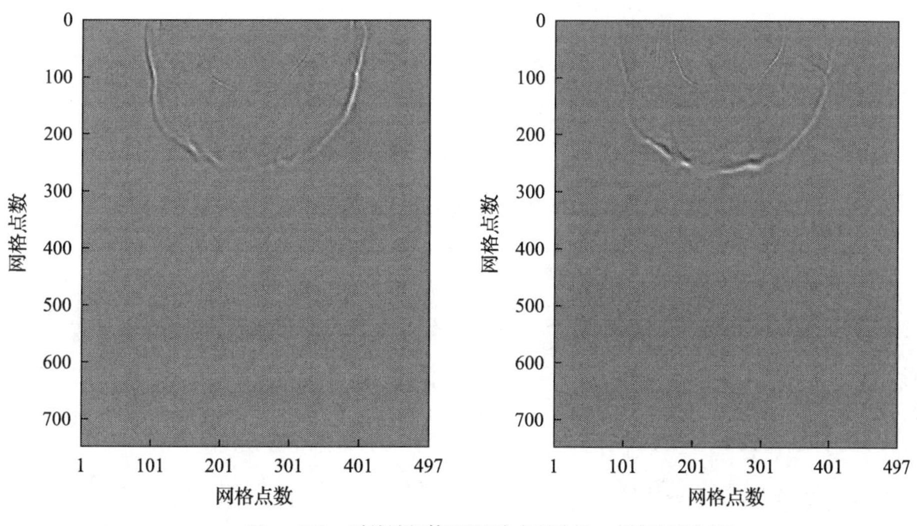

(a) t=500ms时的波场快照(左为水平分量；右为垂直分量)

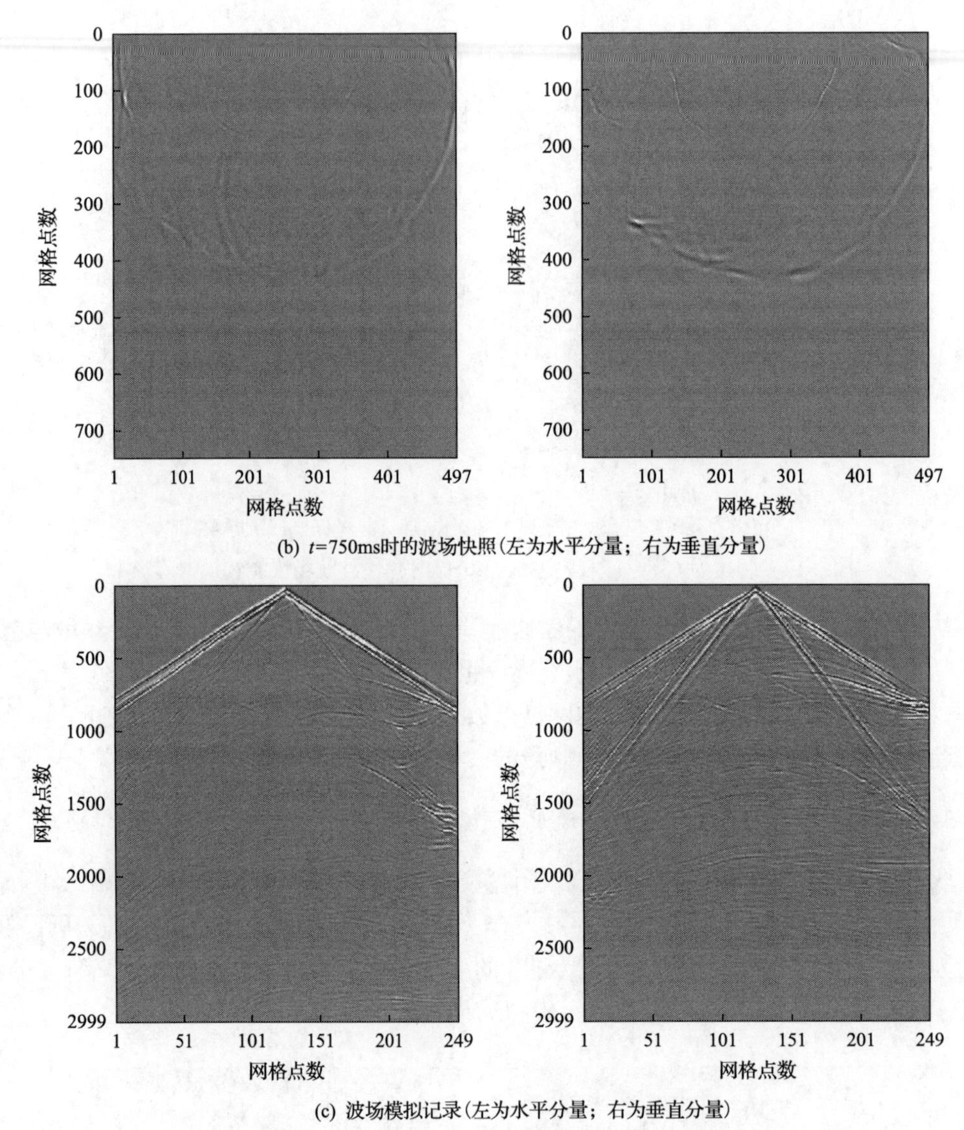

(b) t=750ms时的波场快照(左为水平分量；右为垂直分量)

(c) 波场模拟记录(左为水平分量；右为垂直分量)

图 2-13　Marmousi 模型弹性波模拟波场快照和单炮记录

2.3　弹性波波场分离

在上述弹性波正演模拟的过程中，生成的地震记录，既有纵波信息，又有横波信息，特别是在反射界面较多，且较复杂的情况下，纵横波的信息会变得更加复杂，很难分辨出波的类型。因此，通过一定的方法将两者从纵横波耦合的混合波场中分离出来，不仅使正演地震记录的纵横波信息更加清晰，便于分析；而且对 PP、PS 波成像等方面也会有重要的意义。

马德堂和朱光明(2003)基于纵波无旋场、横波无散场的理论，推导出了纵横波的等价数值模拟方程，并用虚谱法实现了纵横波的分离；李振春等(2007)对弹性介质的一阶速度-应力波动方程进行了分离，并采用交错网格高阶有限差分进行了正演模拟，在得到混合波场的同时，可以得到完全分离的纵横波波场，他们给出的方程在形式上就是原始方程的直接分裂。

本小节首先给出了弹性波波场分离的一阶速度-应力方程，并从纵波波场是无旋场、横波波场是无散场的角度证明了分离的正确性；随后采用交错网格高阶有限差分法对均匀模型和层状模型进行正演模拟，结果表明了该分离方法的准确性和有效性。

2.3.1　方法原理

二维各向同性弹性介质中的一阶速度-应力波动方程为

$$\begin{cases}\dfrac{\partial v_x}{\partial t}=\dfrac{1}{\rho}\left(\dfrac{\partial \sigma_{xx}}{\partial x}+\dfrac{\partial \sigma_{xz}}{\partial z}\right)\\ \dfrac{\partial v_z}{\partial t}=\dfrac{1}{\rho}\left(\dfrac{\partial \sigma_{xz}}{\partial x}+\dfrac{\partial \sigma_{zz}}{\partial z}\right)\\ \dfrac{\partial \sigma_{xx}}{\partial t}=(\lambda+2\mu)\dfrac{\partial v_x}{\partial x}+\lambda\dfrac{\partial v_z}{\partial z}\\ \dfrac{\partial \sigma_{zz}}{\partial t}=(\lambda+2\mu)\dfrac{\partial v_z}{\partial z}+\lambda\dfrac{\partial v_x}{\partial x}\\ \dfrac{\partial \sigma_{xz}}{\partial t}=\mu\left(\dfrac{\partial v_x}{\partial z}+\dfrac{\partial v_z}{\partial x}\right)\end{cases} \tag{2-17}$$

式中，v 为质点振动速度；σ 为应力；t 为时间；ρ 为介质密度；λ 和 μ 为拉梅系数；x 和 z 为空间笛卡儿坐标。式(2-17)中前两个等式对应运动平衡微分方程，后三个等式对应应力、应变的本构关系。

引入新的波场变量：纵波波场 $u_{\mathrm{P}}(v_{\mathrm{P}_x},v_{\mathrm{P}_z})$ 和横波波场 $u_{\mathrm{S}}(v_{\mathrm{S}_x},v_{\mathrm{S}_z})$，可以得到等价的纵横波场分离的一阶速度-应力波动方程：

$$\begin{cases}v_x=v_{\mathrm{P}_x}+v_{\mathrm{S}_x}\\ v_z=v_{\mathrm{P}_z}+v_{\mathrm{S}_z}\end{cases} \tag{2-18a}$$

$$\begin{cases}\dfrac{\partial v_{\mathrm{P}_x}}{\partial t}=\dfrac{1}{\rho}\dfrac{\partial \sigma_{\mathrm{P}_{xx}}}{\partial x}\\ \dfrac{\partial v_{\mathrm{P}z}}{\partial t}=\dfrac{1}{\rho}\dfrac{\partial \sigma_{\mathrm{P}_{zz}}}{\partial z}\\ \dfrac{\partial \sigma_{\mathrm{P}_{xx}}}{\partial t}=(\lambda+2\mu)\left(\dfrac{\partial v_x}{\partial x}+\dfrac{\partial v_z}{\partial z}\right)\\ \dfrac{\partial \sigma_{\mathrm{P}zz}}{\partial t}=(\lambda+2\mu)\left(\dfrac{\partial v_x}{\partial x}+\dfrac{\partial v_z}{\partial z}\right)\end{cases} \tag{2-18b}$$

$$
\begin{cases}
\dfrac{\partial v_{S_x}}{\partial t}=\dfrac{1}{\rho}\left(\dfrac{\partial \sigma_{S_{xx}}}{\partial x}+\dfrac{\partial \sigma_{S_{xz}}}{\partial z}\right)\\
\dfrac{\partial v_{S_z}}{\partial t}=\dfrac{1}{\rho}\left(\dfrac{\partial \sigma_{S_{xz}}}{\partial x}+\dfrac{\partial \sigma_{S_{zz}}}{\partial z}\right)\\
\dfrac{\partial \sigma_{S_{xx}}}{\partial t}=-2\mu\dfrac{\partial v_z}{\partial z}\\
\dfrac{\partial \sigma_{S_{zz}}}{\partial t}=-2\mu\dfrac{\partial v_x}{\partial x}\\
\dfrac{\partial \sigma_{S_{xz}}}{\partial t}=\mu\left(\dfrac{\partial v_x}{\partial z}+\dfrac{\partial v_z}{\partial x}\right)
\end{cases}
\tag{2-18c}
$$

式中，v_{P} 和 v_{S} 分别是纵波和横波的质点振动速度。可以看出方程式(2-18)是方程式(2-17)在波场变量及形式上的直接分裂，因此二者是等价的。

下面从 P 波无旋场，S 波无散场的角度证明式(2-18a)～式(2-18c)的正确性，即 P 波的旋度、S 波的散度为零。先求 $\boldsymbol{u}_{\mathrm{P}}$ 的旋度对时间的二阶偏导数：

$$
\begin{aligned}
\frac{\partial^2}{\partial t^2}(\nabla\times\boldsymbol{u}_{\mathrm{P}})=\nabla\times\frac{\partial^2\boldsymbol{u}_{\mathrm{P}}}{\partial t^2}&=\begin{vmatrix}\boldsymbol{i} & \boldsymbol{j} & \boldsymbol{k}\\ \dfrac{\partial}{\partial x} & 0 & \dfrac{\partial}{\partial z}\\ \dfrac{\partial^2 v_{\mathrm{P}_x}}{\partial t^2} & 0 & \dfrac{\partial^2 v_{\mathrm{P}_z}}{\partial t^2}\end{vmatrix}=\left(\frac{\partial^3 v_{\mathrm{P}_x}}{\partial z\partial t^2}-\frac{\partial^3 v_{\mathrm{P}_z}}{\partial x\partial t^2}\right)\boldsymbol{j}\\
&=\frac{1}{\rho}\left(\frac{\partial^3\sigma_{\mathrm{P}_{xx}}}{\partial x\partial z\partial t}-\frac{\partial^3\sigma_{\mathrm{P}_{zz}}}{\partial z\partial x\partial t}\right)=\frac{1}{\rho}\frac{\partial^2}{\partial x\partial z}\left(\frac{\partial\sigma_{\mathrm{P}xx}}{\partial t}-\frac{\partial\sigma_{\mathrm{P}zz}}{\partial t}\right)\\
&=\cdots=0
\end{aligned}
\tag{2-19}
$$

式中，$\boldsymbol{i}$、$\boldsymbol{j}$、$\boldsymbol{k}$ 为基底矢量

由式(2-19)可知，P 波波场变量的旋度对时间的二阶导数为零，则它的一阶导数为常数，所以 P 波波场变量的旋度为常数或者为线性函数。由于波动特性可知，其旋度只能为常数，再结合初始条件为零可以推导出的 u_{P} 旋度为零，进而证明了 u_{P} 表示的波场为无旋场。同理可以证明 u_{S} 表示的波场为无散场。

上述从数学上证明了方程式(2-18a)～式(2-18c)对于速度波场的分离是正确的，但需要说明的是这个分离方程只对质点振动速度有效，也就是说 σ_{P} 和 σ_{S} 不是对应纵横波的应力，在这里可将它们看作是中间变量。因为正演或其他处理中一般只关注质点的振动速度或位移，所以这个分离方程仍然是有意义的，应力分离不正确影响不大。

通过对方程式(2-18)进行离散，使用交错网格有限差分方法进行正演模拟，最终可以得到分离后的纵横波波场及混合波场。

2.3.2　模型试算

下面采用交错网格高阶有限差分法对均匀模型和层状模型进行正演模拟，以验证该分离方法的准确性和有效性。

均匀模型的模型大小为 201×201(网格点)，空间采样间隔为 5m，时间采样间隔为 0.5ms，模型的纵波速度为 3500m/s，横波速度为 2020m/s，密度为 1000kg/m^3，震源位于模型中间，为主频 30Hz 的里克子波，是 z 方向的集中力震源，地表接收。模拟得到的地震记录和波场快照分别如图 2-14 和图 2-15 所示。由图中可以看出整个波场得到了较好的模拟，在模拟过程中纵波波场和横波波场实现了完全的分离，混合波场严格是纵波波场和横波波场的和，分离前后没有振幅和相位的“畸变”。

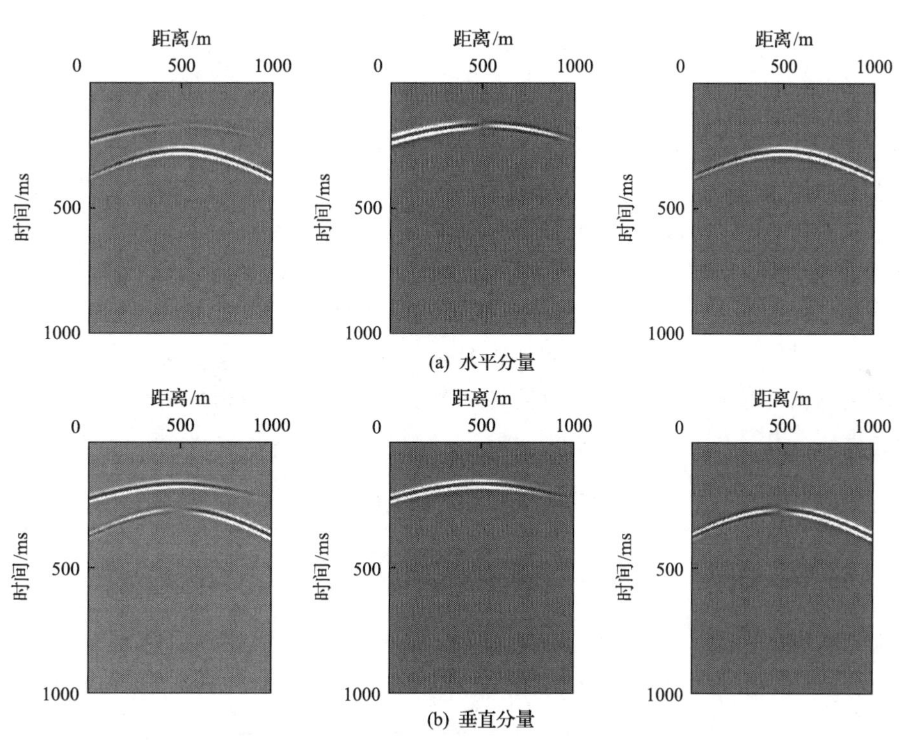

(a) 水平分量

(b) 垂直分量

图 2-14　均匀介质地震记录水平分量和垂直分量

(a)、(b)中依次为混合波场(左)、纵波波场(中)、横波波场(右)

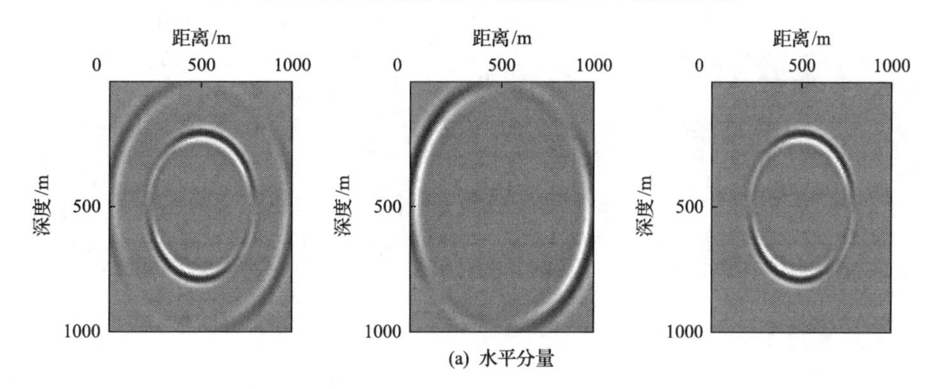

(a) 水平分量

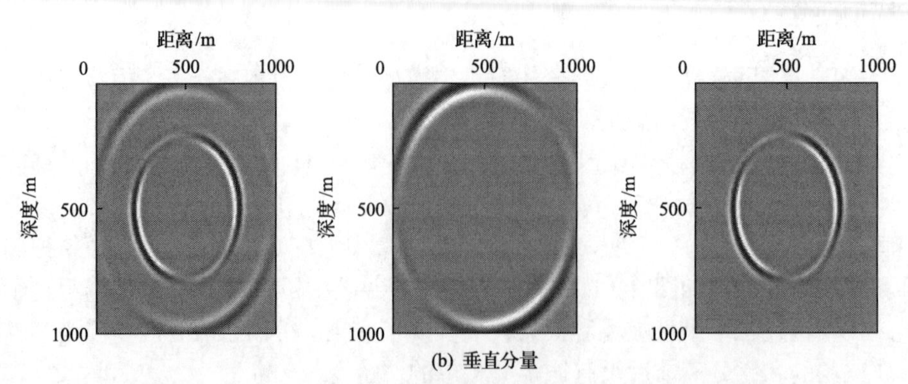

(b) 垂直分量

图 2-15　均匀介质 t=150ms 的波场快照水平分量和垂直分量

(a)、(b)中依次为混合波场(左)、纵波波场(中)、横波波场(右)

三层层状模型的大小为 301×301(网格点)，空间采样间隔为 10m，时间采样间隔为 1ms，每一层的参数设置如表 2-1 所示。震源位于地表中间，为主频 15Hz 的里克子波，为纵波震源，地表接收。模拟得到的地震记录和波场快照分别如图 2-16 和图 2-17 所示。由图中可以看出，整个波场也得到了较好的模拟，混合波场中含有直达 P 波、PP 反射波、PS 反射波、透射波等丰富信息；从混合波场分离出的 P 波波场含有直达 P 波、PP 反射波等纵波成分，而 S 波波场含有 PS 反射波及 PS 透射波等横波成分。由此可见，在模拟过程中，纵波波场和横波波场在每个分量中都实现了完全的分离，从而使纵横波波场的反射波和转换波等信息更加清晰，而且混合波场严格是纵波波场和横波波场的和，分离前后没有振幅和相位的“畸变”。

表 2-1　三层层状模型参数设置

层位	v_P/(m/s)	v_S/(m/s)	ρ/(g/cm³)
第 1 层	2000	1150	2.0
第 2 层	3000	1730	2.2
第 3 层	4000	2310	2.5

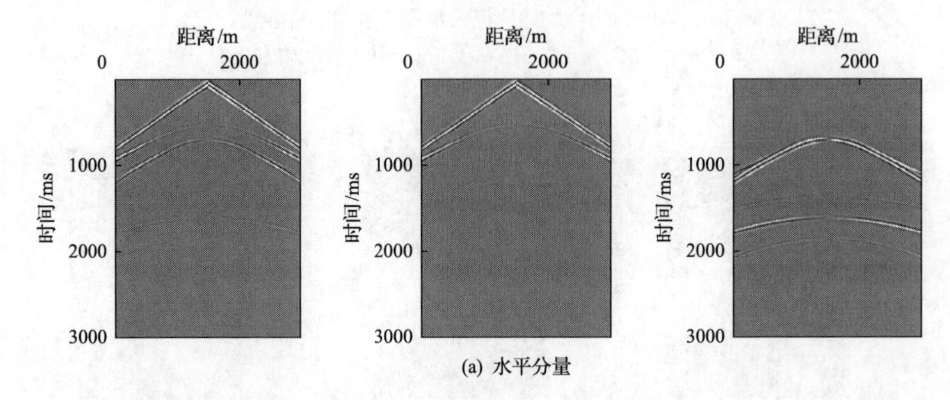

(a) 水平分量

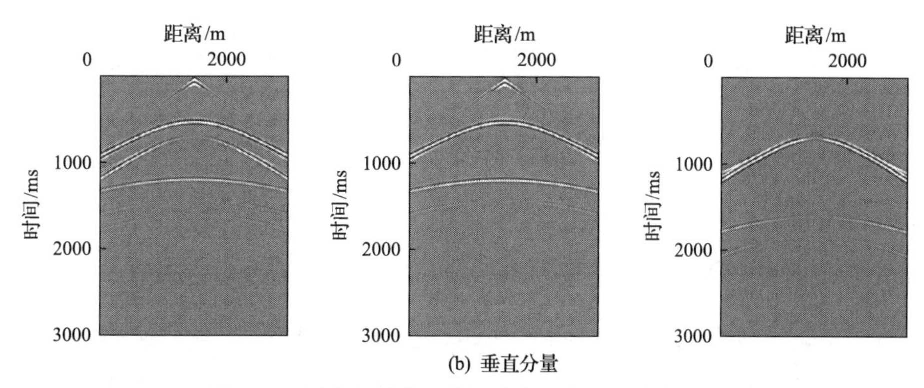

图 2-16　层状介质的地震记录水平分量和垂直分量

(a)、(b)中依次为混合波场(左)、纵波波场(中)、横波波场(右)

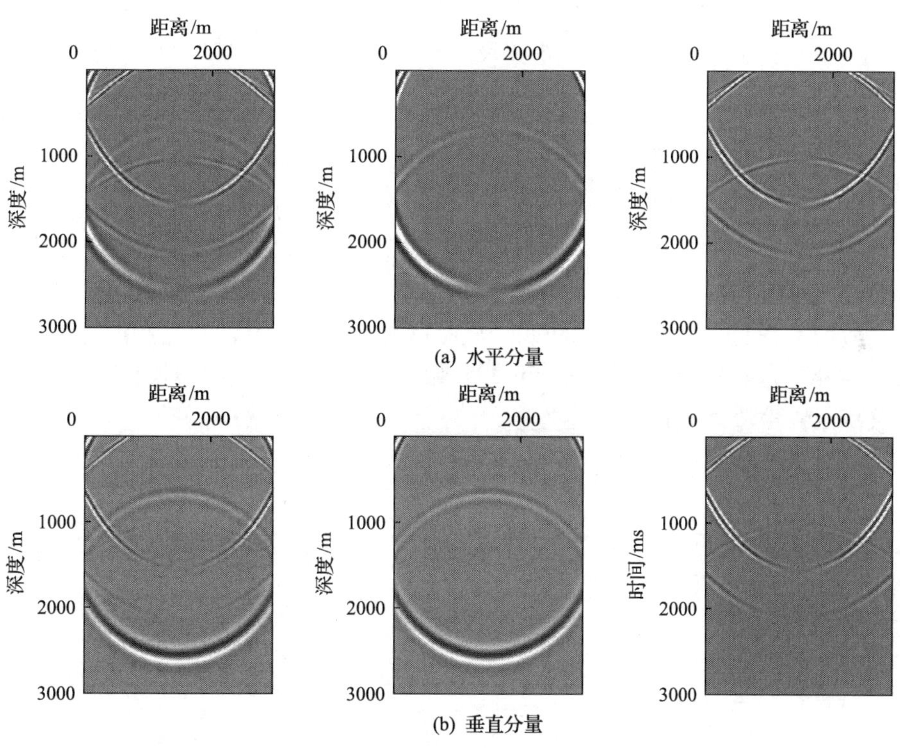

图 2-17　层状介质 t=900ms 的波场快照水平分量和垂直分量

(a)、(b)中依次为混合波场(左)、纵波波场(中)、横波波场(右)

参 考 文 献

李振春, 张华, 刘庆敏, 等. 2007. 弹性波交错网格高阶有限差分法波场分离数值模拟. 石油地球物理勘探, 42(5): 510-518.

马德堂, 朱光明. 2003. 弹性波波场 P 波和 S 波分解的数值模拟. 石油地球物理勘探, 38(5): 482-486.

第3章　非均匀各向同性黏性介质正演模拟

3.1　黏弹性介质的基本理论

黏弹性介质理论是连续介质力学理论的重要的组成部分，是在力学和材料科学之间发展起来的边缘学科，其理论及应用在高新材料科学技术进展和油气勘探需要的促进下有了极大的发展。黏弹性介质理论的研究对象是黏弹性材料，黏弹性材料除了具有固体的弹性性质，还具有部分流相液体的黏性性质。黏弹性材料(介质)理论及应用在实际生产和生活中所发挥的作用越来越大，有着非常重要的地位，有必要对其进行进一步的研究。

3.1.1　黏弹性介质的基本特点

在完全弹性介质中，应力和应变满足广义胡克定律，即应力和应变成正比关系。当受到外力作用时，产生形变；撤去外力后，形变完全消失。但是在黏弹性介质中，由于考虑介质内机械能与热能之间的转化，应力、应变的正比关系将不再满足，黏弹性介质的应力、应变关系受外力的加载历史和介质的形变历史的影响，满足卷积关系。

黏弹性介质是一种介于弹性固体和黏性流体之间的介质，它既具有弹性固体的弹性性质，又满足黏性流体的黏性性质。

黏弹性介质的行为和时间的变化有着密切的关系。

(1)蠕变。

介质在恒定应力作用下，应变随时间的增加而产生的缓慢连续变化称为应变蠕变，简称蠕变。

(2)松弛。

介质在恒定应变作用下，应力随时间的增加而逐渐消失的过程称为应力松弛，简称松弛。

(3)回复。

若在某一时刻撤去外力，黏弹性介质的应变不可能完全消失，而是逐渐消失，这种逐渐消失的过程称为回复。

(4)蠕变柔量和松弛模量。

时间域常数应力产生的应变称为蠕变柔量，与之相对应的时间域常数应变产生的应力称为松弛模量。若把黏弹性介质看作一个系统，输入、输出分别看作应力和应变，那么蠕变柔量可以理解为应变对输入应力的响应函数，松弛模量可以看作应力对输入应变的响应函数。

(5)记忆变量。

黏弹性介质中，应力可以看作是各阶段应变引起的应力累积的结果，它与外力的加载历史有关，因此应力应变的关系是卷积的关系。这种卷积的关系会使时间域的处理变得复杂，因此引入了“记忆变量”这一概念，使不再需要所有时间上的加载历史，从而避免了这种复杂的卷积关系。

3.1.2　黏弹性介质中波的传播特点

从黏弹性介质的波动方程出发可以分析得到，在黏弹性介质中传播的地震波，振幅幅值会逐渐衰减。随着传播距离增加，振幅的变化呈指数衰减变化。振幅衰减的快慢是由吸收系数决定的。

波数和吸收系数都与频率有关，后者说明介质的吸收具有频率选择性，即对不同频率成分的波具有不同程度的吸收作用；前者说明波的传播速度是频率的函数，即黏弹性介质中的波存在频散现象。

当波的频率很低时，吸收系数近似与频率的平方成正比，说明介质对波的高频成分比低频成分吸收更厉害。另外，波的传播速度近似与频率无关，因此在频率较低的条件下，基本不存在频散现象。

当波的频率较高时，吸收系数与传播速度都与圆频率的平方根成正比。因此，随着传播距离的增大，高频成分会很快被吸收，只保留较低的频率成分。

当波的频率中等，处在地震勘探的有效频带范围内时，地层的黏弹性对高频成分吸收严重，且在地震频带内一般记录不到频散现象。

3.1.3　黏弹性介质模型的构建

构建黏弹性介质模型有两种方法，一种是根据黏弹性介质同时具有弹性固体和黏性流体的性质而提出的器件组合法；另一种是以玻尔兹曼(Boltzmann)介质为代表的累积积分法。前者获得微分型的本构方程，后者获得积分型的本构方程。

1. 器件组合法

固体弹性和流体黏性器件是最基本的器件单元。所谓器件组合法，就是不同性质的单元体通过串联、并联和混联组合起来。最基本的黏弹性介质模型是 Kelvin 黏弹性模型和 Maxwell 黏弹性模型。

1) Kelvin 和 Maxwell 黏弹性介质模型

Kelvin 黏弹性模型是由一个弹性单元体和一个黏性单元体并联形成的，如图 3-1 所示。Maxwell 黏弹性模型是由一个弹性单元体和一个黏性单元体串联形成的，如图 3-2 所示。

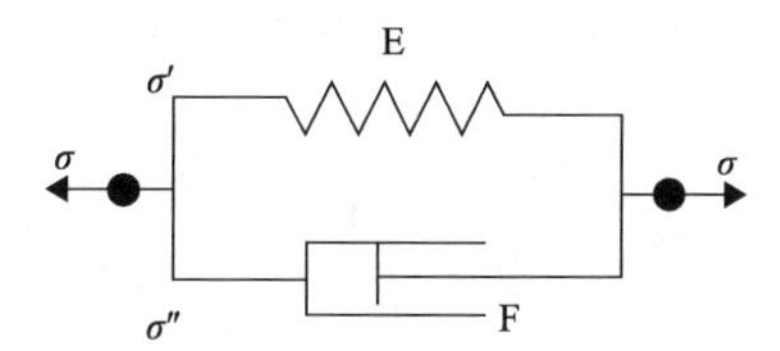

图 3-1　Kelvin 黏弹性介质模型

E、F 分别为弹簧模型和阻抗模型；σ 为应力

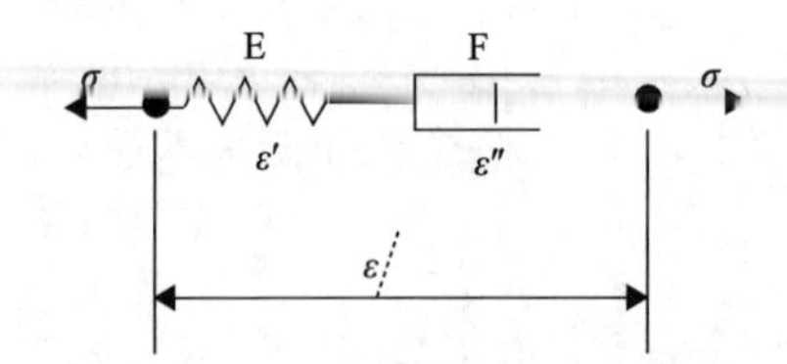

图 3-2　Maxwell 黏弹性介质模型

ε 为应变

当两个单元体并联时，可以用弹簧拉力器的例子进行比较，即要拉开相同的伸长量，并联两个弹簧所需的力要比一个弹簧大。因此在这种情况下，应变即“伸长量”是相同的，总应力等于每部分的应力和。

同样，当两个单元体串联时，外力同时作用在两个单元体上，因此两个单元体的应力相同，而总的应变等于每部分的应变的和。

根据不同组合情况的每个单元体的应力、应变与总应力、总应变之间的关系，可以得到 Kelvin 黏弹性介质模型的本构方程形式：

$$\sigma = q_0\varepsilon + q_1\dot{\varepsilon} \tag{3-1}$$

式中，$\dot{\varepsilon}$ 为应变 ε 的时间导数。

Maxwell 黏弹性介质模型的本构方程形式：

$$\sigma + p_1\dot{\sigma} = q_1\dot{\varepsilon} \tag{3-2}$$

式中，$\dot{\sigma}$ 为应力 σ 的时间导数。

2) 标准线性固体

Kelvin 模型不能考虑应力作用下应变的突然变化，也不能表示应力消失后的剩余应变，Maxwell 模型不具备蠕变特征，两者都不能全面地描述大多数黏弹性介质的性质。因此提出了一种标准线性体，可以同时具备这两种模型的特点，弥补各自的不足。标准线性体的示意图如图 3-3 所示。

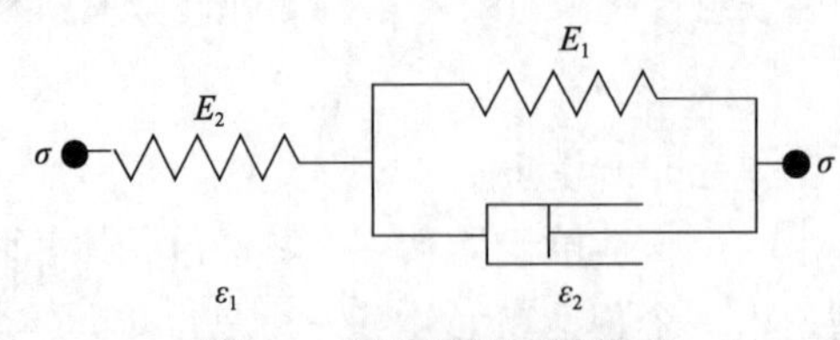

图 3-3　标准线性固体模型

应力、应变的关系式为

$$\sigma + \tau_\sigma \frac{\partial \sigma}{\partial t} = M_R\left(\varepsilon + \tau_\varepsilon \frac{\partial \varepsilon}{\partial t}\right) \tag{3-3}$$

式中，τ_σ 和 τ_ε 为松弛时间；M_R 为松弛模量。

3）广义标准线性体

实际介质中可以存在许多不同的松弛时间，因此，将许多个 Kelvin 和 Maxwell 模型串联或并联在一起，可以组成广义标准线性体，其本构方程可以写成：

$$\sigma + p_1\dot{\sigma} + p_2\ddot{\sigma} + \cdots + p_m l_t \sigma^{(m)} = q_0\varepsilon + q_1\dot{\varepsilon} + q_2\ddot{\varepsilon} + \cdots + q_m l_t \varepsilon^{(m)} \tag{3-4}$$

式(3-4)可以写成

$$Q(t)\sigma(t) = P(t)\varepsilon(t) \tag{3-5}$$

式中，

$$Q(t) = \sum_{k=0}^{m} q_k \frac{d_k}{dt_k} \tag{3-6}$$

$$P(t) = \sum_{k=0}^{m} p_k \frac{d_k}{dt_k} \tag{3-7}$$

2. 累积积分法

累积积分法是基于总应力(应变)是各阶段应变(应力)所引起的应力(应变)的线性叠加的思想，基于 Boltzmann 叠加原理的 Boltzmann 黏弹性介质是累积积分法的典型模型。它从黏弹性介质应力应变的卷积关系出发，用“累积记忆特性”这一观点来解释这种卷积关系。从卷积的定义来考虑，因此得到的本构方程为积分型本构方程。

Boltzmann 叠加原理的数学表达为

$$\varepsilon(t) = \int_{-\infty}^{t} \sigma(t) M(t-\tau) \mathrm{d}\tau \tag{3-8}$$

式中，$M(t)$ 为介质的存储函数。

3.1.4　品质因子

在黏弹性介质中，品质因子(Q)是一个非常重要的概念，可以利用品质因子来补偿地震波能量的吸收和衰减，因此在实际的研究中，Q 值提取是一个很重要的研究方向。

品质因子的定义：设 E 为一个周期内能够存储的最大能量，ΔE 为在一个周期内消耗的能量，则其数学表达式为

$$\frac{1}{Q} = \frac{\Delta E}{2\pi E} \tag{3-9}$$

1. 品质因子对地震波衰减的影响

品质因子 Q 与吸收系数 α 的关系式为

$$Q=\frac{\pi}{\alpha\lambda} \tag{3-10}$$

由式(3-10)可以看出，介质的 Q 值越大，吸收越小，介质越接近完全弹性，当 Q 趋于无穷大时，介质为完全弹性介质。

研究表明，在地震勘探的有效频带范围内，品质因子几乎与频率无关。

2. 品质因子与介质速度经验关系

根据大量的统计资料，我们可以通过线性拟合的方法得到品质因子与介质速度的经验关系，其中的经验关系式为

$$Q=14v^{2.2} \tag{3-11}$$

式中，v 为速度，km/s。

3.2 黏声介质正演模拟

3.2.1 线性黏弹模型基本理论

根据 Boltzmann 叠加原理，线性黏弹性介质的应力、应变是卷积关系，为

$$\sigma(t)=\psi(t)*\dot{\varepsilon}(t)=\dot{\psi}(t)*\varepsilon(t)=M(t)*\varepsilon(t) \tag{3-12}$$

式中，$\sigma(t)$ 为应力；$\varepsilon(t)$ 为应变；$\psi(t)$ 为松弛函数；$M(t)$ 为应变为 δ 函数时的应力响应；四者都是时间 t 的函数，应变和松弛函数上的点表示时间导数；星号表示卷积。

对式(3-12)进行傅里叶变换，可以得到频率域的本构关系：

$$\sigma(\omega)=M(\omega)\varepsilon(\omega) \tag{3-13}$$

式中，$M(\omega)$ 为依赖频率的复黏弹模量。

GSLS(generalized linear solid model)的松弛函数和黏弹模量分别为

$$\psi(t)=M_R\left[1-\frac{1}{L}\sum_{l=1}^{L}\left(1-\frac{\tau_{\varepsilon l}}{\tau_{\sigma l}}\right)\mathrm{e}^{-t/\tau_{\sigma l}}\right]H(t) \tag{3-14}$$

$$M(\omega)=\frac{M_R}{L}\sum_{l=1}^{L}\frac{1+\mathrm{i}\omega\tau_{\varepsilon l}}{1+\mathrm{i}\omega\tau_{\sigma l}} \tag{3-15}$$

式中，M_R 是松弛模量；L 是标准线性固体的个数；$\tau_{\varepsilon l}$ 和 $\tau_{\sigma l}$ 分别是第 l 个标准线性固体的应变松弛时间和应力松弛时间；$H(t)$ 是单位阶跃函数。

GSLS 的品质因子为

$$Q(\omega)=\frac{\mathrm{Re}[M(\omega)]}{\mathrm{Im}[M(\omega)]}=\frac{\sum_{l=1}^{L}\frac{1+\omega^2\tau_{\varepsilon l}\tau_{\sigma l}}{1+\omega^2{\tau_{\sigma l}}^2}}{\sum_{l=1}^{L}\frac{\omega(\tau_{\varepsilon l}-\tau_{\sigma l})}{1+\omega^2{\tau_{\sigma l}}^2}} \tag{3-16}$$

式中，Re 为复数的实部；Im 为复数的虚部。

在式(3-16)描述的 Q-ω 关系中，L 越大，参与的组件越多，Q-ω 关系就越复杂，越远离单调递增或递减的趋势，越能真实地描述介质的黏弹性质。

3.2.2　黏声介质常 Q 拟合

研究表明，地下岩石的品质因子在地震频带内基本是常数，可以根据这一原则直接利用非线性最优化方法计算松弛时间。主要思想就是根据给定的常数品质因子，在指定频带内采样，直接由式(3-16)建立超定非线性方程组，并采用属于非线性最优化的 L-M 方法求解，从而实现常 Q 拟合。L-M 算法是高斯-牛顿(Gauss-Newton)算法的一个变种，可以求解病态问题。对于黏声介质，品质因子由式(3-16)表达，方程组可表示如下：

$$\tilde{Q}=Q(\omega_j),\quad j=1,\cdots,N \tag{3-17}$$

式中，$\tilde{Q}$ 是给定的常数品质因子；ω_j 是指定频带内的采样频率；N 是采样数。

取 $L=2$ 进行试算，图 3-4 给出了几个不同常数品质因子对应的松弛时间所计算出的

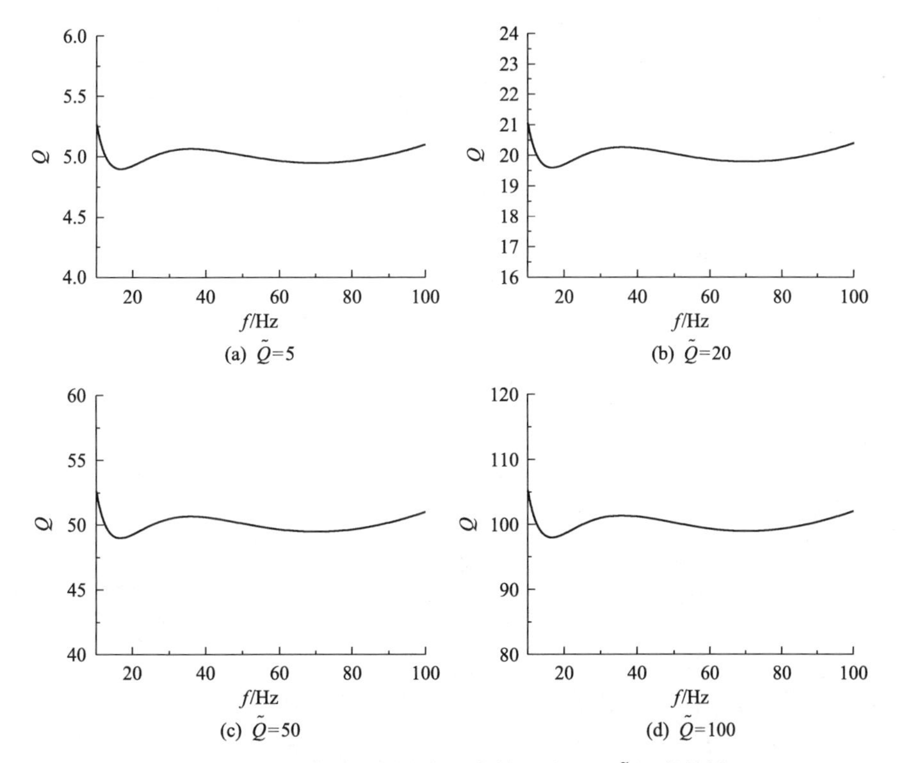

(a) $\tilde{Q}$=5　(b) $\tilde{Q}$=20　(c) $\tilde{Q}$=50　(d) $\tilde{Q}$=100

图 3-4　黏声介质不同给定的常数品质因子 $\tilde{Q}$ 拟合结果

实际品质因子随频率变化曲线，由图中可以看出，这 4 种情况下在目标频带内的品质因子变化范围较小，进一步可以算出每条曲线的相对均方根误差都为 1.069%。此外笔者还计算了大量不同的例子，结果与上面类似。这在标准线性体个数或精度方面与一些文献中的方法相比具有优势，而且适用于大范围品质因子取值的计算。若要更精确地求取，可以有针对性地根据子波频带范围及能量分布进行计算或增加标准线性体的个数。增加标准线性体的个数时，只是简单地进行扩展即可。

3.2.3 黏声介质有限差分正演模拟

对于广义标准线性固体黏弹模型，均匀各向同性介质中二维黏声介质波动方程的一阶速度-应力方程形式可表示为

$$\begin{cases} \rho \dfrac{\partial v_x}{\partial t} = -\dfrac{\partial p}{\partial x} \\ \rho \dfrac{\partial v_z}{\partial t} = -\dfrac{\partial p}{\partial z} \\ -\dfrac{\partial p}{\partial t} = K^{\mathrm{u}} \left(\dfrac{\partial v_x}{\partial x} + \dfrac{\partial v_z}{\partial z} \right) + K^{\mathrm{R}} \sum\limits_{l=1}^{L} E_l \\ \dfrac{\partial E_l}{\partial t} = -\dfrac{E_l}{\tau_{\sigma l}} + \left(\dfrac{\partial v_x}{\partial x} + \dfrac{\partial v_z}{\partial z} \right) \dfrac{1}{L\tau_{\sigma l}} \left(1 - \dfrac{\tau_{\varepsilon l}}{\tau_{\sigma l}} \right) \end{cases} \tag{3-18}$$

式中，v_x 和 v_z 为速度分量；p 为应力分量；ρ 为密度；L 为标准线性体的个数；K^{R} 为体积模量；K^{u} 为未松弛体积模量，$K^{\mathrm{u}} = K^{\mathrm{R}} \dfrac{1}{L} \sum\limits_{l=1}^{L} \dfrac{\tau_{\varepsilon l}}{\tau_{\sigma l}}$；$E_l$ 表示记忆变量；$\tau_{\varepsilon l}$ 和 $\tau_{\sigma l}$ 分别是第 l 个标准线性固体的应变松弛时间和应力松弛时间。

采用交错网格时间二阶，对空间高阶的有限差分格式进行离散，首先定义：

$$\left. \frac{\partial v_x}{\partial x} \right|_{i+\frac{1}{2},j,k}^{n} = \frac{1}{\Delta x} \sum_{n=1}^{N} c_n \left[(v_x)_{i+n,j,k}^{n} - (v_x)_{i-n+1,j,k}^{n} \right] \tag{3-19}$$

$$\left. \frac{\partial v_z}{\partial z} \right|_{i+\frac{1}{2},j,k}^{n} = \frac{1}{\Delta z} \sum_{n=1}^{N} c_n \left[(v_z)_{i+\frac{1}{2},j,k+\frac{2n-1}{2}}^{n} - (v_z)_{i+\frac{1}{2},j,k-\frac{2n-1}{2}}^{n} \right] \tag{3-20}$$

式(3-19)～式(3-20)中，c 是差分系数，可由 Taylor 展开得到。

然后可以得到离散的波动方程：

$$\rho \frac{(v_x)_{i,k}^{n+1} - (v_x)_{i,k}^{n}}{\Delta t} = \frac{-1}{\Delta x} \sum_{n=1}^{N} c_n \left(p_{i+\frac{2n-1}{2},k}^{n+\frac{1}{2}} - p_{i-\frac{2n-1}{2},k}^{n+\frac{1}{2}} \right) \tag{3-21}$$

$$\rho \frac{(v_z)_{i+\frac{1}{2},k+\frac{1}{2}}^{n+1} - (v_z)_{i+\frac{1}{2},k+\frac{1}{2}}^{n}}{\Delta t} = \frac{-1}{\Delta z} \sum_{n=1}^{N} c_n \left(p_{i+\frac{1}{2},k+n}^{n+\frac{1}{2}} - p_{i+\frac{1}{2},k-n+1}^{n+\frac{1}{2}} \right) \tag{3-22}$$

$$-\frac{p_{i+\frac{1}{2},k}^{n+\frac{1}{2}}-p_{i+\frac{1}{2},k}^{n-\frac{1}{2}}}{\Delta t}=K^{\mathrm{u}}\left(\frac{\partial v_x}{\partial x}+\frac{\partial v_z}{\partial z}\right)\Bigg|_{i+\frac{1}{2},k}^{n}+K^{\mathrm{R}}\sum_{l=1}^{L}(E_l)_{i+\frac{1}{2},k}^{n} \tag{3-23}$$

$$\begin{aligned}\frac{(E_l)_{i+\frac{1}{2},k}^{n+\frac{1}{2}}-(E_l)_{i+\frac{1}{2},k}^{n-\frac{1}{2}}}{\Delta t}=&-\frac{1}{\tau_{\sigma l}}\frac{(E_l)_{i+\frac{1}{2},k}^{n+\frac{1}{2}}+(E_l)_{i+\frac{1}{2},k}^{n-\frac{1}{2}}}{2}\\&+\left(\frac{\partial v_x}{\partial x}+\frac{\partial v_z}{\partial z}\right)\Bigg|_{i+\frac{1}{2},k}^{n}\frac{1}{L\tau_{\sigma l}}\left(1-\frac{\tau_{\varepsilon l}}{\tau_{\sigma l}}\right)\end{aligned} \tag{3-24}$$

式(3-21)～式(3-24)中，下角 l 为第 l 个线性标准固体；n 是时间网格点；i 和 k 是空间网格点。

通过一个平层黏声介质模型来分析黏性的引入对地震记录的影响。计算参数如下：模型大小为 301×301(网格点)，空间采样间隔为 10m，时间采样间隔为 1ms，主频为 30Hz 的里克子波在地表中间激发，在地表以 20m 为间隔的检波器进行接收，各层的速度及密度设置如表 3-1 所示。

表 3-1　二维黏声介质平层模型参数表

层位	速度/(m/s)	密度/(g/cm³)
第一层	2500	1.8
第二层	3000	2.1
第三层	3500	2.4
第四层	4000	2.7

图 3-5(a)和图 3-5(b)分别为采用黏声介质波动方程及声波方程对上述平层模型进行正演模拟得到的地震记录，随后分别选取第 30 道地震记录进行单道对比，其单道波形分别如图 3-6(a)和图 3-6(b)所示。将提取的单道记录中第二个反射层的反射波进行傅里叶变换，得到的振幅谱分别如图 3-7(a)和图 3-7(b)所示。通过以上地震记录、单道波形及

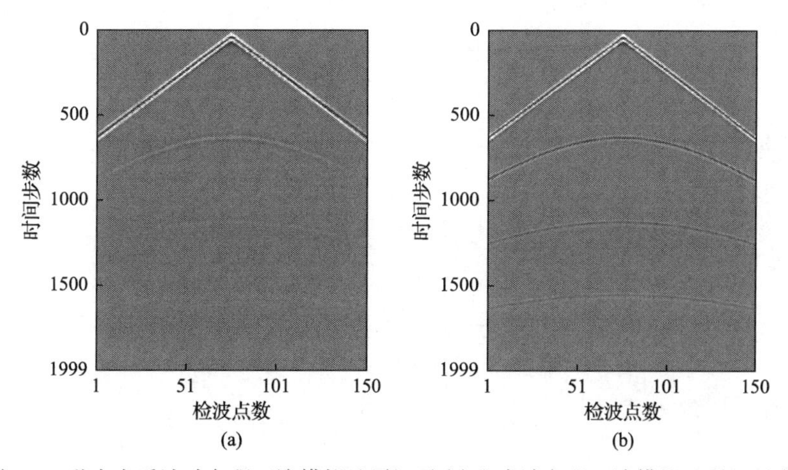

图 3-5　黏声介质波动方程正演模拟地震记录(a)和声波方程正演模拟地震记录(b)

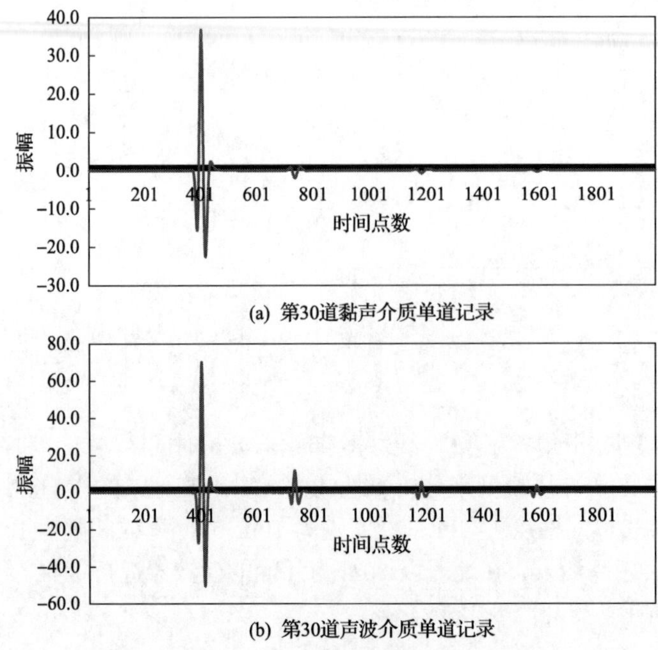

(a) 第30道黏声介质单道记录

(b) 第30道声波介质单道记录

图 3-6 第 30 道黏声和声波介质单道记录

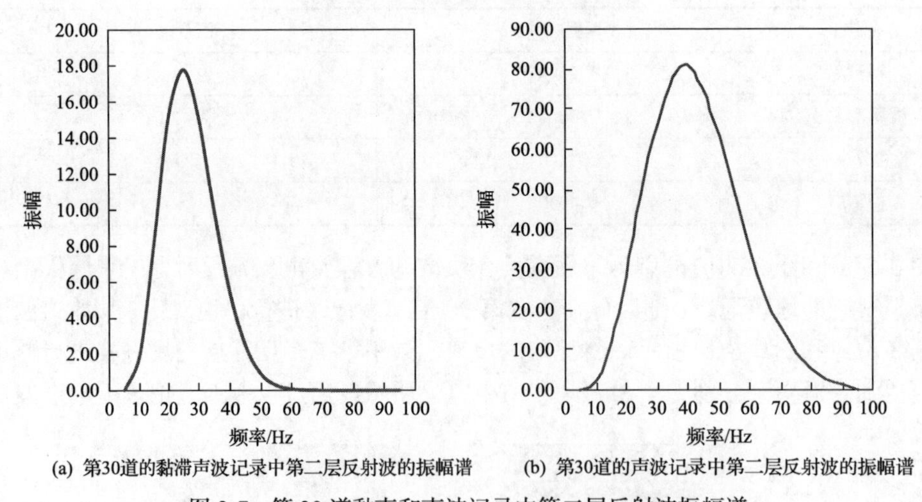

(a) 第30道的黏滞声波记录中第二层反射波的振幅谱 (b) 第30道的声波记录中第二层反射波的振幅谱

图 3-7 第 30 道黏声和声波记录中第二层反射波振幅谱

振幅谱三者的对比，与声波共炮点记录相比：①黏滞声波的记录深层反射波振幅明显衰减、同相轴能量变弱；②黏滞声波反射波的主频向低频偏移显著，即高频吸收明显，且有效频带变窄；③黏滞声波的记录深层反射波波形和相位畸变严重。

3.3 黏弹性介质正演模拟

3.3.1 黏弹性介质常 Q 拟合

n 维各向同性黏弹性介质的应力、应变关系可以表示为

$$\sigma_{ij}(t)=\frac{1}{n}[\psi_1(t)-\psi_2(t)]\delta_{ij}*\dot{\varepsilon}_{kk}+\psi_2(t)*\dot{\varepsilon}_{ij} \tag{3-25}$$

式中，下标i，j取$1,\cdots,n$；n为空间维数；下标重复表示叠加；$\psi_1(t)$和$\psi_2(t)$为松弛函数；δ_{ij}为单位冲激函数。对于 GSLS，松弛函数和复黏弹模量的表达式与式(3-14)、式(3-15)相同。采用式(3-25)表示本构关系时纵、横波的品质因子不相互独立，分别为

$$\begin{aligned}Q_{\mathrm{P}}(\omega)&=\frac{\mathrm{Re}[M_1(\omega)+(n-1)M_2(\omega)]}{\mathrm{Im}[M_1(\omega)+(n-1)M_2(\omega)]}\\&=\frac{\dfrac{M_R^{(1)}}{L_1}\displaystyle\sum_{l=1}^{L_1}\frac{1+\omega^2\tau_{\varepsilon l}^{(1)}\tau_{\sigma l}^{(1)}}{1+\omega^2\tau_{\sigma l}^{(1)2}}+(n-1)\dfrac{M_R^{(2)}}{L_2}\displaystyle\sum_{l=1}^{L_2}\frac{1+\omega^2\tau_{\varepsilon l}^{(2)}\tau_{\sigma l}^{(2)}}{1+\omega^2\tau_{\sigma l}^{(2)2}}}{\dfrac{M_R^{(1)}}{L_1}\displaystyle\sum_{l=1}^{L_1}\frac{\omega(\tau_{\varepsilon l}^{(1)}-\tau_{\sigma l}^{(1)})}{1+\omega^2\tau_{\sigma l}^{(1)2}}+(n-1)\dfrac{M_R^{(2)}}{L_2}\displaystyle\sum_{l=1}^{L_2}\frac{\omega(\tau_{\varepsilon l}^{(2)}-\tau_{\sigma l}^{(2)})}{1+\omega^2\tau_{\sigma l}^{(2)2}}}\end{aligned} \tag{3-26}$$

$$Q_{\mathrm{S}}(\omega)=\frac{\mathrm{Re}[M_2(\omega)]}{\mathrm{Im}[M_2(\omega)]}=\frac{\displaystyle\sum_{l=1}^{L_2}\frac{1+\omega^2\tau_{\varepsilon l}^{(2)}\tau_{\sigma l}^{(2)}}{1+\omega^2\tau_{\sigma l}^{(2)2}}}{\displaystyle\sum_{l=1}^{L_2}\frac{\omega(\tau_{\varepsilon l}^{(2)}-\tau_{\sigma l}^{(2)})}{1+\omega^2\tau_{\sigma l}^{(2)2}}} \tag{3-27}$$

这样需要综合考虑纵、横波，采用与黏声介质相同的思路与方法求取松弛时间，实现常Q拟合。方程组可表示如下：

$$\begin{cases}\tilde{Q}_{\mathrm{P}}=Q_{\mathrm{P}}(\omega_j)\\\tilde{Q}_{\mathrm{S}}=Q_{\mathrm{S}}(\omega_j)\end{cases},\qquad j=1,\cdots,N \tag{3-28}$$

式中$\tilde{Q}_{\mathrm{P}}$、$\tilde{Q}_{\mathrm{S}}$分别为给定的纵、横波常数品质因子；ω为频率。

取$L_1=L_2=2$进行试算，图 3-8 给出了几个不同常数品质因子对应的实际品质因子随频率变化曲线，由图中可以看出，这 4 种情况下在目标频带内的品质因子都基本保持不变，可以算出每条曲线的误差在 1%左右。

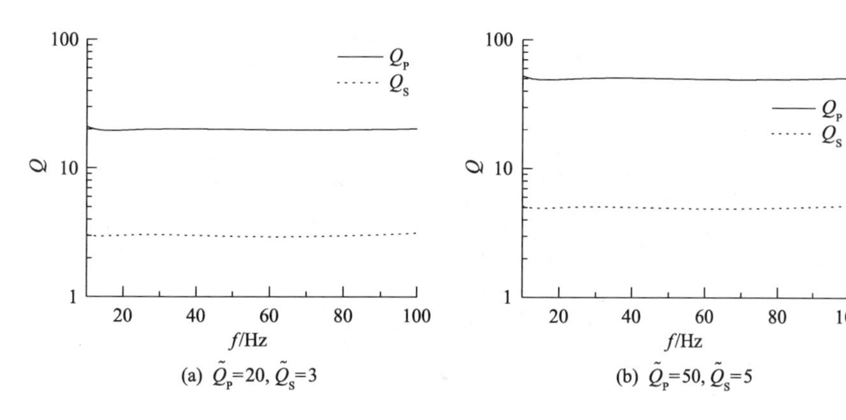

(a) $\tilde{Q}_{\mathrm{P}}=20, \tilde{Q}_{\mathrm{S}}=3$　　(b) $\tilde{Q}_{\mathrm{P}}=50, \tilde{Q}_{\mathrm{S}}=5$

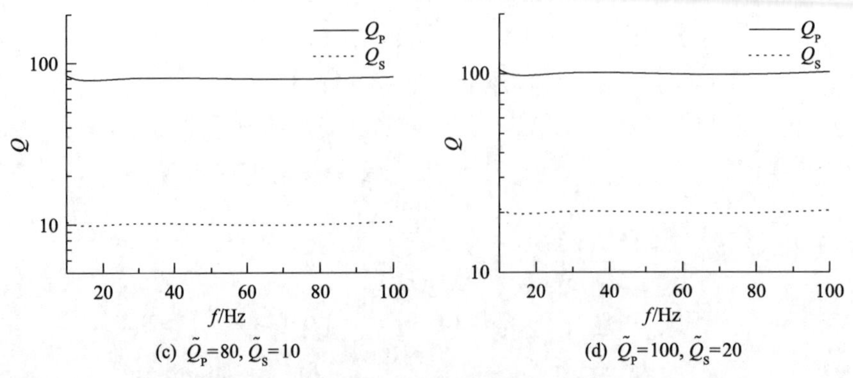

图 3-8　黏弹性介质不同给定的常数品质因子的常 Q 拟合结果

f 为频率

设有均匀黏弹性介质，纵、横波松弛速度分别为 1600m/s 和 1000m/s，密度为 1000kg/m^3，纵、横波品质因子分别为 50 和 30，主频为 30Hz 的里克子波加载在 z 方向作为集中力震源。利用上述方法计算松弛时间，并采用交错网格高阶有限差分法进行正演模拟，取相对震源坐标为(500, 500)的单道波形并与严格常 Q 模型的解析解进行对比，如图 3-9 所示。由图中可以看出，数值解与常 Q 模型的解析解几乎完全一致，说明了本书构建近似常 Q 模型的方法及正演模拟的准确性和有效性。

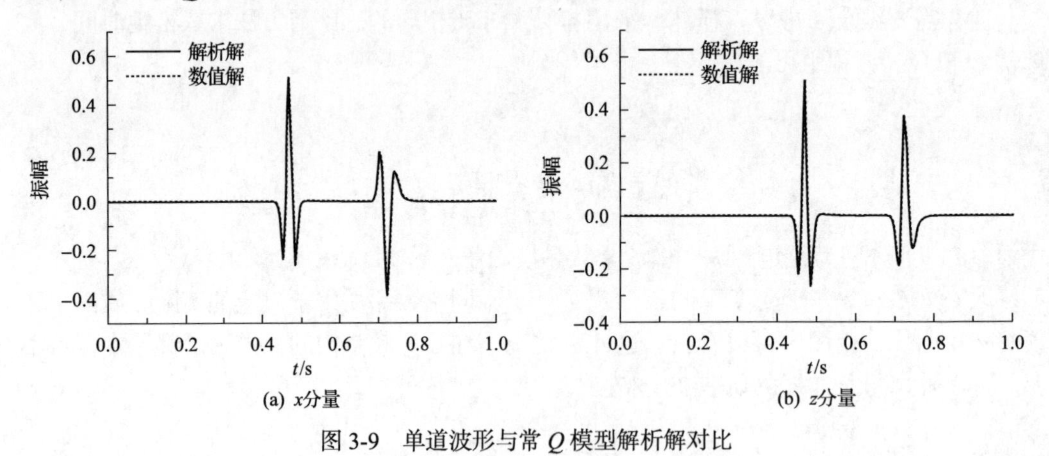

图 3-9　单道波形与常 Q 模型解析解对比

3.3.2　黏弹性介质有限差分正演模拟

黏弹性介质中的运动平衡微分方程与弹性介质中的相同，再结合应力、应变关系，并引入记忆变量消除卷积，可以整理得到二维各向同性黏弹性介质的一阶速度-应力波动方程：

$$\begin{cases}\partial_t \rho v_x = \partial_x \sigma_{xx} + \partial_z \sigma_{xz} \\ \partial_t \rho v_z = \partial_x \sigma_{xz} + \partial_z \sigma_{zz}\end{cases} \tag{3-29a}$$

$$\begin{cases}\partial_t\sigma_{xx}=(\lambda^{\mathrm{U}}+2\mu^{\mathrm{U}})\partial_x v_x+\lambda^{\mathrm{U}}\partial_z v_z+(\lambda^{\mathrm{R}}+\mu^{\mathrm{R}})\sum\limits_{l=1}^{L_1}E_1^l+2\mu^{\mathrm{R}}\sum\limits_{l=1}^{L_2}E_{l1}\\ \partial_t\sigma_{zz}=\lambda^{\mathrm{U}}\partial_x v_x+(\lambda^{\mathrm{U}}+2\mu^{\mathrm{U}})\partial_z v_z+(\lambda^{\mathrm{R}}+\mu^{\mathrm{R}})\sum\limits_{l=1}^{L_1}E_1^l-2\mu^{\mathrm{R}}\sum\limits_{l=1}^{L_2}E_{l1}\\ \partial_t\sigma_{xz}=\mu^{\mathrm{U}}(\partial_z v_x+\partial_x v_z)+\mu^{\mathrm{R}}\sum\limits_{l=1}^{L_2}E_{l2}\end{cases}\tag{3-29b}$$

$$\begin{cases}\partial_t E_{l1}=-E_{l1}/\tau_{\sigma l}^{(1)}+\Theta\varphi_{1l}\\ \partial_t E_{l1}=-E_{l1}/\tau_{\sigma l}^{(2)}+\left(\partial_x v_x-\dfrac{\Theta}{2}\right)\varphi_{2l}\\ \partial_t E_{l2}=-E_{l2}/\tau_{\sigma l}^{(2)}+\left(\partial_z v_x+\partial_x v_z\right)\varphi_{2l}\end{cases}\tag{3-29c}$$

式中，∂_x、∂_z、∂_t 分别表示一阶偏微分算子 $\partial/\partial x$、$\partial/\partial z$、$\partial/\partial t$；$\Theta=\partial_x v_x+\partial_z v_z$ 为胀缩场；λ^{R} 和 μ^{R} 为松弛拉梅系数；$\lambda^{\mathrm{U}}=(\lambda^{\mathrm{R}}+\mu^{\mathrm{R}})M^{\mathrm{U1}}-\mu^{\mathrm{R}}M^{\mathrm{U2}}$ 和 $\mu^{\mathrm{U}}=\mu^{\mathrm{R}}M^{\mathrm{U2}}$ 为未松弛拉梅系数；$M^{\mathrm{U}\nu}=\dfrac{1}{L_\nu}\sum\limits_{l=1}^{L_\nu}\dfrac{\tau_{\varepsilon l}^{(\nu)}}{\tau_{\sigma l}^{(\nu)}}$（$\nu$=1 或 2）为 t=0 时刻松弛函数与松弛模量的比值；L_1 个记忆变量 E_{l1} 对应于描述黏弹胀缩波的 L_1 个标准线性体；L_2 个记忆变量 E_{l2} 对应于描述剪切波的 L_2 个标准线性体；$\varphi_{\nu l}=\left(1-\dfrac{\tau_{\varepsilon l}^{(\nu)}}{\tau_{\sigma l}^{(\nu)}}\right)\Big/\tau_{\sigma l}^{(\nu)}/L_\nu$（$\nu$=1 或 2）为 t=0 时刻的松弛函数时间导数的分量与松弛模量的比值。

采用时间二阶空间 2M 阶的交错网格高阶有限差分格式对上述波动方程进行离散，如下所示：

$$\begin{aligned}\rho\frac{U_{i,j}^{n+1}-U_{i,j}^{n}}{\Delta t}=&\frac{1}{\Delta x}\sum_{m=1}^{M}C_m^{(M)}\left(R_{i+n-1/2,j}^{n+1/2}-R_{i-n+1/2,j}^{n+1/2}\right)\\&+\frac{1}{\Delta z}\sum_{m=1}^{M}C_m^{(M)}\left(H_{i,j+n-1/2}^{n+1/2}-H_{i,j-n+1/2}^{n+1/2}\right)\end{aligned}\tag{3-30a}$$

$$\begin{aligned}\rho\frac{W_{i+1/2,j+1/2}^{n+1}-W_{i+1/2,j+1/2}^{n}}{\Delta t}=&\frac{1}{\Delta x}\sum_{m=1}^{M}C_m^{(M)}\left(H_{i+n,j+1/2}^{n+1/2}-H_{i-n+1,j+1/2}^{n+1/2}\right)\\&+\frac{1}{\Delta z}\sum_{m=1}^{M}C_m^{(M)}\left(T_{i+1/2,j+n}^{n+1/2}-T_{i+1/2,j-n+1}^{n+1/2}\right)\end{aligned}\tag{3-30b}$$

$$\begin{aligned}\frac{R_{i+1/2,j}^{n+1}-R_{i+1/2,j}^{n}}{\Delta t}=&(\lambda^{\mathrm{U}}+2\mu^{\mathrm{U}})\frac{1}{\Delta x}\sum_{m=1}^{M}C_m^{(M)}\left(U_{i+n,j}^{n+1/2}-U_{i-n+1,j}^{n+1/2}\right)\\&+\lambda^{\mathrm{U}}\frac{1}{\Delta z}\sum_{m=1}^{M}C_m^{(M)}\left(W_{i+1/2,j+n-1/2}^{n+1/2}-W_{i+1/2,j-n+1/2}^{n+1/2}\right)\end{aligned}\tag{3-30c}$$

$$
+(\lambda^{\mathrm{R}}+\mu^{\mathrm{R}})\sum_{l=1}^{L_1}\frac{(E_{l1})_{i+1/2,j}^{n+1}+(E_{l1})_{i+1/2,j}^{n}}{2}
+2\mu^{\mathrm{R}}\sum_{l=1}^{L_2}\frac{(E_{l1})_{i+1/2,j}^{n+1}+(E_{l1})_{i+1/2,j}^{n}}{2}
$$

$$
\begin{aligned}
\frac{T_{i+1/2,j}^{n+1}-T_{i+1/2,j}^{n}}{\Delta t}=&\lambda^{\mathrm{U}}\frac{1}{\Delta x}\sum_{m=1}^{M}C_m^{(M)}\left(U_{i+n,j}^{n+1/2}-U_{i-n+1,j}^{n+1/2}\right)\\
&+(\lambda^{\mathrm{U}}+2\mu^{\mathrm{U}})\frac{1}{\Delta z}\sum_{m=1}^{M}C_m^{(M)}\left(W_{i+1/2,j+n-1/2}^{n+1/2}-W_{i+1/2,j-n+1/2}^{n+1/2}\right)\\
&+(\lambda^{\mathrm{R}}+\mu^{\mathrm{R}})\sum_{l=1}^{L_1}\frac{(E_{l1})_{i+1/2,j}^{n+1}+(E_{l1})_{i+1/2,j}^{n}}{2}\\
&-2\mu^{\mathrm{R}}\sum_{l=1}^{L_2}\frac{(E_{l1})_{i+1/2,j}^{n+1}+(E_{l1})_{i+1/2,j}^{n}}{2}
\end{aligned}
\tag{3-30d}
$$

$$
\begin{aligned}
\frac{H_{i,j+1/2}^{n+1}-H_{i,j+1/2}^{n}}{\Delta t}=&\mu^{\mathrm{U}}\left[\frac{1}{\Delta z}\sum_{m=1}^{M}C_m^{(M)}\left(U_{i,j+n}^{n+1/2}-U_{i,j-n+1}^{n+1/2}\right)\right.\\
&\left.+\frac{1}{\Delta x}\sum_{m=1}^{M}C_m^{(M)}\left(W_{i+n-1/2,j+1/2}^{n+1/2}-W_{i-n+1/2,j+1/2}^{n+1/2}\right)\right]\\
&+\mu^{\mathrm{R}}\sum_{l=1}^{L_2}\frac{(E_{l2})_{i,j+1/2}^{n+1}+(E_{l2})_{i,j+1/2}^{n}}{2}
\end{aligned}
\tag{3-30e}
$$

$$
\begin{aligned}
\frac{(E_{l1})_{i+1/2,j}^{n+1}-(E_{l1})_{i+1/2,j}^{n}}{\Delta t}=&-\frac{1}{\tau_{\sigma l}^{(1)}}\frac{(E_{l1})_{i+1/2,j}^{n+1}+(E_{l1})_{i+1/2,j}^{n}}{2}\\
&+\varphi_{1l}\left[\frac{1}{\Delta x}\sum_{m=1}^{M}C_m^{(M)}\left(U_{i+n,j}^{n+1/2}-U_{i-n+1,j}^{n+1/2}\right)\right.\\
&\left.+\frac{1}{\Delta z}\sum_{m=1}^{M}C_m^{(M)}\left(W_{i+1/2,j+n-1/2}^{n+1/2}-W_{i+1/2,j-n+1/2}^{n+1/2}\right)\right]
\end{aligned}
\tag{3-30f}
$$

$$
\begin{aligned}
\frac{(E_{l1})_{i+1/2,j}^{n+1}-(E_{l1})_{i+1/2,j}^{n}}{\Delta t}=&-\frac{1}{\tau_{\sigma l}^{(2)}}\frac{(E_{l1})_{i+1/2,j}^{n+1}+(E_{l1})_{i+1/2,j}^{n}}{2}\\
&+\frac{1}{2}\varphi_{2l}\left[\frac{1}{\Delta x}\sum_{m=1}^{M}C_m^{(M)}\left(U_{i+n,j}^{n+1/2}-U_{i-n+1,j}^{n+1/2}\right)\right.\\
&\left.-\frac{1}{\Delta z}\sum_{m=1}^{M}C_m^{(M)}\left(W_{i+1/2,j+n-1/2}^{n+1/2}-W_{i+1/2,j-n+1/2}^{n+1/2}\right)\right]
\end{aligned}
\tag{3-30g}
$$

$$\frac{(E_{l2})_{i,j+1/2}^{n+1}-(E_{l2})_{i,j+1/2}^{n}}{\Delta t}=-\frac{1}{\tau_{\sigma l}^{(2)}}\frac{(E_{l2})_{i,j+1/2}^{n+1}+(E_{l2})_{i,j+1/2}^{n}}{2}$$
$$+\varphi_{2l}\left[\frac{1}{\Delta z}\sum_{m=1}^{M}C_m^{(M)}\left(U_{i,j+n}^{n+1/2}-U_{i,j-n+1}^{n+1/2}\right)\right.$$
$$\left.+\frac{1}{\Delta x}\sum_{m=1}^{M}C_m^{(M)}\left(W_{i+n-1/2,j+1/2}^{n+1/2}-W_{i-n+1/2,j+1/2}^{n+1/2}\right)\right] \tag{3-30h}$$

式(3-30a)～式(3-30h)中，U、W、R、T、H 分别为波场变量 v_x 、v_z 、σ_{xx} 、σ_{zz} 、σ_{xz} 的离散表示；n 为时间离散；i 、j 分别为空间横纵坐标离散；Δt 为时间间隔；Δx 、Δz 为空间间隔；$C_m^{(M)}$ 为差分系数。

考虑二维情况，设有主频为 35Hz 的里克子波，延迟时间为 $t_0=0.04\text{s}$ ，加载在 z 方向作为集中力震源，其波形和频谱如图 3-10 所示。纵横波松弛速度分别为 1600m/s 和 1000m/s，密度为 1000kg/m³，纵横波品质因子分别为 50 和 30，利用上述方法计算松弛时间，并采用交错网格高阶有限差分法进行正演模拟，取相对震源坐标为(500，500)的单道波形和频谱并与严格常 Q 模型的解析解进行对比。如图 3-11 和图 3-12 所示，由于单道相对震源纵横坐标相同，所以 z 分量振幅谱与 x 分量完全一致，在这未列出。由图 3-11 可以看出，数值解与常 Q 模型的解析解几乎完全一致，说明了本书构建近似常 Q 模型的方法及正演模拟的准确性和有效性。由图 3-12 及图 3-10(b)可以看出，弹性介质中纵横波的主频没有变化，而黏弹性介质中纵、横波的主频都会向低频移动，而且与弹性情况相比能量有所衰减，高频衰减大，低频衰减小。由于横波品质因子比纵波要小，其衰减的程度比纵波大得多，主频也更靠近低频。

在计算效率方面，由式(3-30)可以看出，与弹性情况相比，黏弹性方程主要增加了记忆变量的计算与更新，而且这与组元的个数 L 有关，L 越大，记忆变量越多，需要的计算量也就越大。不过前面已经提到，L=2 时可以比较好地拟合常 Q 模型，而且更新记忆变量不需要重新计算空间导数，计算效率相对现在的硬件和计算能力来说差别不大，完全可以承受。

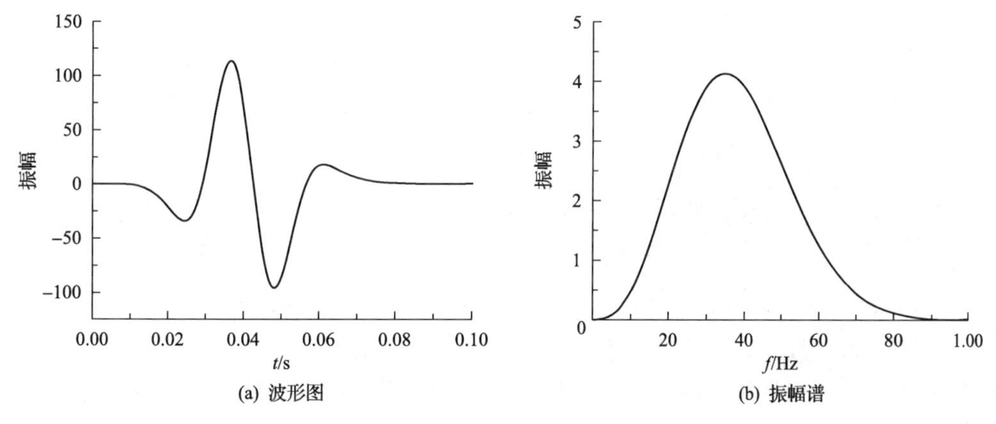

(a) 波形图　(b) 振幅谱

图 3-10　震源波形和振幅谱

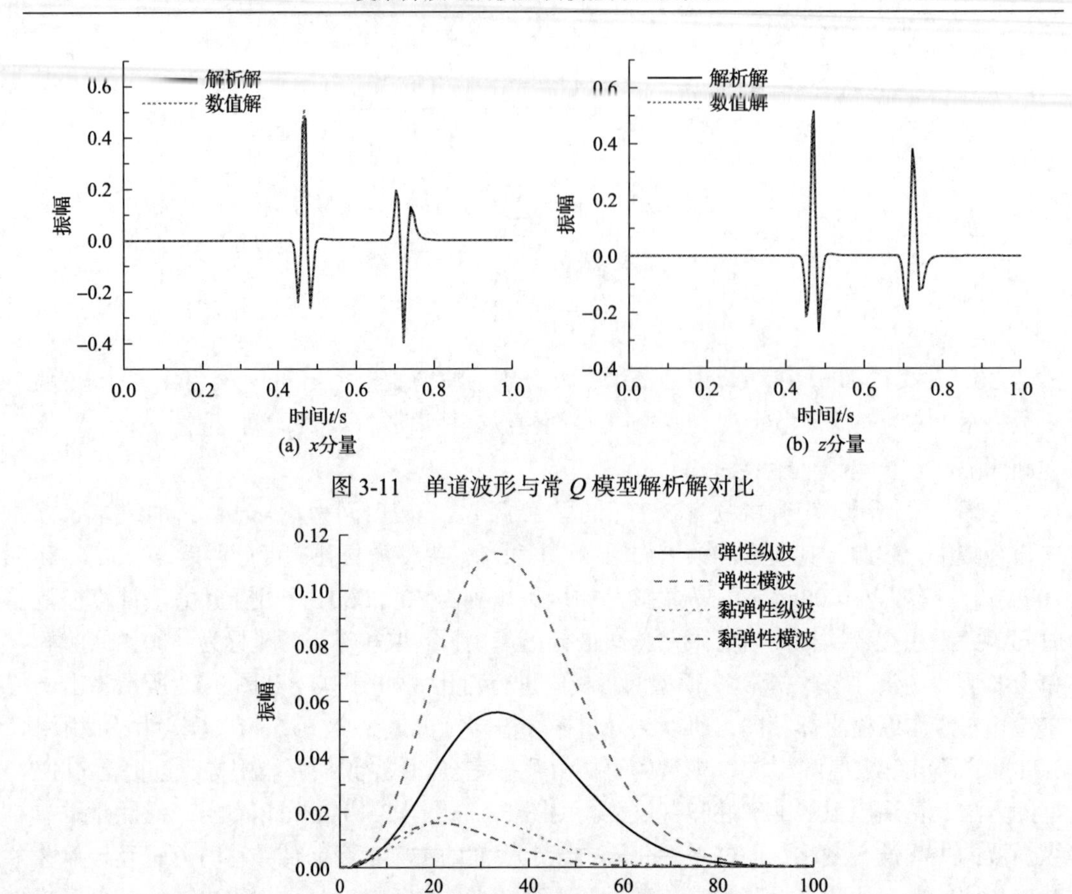

图 3-11 单道波形与常 Q 模型解析解对比

图 3-12 黏弹性与弹性介质单道 x 分量振幅谱对比

3.4 黏弹性介质中纵、横波分离的正演模拟

3.4.1 基本原理

基于 GSLS 模型的二维各向同性黏弹性介质的一阶速度-应力波动方程如式(3-29)，通过对比弹性和黏弹性介质中的本构关系与波动方程可以看出，二者的相关公式及变量具有对应关系。根据对应原理，可以得出黏弹性介质中分离的应力、应变关系：

$$\sigma_{\mathrm{P}_{xx}} = \sigma_{\mathrm{P}_{zz}} = [\lambda(t) + 2\mu(t)] * \varepsilon_{kk} \tag{3-31}$$

$$\sigma_{\mathrm{S}_{xx}} = -2\mu(t) * \varepsilon_{zz}, \quad \sigma_{\mathrm{S}_{zz}} = -2\mu(t) * \varepsilon_{xx}, \quad \sigma_{\mathrm{S}_{xz}} = \mu(t) * \varepsilon_{xz} \tag{3-32}$$

式(3-31)对应纵波，式(3-32)对应横波，此处的关键是卷积如何处理。

根据黏弹性介质中松弛函数与拉梅系数的关系，可以将式(3-31)和式(3-32)写成松弛函数的表达式，然后按照黏弹性介质原波动方程的推导方式推导分离的波动方程。二维情况下可以写成

$$\sigma_{\mathrm{P}_{xx}}=\sigma_{\mathrm{P}_{zz}}=\frac{1}{2}[\dot{\psi}_1(t)+\dot{\psi}_2(t)]*\varepsilon_{kk} \tag{3-33}$$

$$\sigma_{\mathrm{S}_{xx}}=-\dot{\psi}_2(t)*\varepsilon_{zz}\,,\quad \sigma_{\mathrm{S}zz}=-\dot{\psi}_2(t)*\varepsilon_{xx}\,,\quad \sigma_{\mathrm{S}xz}=\frac{1}{2}\dot{\psi}_2(t)*\varepsilon_{xz} \tag{3-34}$$

将式(3-14)松弛函数表达式代入并整理可得

$$\sigma_{\mathrm{P}_{xx}}=\sigma_{\mathrm{P}_{zz}}=\frac{1}{2}(M^{\mathrm{U1}}M_{\mathrm{R}}^{(1)}+\varPhi_1)*\varepsilon_{kk}+\frac{1}{2}(M^{\mathrm{U2}}M_{\mathrm{R}}^{(2)}+\varPhi_2)*\varepsilon_{kk} \tag{3-35}$$

$$\sigma_{\mathrm{S}_{xx}}=-(M^{\mathrm{U2}}M_{\mathrm{R}}^{(2)}+\varPhi_2)*\varepsilon_{zz}\,,\quad \sigma_{\mathrm{S}_{zz}}=-(M^{\mathrm{U2}}M_{\mathrm{R}}^{(2)}+\varPhi_2)*\varepsilon_{xx}$$

$$\sigma_{\mathrm{S}_{xz}}=\frac{1}{2}(M^{\mathrm{U2}}M_{\mathrm{R}}^{(2)}+\varPhi_2)*\varepsilon_{xz} \tag{3-36}$$

式中，$\varPhi_v=\sum_{l=1}^{L_v}\varphi_{vl}^c(t)=\sum_{l=1}^{L_v}M_{\mathrm{R}}^{(v)}\varphi_{vl}e^{-t/\tau_{\sigma l}^{(v)}}H(t)\,,v=1,2$，其余符号与前相同。

定义记忆变量：

$$e_i^l=\varphi_{il}^c*\varepsilon_{kk},\ \ i=1,2 \tag{3-37}$$

$$e_{ij}^l=\varphi_{2l}^c*\varepsilon_{ij},\ \ i,j=1,2 \tag{3-38}$$

注意这里的 e 与前面的 E 意义不同，E 是记忆变量，e 是一阶时间导数关系，为方便都称为记忆变量。而且与不分离的原波动方程相比，这里需要引入额外的 e_2^l。将式(3-37)和式(3-38)代入式(3-35)和式(3-36)并换回拉梅系数整理可得

$$\sigma_{\mathrm{P}_{xx}}=\sigma_{\mathrm{P}_{zz}}=(\lambda^{\mathrm{U}}+2\mu^{\mathrm{U}})\varepsilon_{kk}+\frac{1}{2}\sum_{l=1}^{L_1}e_1^l+\frac{1}{2}\sum_{l=1}^{L_2}e_2^l \tag{3-39}$$

$$\sigma_{\mathrm{S}_{xx}}=-2\mu^{\mathrm{U}}\varepsilon_{zz}+2\sum_{l=1}^{L_1}e_{11}^l-\sum_{l=1}^{L_2}e_2^l \tag{3-40a}$$

$$\sigma_{\mathrm{S}_{zz}}=-2\mu^{\mathrm{U}}\varepsilon_{xx}-2\sum_{l=1}^{L_1}e_{11}^l-\sum_{l=1}^{L_2}e_2^l \tag{3-40b}$$

$$\sigma_{\mathrm{S}_{xz}}=\mu^{\mathrm{U}}\varepsilon_{xz}+\sum_{l=1}^{L_1}e_{12}^l \tag{3-40c}$$

这样就可以避免计算卷积，其中由式(3-37)和(3-38)可得

$$\dot{e}_i^l=\varepsilon_{kk}\varphi_{il}^c(0)-e_i^l/\tau_{\sigma l}^{(i)},\ \ i=1,2 \tag{3-41}$$

$$\dot{e}_{ij}^{l} = e_{ij}\varphi_{2l}^{c}(0) - e_{ij}^{l} / \tau_{\sigma l}^{(2)}, \quad i, j = 1, 2 \tag{3-42}$$

整理式(3-39)～式(3-42)，并结合分离的运动平衡微分方程，最后可得二维黏弹性介质一阶速度-应力分离波动方程：

$$\begin{cases} v_x = v_{\mathrm{P}_x} + v_{\mathrm{S}_x} \\ v_z = v_{\mathrm{P}_z} + v_{\mathrm{S}_z} \end{cases} \tag{3-43a}$$

$$\begin{cases} \dfrac{\partial v_{\mathrm{P}_x}}{\partial t} = \dfrac{1}{\rho}\dfrac{\partial \sigma_{\mathrm{P}_{xx}}}{\partial x} \\ \dfrac{\partial v_{\mathrm{P}_z}}{\partial t} = \dfrac{1}{\rho}\dfrac{\partial \sigma_{\mathrm{P}_{zz}}}{\partial z} \\ \dfrac{\partial \sigma_{\mathrm{P}_{xx}}}{\partial t} = (\lambda^{\mathrm{U}} + 2\mu^{\mathrm{U}})\left(\dfrac{\partial v_x}{\partial x} + \dfrac{\partial v_z}{\partial z}\right) + (\lambda^{\mathrm{R}} + \mu^{\mathrm{R}})\sum_{l=1}^{L_1} E_{l1} + \mu^{\mathrm{R}}\sum_{l=1}^{L_2} E_{l2} \\ \dfrac{\partial \sigma_{\mathrm{P}_{zz}}}{\partial t} = (\lambda^{\mathrm{U}} + 2\mu^{\mathrm{U}})\left(\dfrac{\partial v_x}{\partial x} + \dfrac{\partial v_z}{\partial z}\right) + (\lambda^{\mathrm{R}} + \mu^{\mathrm{R}})\sum_{l=1}^{L_1} E_{l1} + \mu^{\mathrm{R}}\sum_{l=1}^{L_2} E_{l2} \end{cases} \tag{3-43b}$$

$$\begin{cases} \dfrac{\partial v_{\mathrm{S}_x}}{\partial t} = \dfrac{1}{\rho}\left(\dfrac{\partial \sigma_{\mathrm{S}_{xx}}}{\partial x} + \dfrac{\partial \sigma_{\mathrm{S}_{xz}}}{\partial z}\right) \\ \dfrac{\partial v_{\mathrm{S}_z}}{\partial t} = \dfrac{1}{\rho}\left(\dfrac{\partial \sigma_{\mathrm{S}_{xz}}}{\partial x} + \dfrac{\partial \sigma_{\mathrm{S}_{zz}}}{\partial z}\right) \\ \dfrac{\partial \sigma_{\mathrm{S}_{xx}}}{\partial t} = -2\mu^{\mathrm{U}}\dfrac{\partial v_z}{\partial z} + 2\mu^{\mathrm{R}}\sum_{l=1}^{L_2} E_{l1} - \mu^{\mathrm{R}}\sum_{l=1}^{L_2} E_{l2} \\ \dfrac{\partial \sigma_{\mathrm{S}zz}}{\partial t} = -2\mu^{\mathrm{U}}\dfrac{\partial v_x}{\partial x} - 2\mu^{\mathrm{R}}\sum_{l=1}^{L_2} E_{l1} - \mu^{\mathrm{R}}\sum_{l=1}^{L_2} E_{l2} \\ \dfrac{\partial \sigma_{\mathrm{S}_{xz}}}{\partial t} = \mu^{\mathrm{U}}\left(\dfrac{\partial v_x}{\partial z} + \dfrac{\partial v_z}{\partial x}\right) + \mu^{\mathrm{R}}\sum_{l=1}^{L_2} E_{l2} \end{cases} \tag{3-43c}$$

$$\begin{cases} \partial_t E_{l1} = -E_{l1} / \tau_{\sigma l}^{(1)} + \Theta\phi_{1l} \\ \partial_t E_{l2} = -E_{l2} / \tau_{\sigma l}^{(2)} + \Theta\phi_{2l} \\ \partial_t E_{l1} = -E_{l1} / \tau_{\sigma l}^{(2)} + \left(\partial_x v_x - \dfrac{\Theta}{2}\right)\phi_{2l} \\ \partial_t E_{l2} = -E_{l2} / \tau_{\sigma l}^{(2)} + \left(\partial_z v_x + \partial_x v_z\right)\phi_{2l} \end{cases} \tag{3-43d}$$

式(3-43)也是式(3-29)在场变量及形式上的分裂，因此二者也是等价的。根据纵波是无旋场，横波是无散场的性质可以验证式(3-43)中速度波场分离的正确性。

$$
\begin{aligned}
\frac{\partial^2}{\partial t^2}(\nabla\cdot\vec{v}_\mathrm{S}) &= \frac{\partial^2}{\partial t^2}\left(\frac{\partial v_{\mathrm{S}_x}}{\partial x}+\frac{\partial v_{\mathrm{S}_z}}{\partial z}\right)=\frac{\partial^2}{\partial x\partial t}\left(\frac{\partial v_{\mathrm{S}_x}}{\partial t}\right)+\frac{\partial^2}{\partial z\partial t}\left(\frac{\partial v_{\mathrm{S}_z}}{\partial t}\right)\\
&=\frac{\partial^2}{\partial x\partial t}\left[\frac{1}{\rho}\left(\frac{\partial \sigma_{\mathrm{S}_{xx}}}{\partial x}+\frac{\partial \sigma_{\mathrm{S}_{xz}}}{\partial z}\right)\right]+\frac{\partial^2}{\partial z\partial t}\left[\frac{1}{\rho}\left(\frac{\partial \sigma_{\mathrm{S}_{xz}}}{\partial x}+\frac{\partial \sigma_{\mathrm{S}_{zz}}}{\partial z}\right)\right]\\
&=\frac{1}{\rho}\left[\frac{\partial^2}{\partial x^2}\left(\frac{\partial \sigma_{\mathrm{S}_{xx}}}{\partial t}\right)+2\frac{\partial^2}{\partial x\partial z}\left(\frac{\partial \sigma_{\mathrm{S}_{xz}}}{\partial t}\right)+\frac{\partial^2}{\partial z^2}\left(\frac{\partial \sigma_{\mathrm{S}_{zz}}}{\partial t}\right)\right]
\end{aligned} \tag{3-44}
$$

再将式(3-43)中的相关等式代入式(3-44)，可以整理得到$\frac{\partial^2}{\partial t^2}(\nabla\cdot\vec{v}_\mathrm{S})=0$，由此可知$\nabla\cdot\vec{v}_\mathrm{S}$关于时间的二阶导数为 0,即其关于时间的一阶导数为常数,因此$\nabla\cdot\vec{v}_\mathrm{S}$要么为常数,要么为时间的线性函数。由波动特性可知$\nabla\cdot\vec{v}_\mathrm{S}$关于时间只能为常数，同时由解波动方程的初始条件知$\nabla\cdot\vec{v}_\mathrm{S}$应等于 0，因此式(3-43)中的横波波场$\vec{v}_\mathrm{S}=\left[v_{\mathrm{S}_x},v_{\mathrm{S}_z}\right]$是无散场，同理可推得式(3-43)中的纵波波场$\vec{v}_\mathrm{P}=\left[v_{\mathrm{P}_x},v_{\mathrm{P}_z}\right]$是无旋场，由此证明式(3-43)中速度波场分离的正确性。

波动方程式(3-43)可由交错网格高阶有限差分法求解，离散形式参见 3.3.2 节的式(3-30)。本章采用空间 6 阶，时间 2 阶的差分格式，边界条件多轴卷积完全匹配层(MC-PML)技术，松弛时间等黏弹性参数利用非线性最优化方法由常 Q 拟合得到，其中多轴卷积完全匹配层技术将在第 8 章进行详细介绍。

3.4.2　数值模拟

1. 均匀介质模型

模型尺寸为 400m(宽)×400m(深)，介质参数：纵波松弛速度 v_P=1600m/s，品质因子$Q_\mathrm{P}=30$，横波松弛速度 v_S=800m/s，品质因子$Q_\mathrm{S}=20$，密度ρ=2.7g/cm^3，空间网格间距为$\Delta x=\Delta z$=1m，时间步长为Δt=0.2ms，震源位于模型中间，为主频 30Hz 的里克子波，是 z 方向的集中力震源，地表接收。

模拟结果如图 3-13 和图 3-14 所示，图 3-15 是对应图 3-14 中各波场提取的偏移距为 100m 的单道波形及与弹性波场的对比。由图 3-15 可以看出，与弹性波场相比黏弹性波

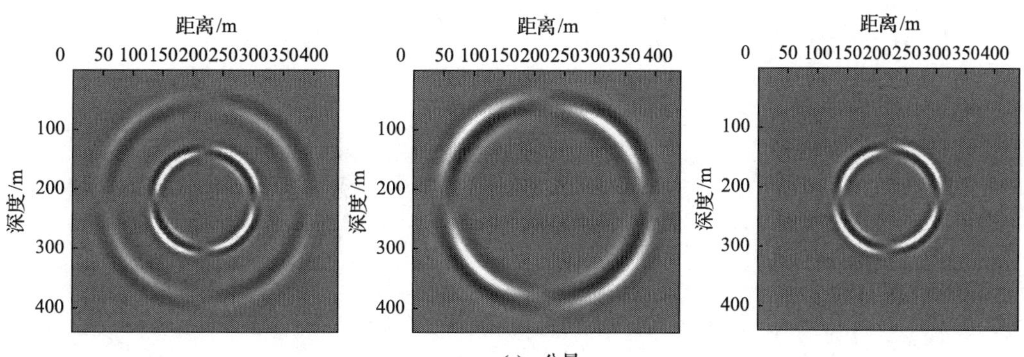

(a) x分量

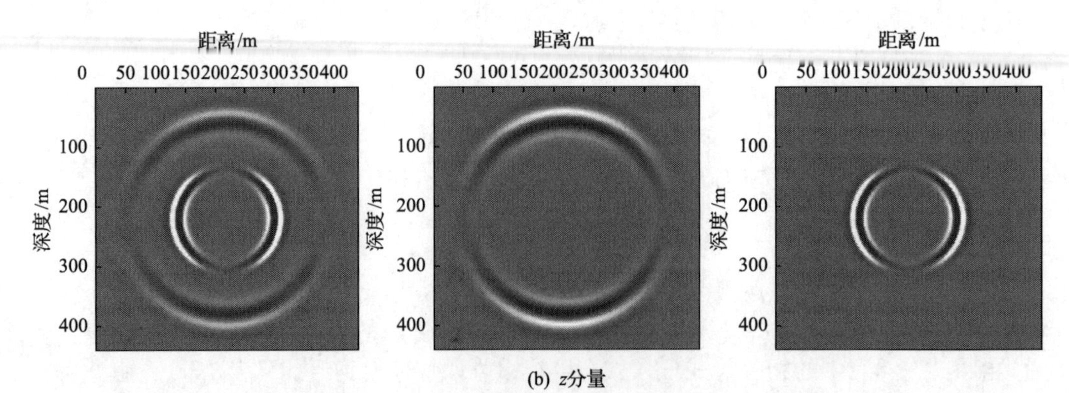

(b) z分量

图 3-13　均匀模型的 0.14s 波场快照

(a)、(b) 中依次为混合波场(左)、纵波波场(中)、横波波场(右)

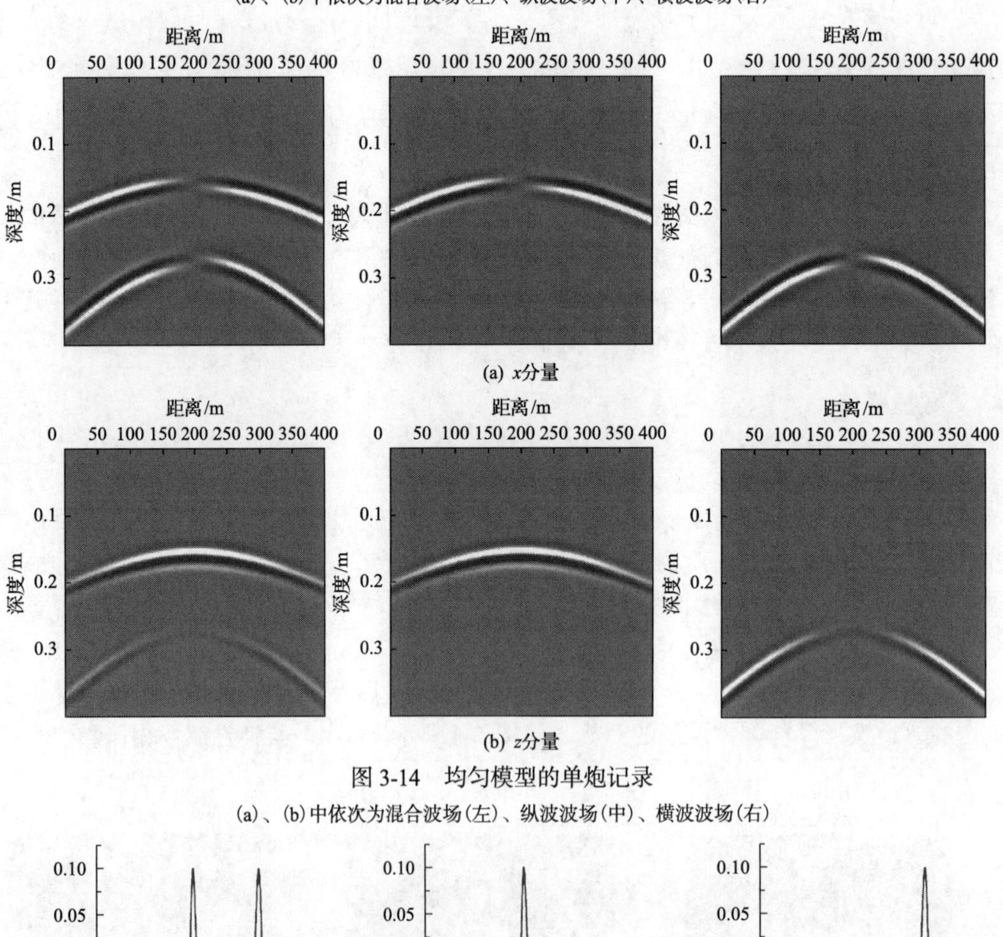

(a) x分量

(b) z分量

图 3-14　均匀模型的单炮记录

(a)、(b) 中依次为混合波场(左)、纵波波场(中)、横波波场(右)

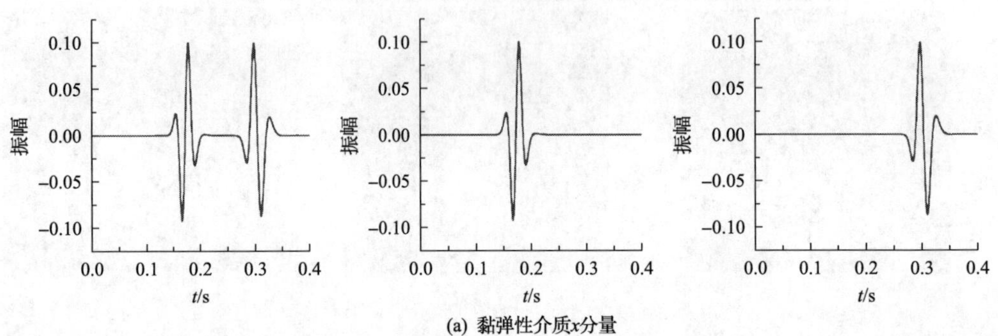

(a) 黏弹性介质x分量

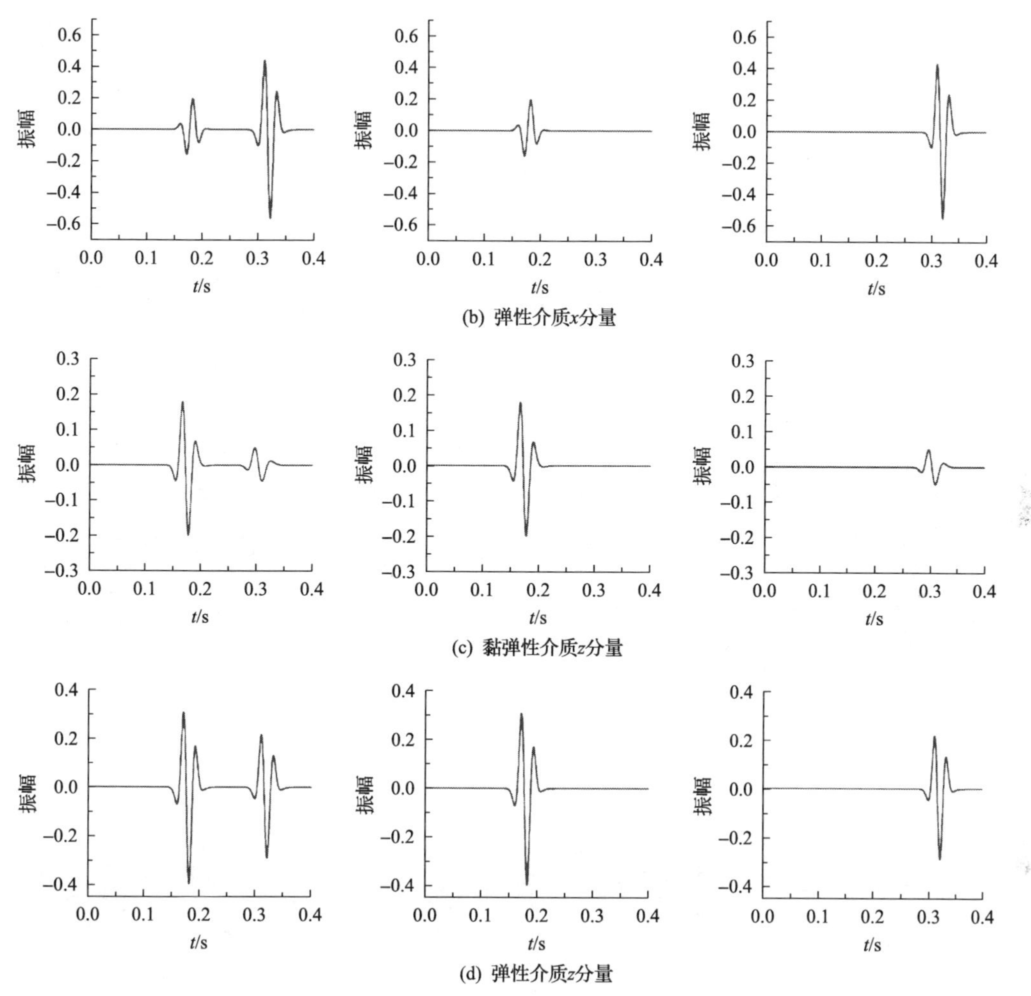

图 3-15　均匀模型中偏移距为 100m 的单道波形

(a)、(b)、(c)、(d)中依次为混合波场(左)、纵波波场(中)、横波波场(右)

场振幅减小，子波延续时间略有延长，到达时也稍微有些变化。这是由于黏弹性介质的固有频散和衰减，而本书采用松弛速度的缘故。

2. 层状介质模型

模型尺寸为 1000m(宽)×1000m(深)，共有两层，介质参数：第一层纵波松弛速度 v_P=2000m/s，纵波品质因子 $Q_P=40$，横波松弛速度 v_S=1155m/s，横波品质因子 $Q_S=20$，密度 ρ=2.0g/cm^3，厚度为 300m；第二层纵波松弛速度 v_P=3000m/s，纵波品质因子 $Q_P=50$，横波松弛速度 v_S=1732m/s，横波品质因子 $Q_S=30$，密度 ρ=2.2g/cm^3，空间网格间距为 $\Delta x=\Delta z$=2m，时间步长为 Δt=0.2ms，震源是位于模型中间地表的爆炸震源，为主频 30Hz 的里克子波。模拟结果如图 3-16 所示。

图 3-17 是三种波场的分量炮记录，图 3-18 是对应图 3-17 中各波场提取的偏移距为 240m 的单道波形。

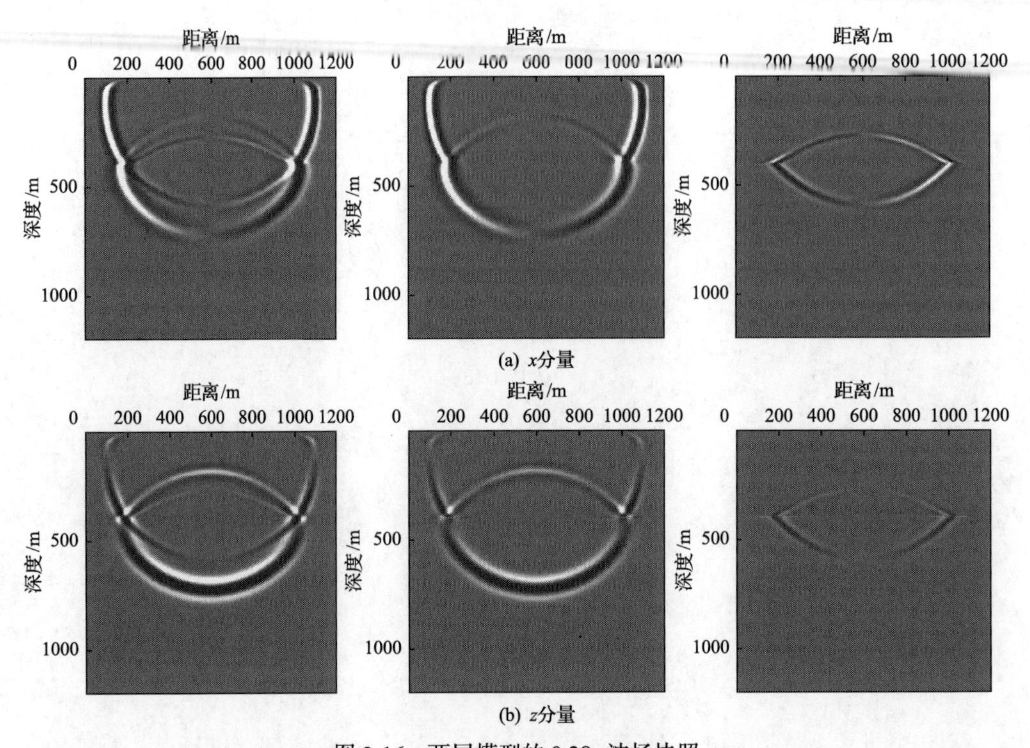

图 3-16　两层模型的 0.28s 波场快照

(a)、(b)中依次为混合波场(左)、纵波波场(中)、横波波场(右)

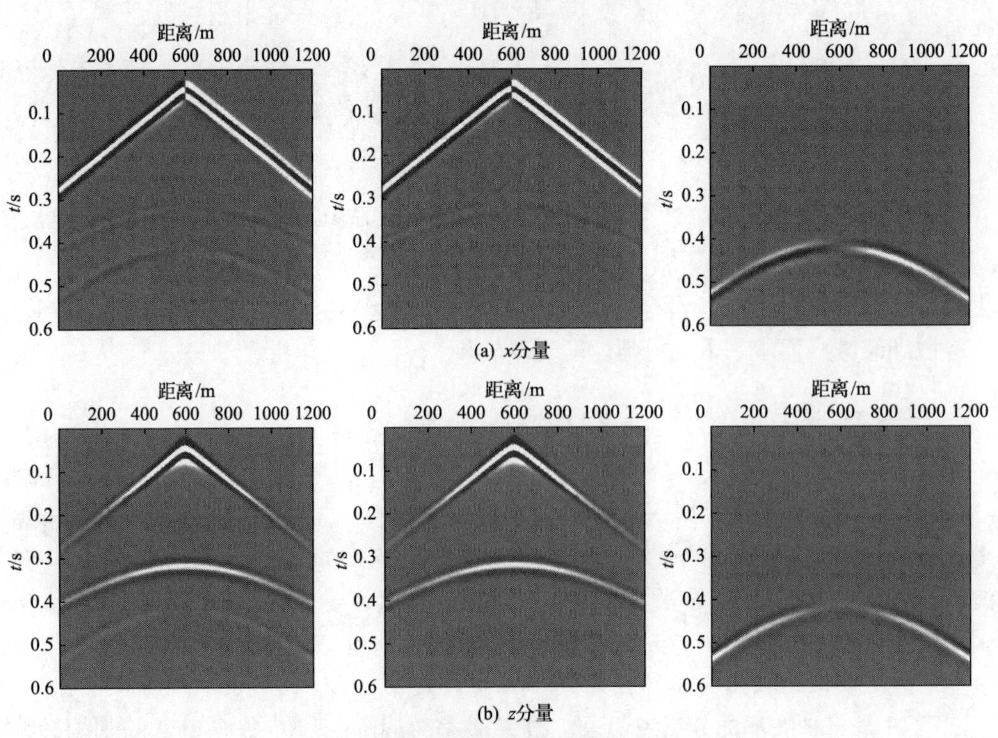

图 3-17　两层模型的单炮记录

(a)、(b)中依次为混合波场(左)、纵波波场(中)、横波波场(右)

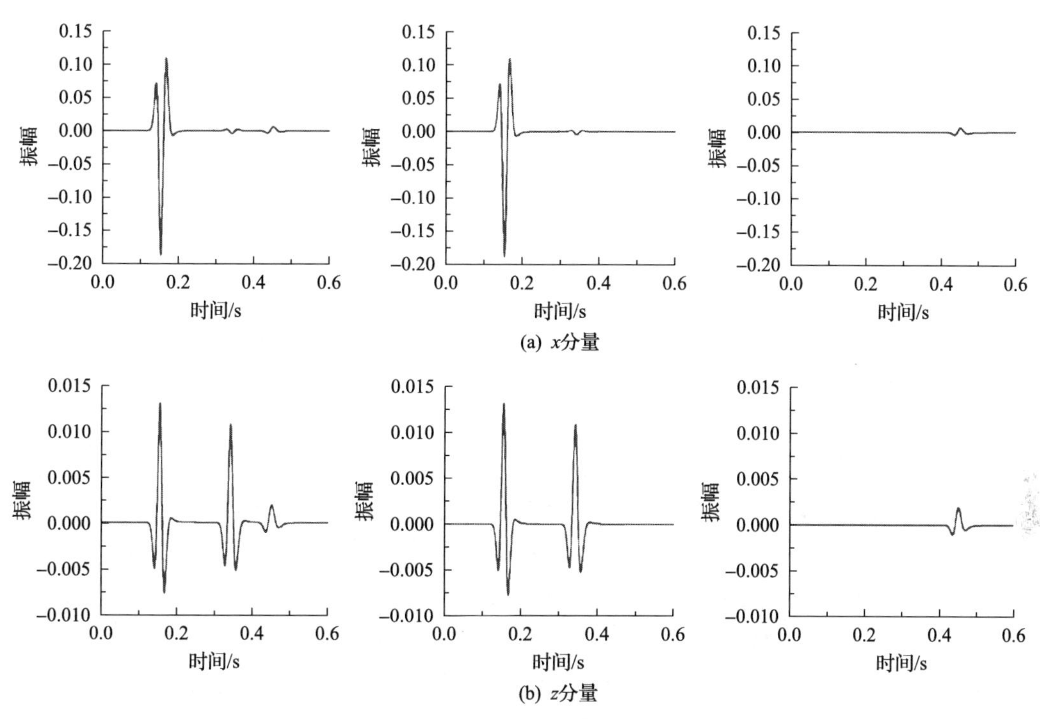

图 3-18　两层模型中偏移距为 240m 的单道波形

(a)、(b)中依次为混合波场(左)、纵波波场(中)、横波波场(右)

第4章　非均匀各向异性介质正演模拟

4.1　引　言

尽管基于对地球介质的各向同性假设，在工业实践中取得了巨大的成功，但随着勘探的不断深入，人们逐步认识到各向异性理论在提高动校正精度、改善成像分辨率及油藏描述中的重要性。此外，地震各向异性所表现出的传播速度随方向变化、横波分离及体波间的耦合等现象是各向同性假设难以表征刻画的。

研究平面波是认识地震波在各向异性介质中传播规律的有效方式。通常采用Christoffel方程来探讨波的平面波特征，该方程是由波动方程导出的，从数学角度讲，Christoffel方程描述的是本征值问题，Christoffel矩阵的特征多项式表示波动方程的频散关系，Christoffel矩阵的特征值及特征向量则分别表示波的相速度和偏振矢量。为使波的偏振矢量有非零解，就需要使Christoffel矩阵的行列式为零。给定任意传播方向，Christoffel方程会产生三个可能的相速度根，分别对应P波和两个S波。对于TI介质，纯P波、纯SV波、纯SH波分别出现在沿着平行和垂直介质的对称轴方向并沿该方向传播，其他方向只出现qP波、qSV波、qSH波。即只有沿着平行和垂直介质的对称轴方向传播的纵波或横波，其传播方向与极化方程才垂直或平行。另外，当横波传播经过各向异性介质的时候，由于各向异性的存在，且不同极化横波的传播速度不同，因此S波通过各向异性介质时会产生横波分裂现象(shear wave splitting)又称为横波双折射(birefringence或double refraction)，两个S波分别以不同的相速度传播和偏振方向传播，出现了快波和慢波之分。

本章是在前人研究的基础上，针对非均匀各向异性弹性波动方程，讨论基于有限差分理论的正演模拟方法，包括网格定义方式、边界条件处理、差分系数改进等。运用Lebedev网格，避免了插值误差，提高了模拟精度，为了改善各向异性介质正演模拟精度，在本章第二节讨论了Lebedev(LG)网格定义方式、M-PML边界条件、并且给出了详细的TTI介质LG网格有限差分离散迭代格式。由于Lebedev网格占用的存储内存和计算量都较交错网格大，为了提高含各向异性介质正演模拟的计算效率，本章4.3节将Virieux标准交错网格(standard staggered grid, SSG)与LG(Lebedev grid)网格结合，给出了具有倾斜对称轴的横向各向异性(transverse isotropy with a tilted axis of symmetry, TTI)介质SSG与LG网格耦合机制下的有限差分离散迭代格式。该方法的基本思想是在各向同性区域采用SSG，而在各向异性区域使用LG，这样既保证了精度，又提高了效率(李娜等，2014a, 2014b, 2014c)。

4.2　TTI 介质 LG 有限差分数值模拟

4.2.1　LG 机制下波动方程的有限差分格式

二维 TTI 介质的一阶速度-应力方程可以表示为

$$\begin{aligned}\rho \boldsymbol{I}\partial_t \boldsymbol{U} &= \boldsymbol{A}_1 \partial_x \sigma + \boldsymbol{A}_2 \partial_z \sigma \\ \boldsymbol{S}\partial_t \sigma &= \boldsymbol{A}_1' \partial_x \boldsymbol{U} + \boldsymbol{A}_2' \partial_z \boldsymbol{U}\end{aligned} \tag{4-1}$$

式中，$\sigma = (\sigma_{xx}, \sigma_{zz}, \sigma_{xz})'$ 为应力张量；$\boldsymbol{U} = (u_x, u_z)'$ 为速度张量；$\boldsymbol{I}$ 为单位矩阵；ρ 为介质密度；$\boldsymbol{A}_1, \boldsymbol{A}_2$ 矩阵的具体表达形式为 $\boldsymbol{A}_1 = \begin{bmatrix} 1 & 0 & 0 \\ 0 & 0 & 1 \end{bmatrix}$，$\boldsymbol{A}_2 = \begin{bmatrix} 0 & 0 & 1 \\ 0 & 1 & 0 \end{bmatrix}$；$\boldsymbol{S}$ 为 TTI 介质弱度矩阵，$\boldsymbol{S}^{-1} = \boldsymbol{C} = \begin{bmatrix} c_{11} & c_{13} & c_{15} \\ c_{13} & c_{33} & c_{35} \\ c_{15} & c_{35} & c_{55} \end{bmatrix}$，由 VTI 介质参数矩阵 $\boldsymbol{C}^0 = \begin{bmatrix} c_{11}^0 & c_{13}^0 & 0 \\ c_{13}^0 & c_{33}^0 & 0 \\ 0 & 0 & c_{55}^0 \end{bmatrix}$，通过坐标变换矩阵 $\boldsymbol{B} = \begin{bmatrix} \cos^2\theta & \sin^2\theta & -\sin 2\theta \\ \sin^2\theta & \cos^2\theta & \sin 2\theta \\ \frac{1}{2}\sin 2\theta & -\frac{1}{2}\sin 2\theta & \cos 2\theta \end{bmatrix}$ 得 $\boldsymbol{C} = \boldsymbol{B}\boldsymbol{C}^0\boldsymbol{B}'$，$\theta$ 为极化角(VTI 介质主对称轴与 z 轴的夹角)。

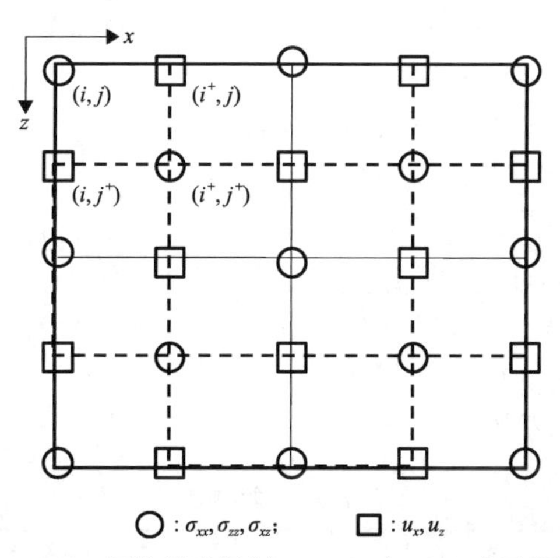

图 4-1　Lebedev 网格示意图($i^+=i+1/2$，$j^+=j+1/2$ 表示半网格点)
σ 为应力；u 为速度

Lebedev 网格机制的主要思想就是将速度和应力的不同分量交错定义在同一网格点上，根据定义位置的坐标特点，二维情形下，速度、应力的定义方式可以表示为

$$\Omega_u^1 = \{(i,j)|_{i\notin \mathbf{Z},\ j\in \mathbf{Z}|_{i+j\notin \mathbf{Z}}}\}$$

$$\Omega_u^2 = \{(i,j)|_{i\in \mathbf{Z},\ j\notin \mathbf{Z}|_{i+j\notin \mathbf{Z}}}\}$$

$$\Omega_\sigma^1 = \{(i,j)|_{i\in \mathbf{Z},\ j\in \mathbf{Z}|_{i+j\in \mathbf{Z}}}\}$$

$$\Omega_\sigma^2 = \{(i,j)|_{i\notin \mathbf{Z},\ j\notin \mathbf{Z}|_{i+j\in \mathbf{Z}}}\}$$

式中，$\mathbf{Z}$ 为整数集；本书用 $\boldsymbol{U}^1$、$\boldsymbol{U}^2$、$\boldsymbol{\sigma}^1$、$\boldsymbol{\sigma}^2$ 表示定义在相应网格点集的速度、应力张量。由此得到 LG 机制下波动方程的有限差分格式：

$$\begin{aligned}
\rho \boldsymbol{I} \mathrm{D}_t(\boldsymbol{U}^1)_{i,i}^N &= \boldsymbol{A}_1 \mathrm{D}_x(\sigma^1)_{i,j}^N + \boldsymbol{A}_2 \mathrm{D}_z(\sigma^2)_{i,j}^N, \quad (i,j)\in \Omega_u^1,\ N\notin \mathbf{Z} \\
\rho \boldsymbol{I} \mathrm{D}_t(\boldsymbol{U}^2)_{i,j}^N &= \boldsymbol{A}_1 \mathrm{D}_x(\sigma^2)_{i,j}^N + \boldsymbol{A}_2 \mathrm{D}_z(\sigma^1)_{i,j}^N, \quad (i,j)\in \Omega_u^2,\ N\notin \mathbf{Z} \\
\boldsymbol{S} \mathrm{D}_t(\sigma^1)_{i,j}^N &= \boldsymbol{A}_1' \mathrm{D}_x(\boldsymbol{U}^1)_{i,j}^N + \boldsymbol{A}_2' \mathrm{D}_z(\boldsymbol{U}^2)_{i,j}^N, \quad (i,j)\in \Omega_\sigma^1,\ N\in \mathbf{Z} \\
\boldsymbol{S} \mathrm{D}_t(\sigma^2)_{i,j}^N &= \boldsymbol{A}_1' \mathrm{D}_x(\boldsymbol{U}^2)_{i,j}^N + \boldsymbol{A}_2' \mathrm{D}_z(\boldsymbol{U}^1)_{i,j}^N, \quad (i,j)\in \Omega_\sigma^2,\ N\in \mathbf{Z}
\end{aligned} \tag{4-2}$$

式中，$\mathrm{D}_t, \mathrm{D}_x, \mathrm{D}_z$ 为中心差分算子；表示形式如下：

$$\mathrm{D}_t(f)_{i,j}^N = \frac{1}{\Delta t}\left(f_{i,j}^{N+1/2} - f_{i,j}^{N-1/2}\right)$$

$$\mathrm{D}_x(f)_{i,j}^N = \frac{1}{\Delta x}\sum_{m=1}^{M/2} c_m \left(f_{i+l_m,j}^N - f_{i-l_m,j}^N\right) \tag{4-3}$$

$$\mathrm{D}_z(f)_{i,j}^N = \frac{1}{\Delta x}\sum_{m=1}^{M/2} c_m \left(f_{i,j+l_m}^N - f_{i,j-l_m}^N\right)$$

式中，M 为空间差分精度；c_m 为 M 阶精度的有限差分系数；$l_m = (2m-1)/2$。

4.2.2　计算实例

为了验证经过优化后的 LG 数值模拟算法的正确性与普适性，本书采用两组不同的均匀 TTI 介质进行模拟测试。同时，根据 Mesa-Fajardo 和 Papageorgiou (2008) 提出的判别标准，选取一种特殊的 TTI 介质（Ⅲ）来证明 M-PML 边界条件的渐近稳定性，模拟均采用爆炸震源，具体模型参数如表 4-1 所示：

表 4-1　模型参数

	c_{11}^0 / (N / m^2)	c_{13}^0 / (N / m^2)	c_{33}^0 / (N / m^2)	c_{55}^0 / (N / m^2)	ρ/ (kg/m^3)	θ/(°)
Ⅰ	9.0×10^9	2.5×10^9	6.0×10^9	2.0×10^9	1000.0	45°
Ⅱ	5.56×10^9	-5.63×10^9	4.0×10^9	1.69×10^9	1000.0	45°
Ⅲ	4.0	7.5	20.0	2.0	1.0	0°

注：θ 为介质极化角度。

首先，通过对介质Ⅰ的数值模拟结果来验证本书 LG 算法的正确性与有效性。计算中的参数如下：网格间距为 5m，时间采样间隔为 0.4ms，主频为 25Hz。图 4-2 为分别采用 LG 与 SSG 算法得到的 z 分量 t=0.44s 时的波场快照及对应图中黑色虚线方框区域的局部放大图，并通过理论的群速度曲线(黑色实线)对比两种算法的模拟精度。

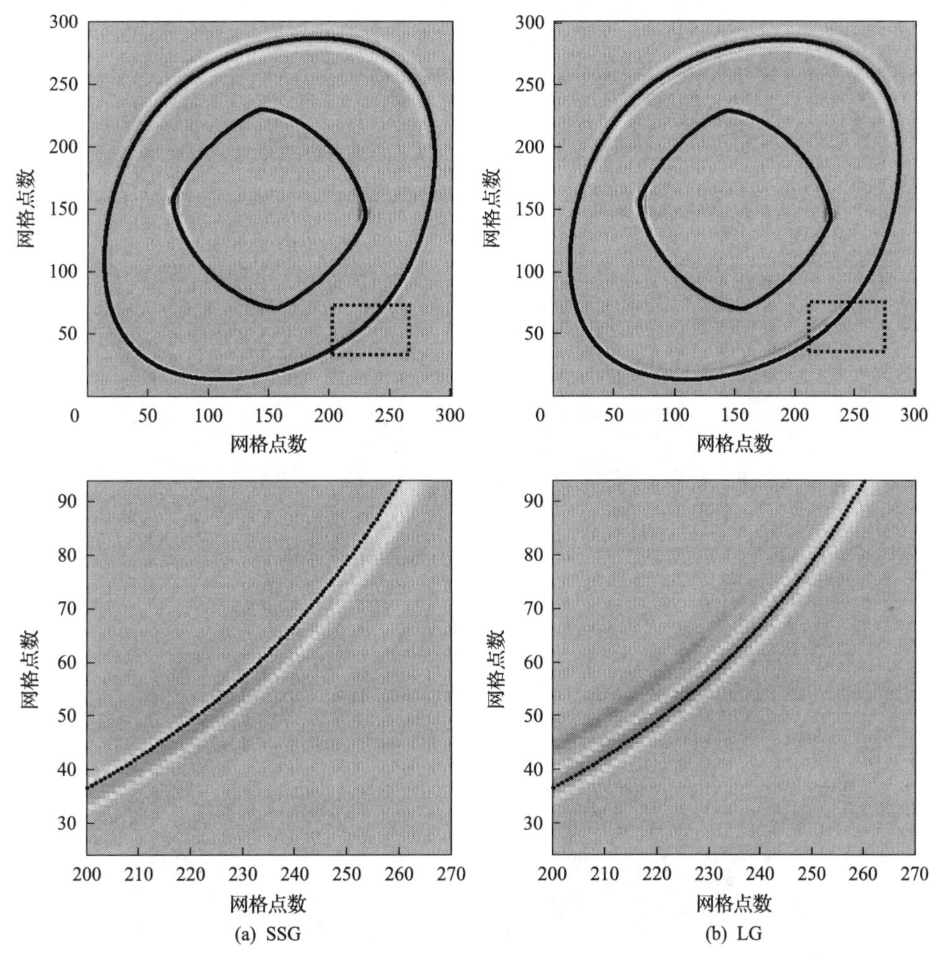

图 4-2　z 分量 t=0.44s 波场快照

黑色实线为群速度曲线；下图为上图的局部放大

对比图 4-2 中的两个局部放大图可知，LG 方法得到的 qP 波与 qSV 波的波前能量最大值与理论的群速度曲线吻合得较好，而 SSG 方法经波场插值后的波前能量最大值在右下角黑色虚线方框内发生了偏离。说明 LG 机制能有效地减少插值带来的数值误差，更精确地模拟波在各向异性介质中的传播特征，这对后续各向异性介质群速度、相速度的正确提取及高精度偏移成像都有重要意义。

最后，本书对模型Ⅲ分别采用传统 PML 与 M-PML 边界条件进行数值模拟对比试验。计算时采用的参数如下：网格间距为 0.05m，时间采样间隔为 2.0ms，主频为 0.9Hz；x 分量不同时刻波场快照如图 4-3 所示，计算中选取的比例系数为 $p^{(z/x)}=0.2, p^{(x/z)}=0.4$。

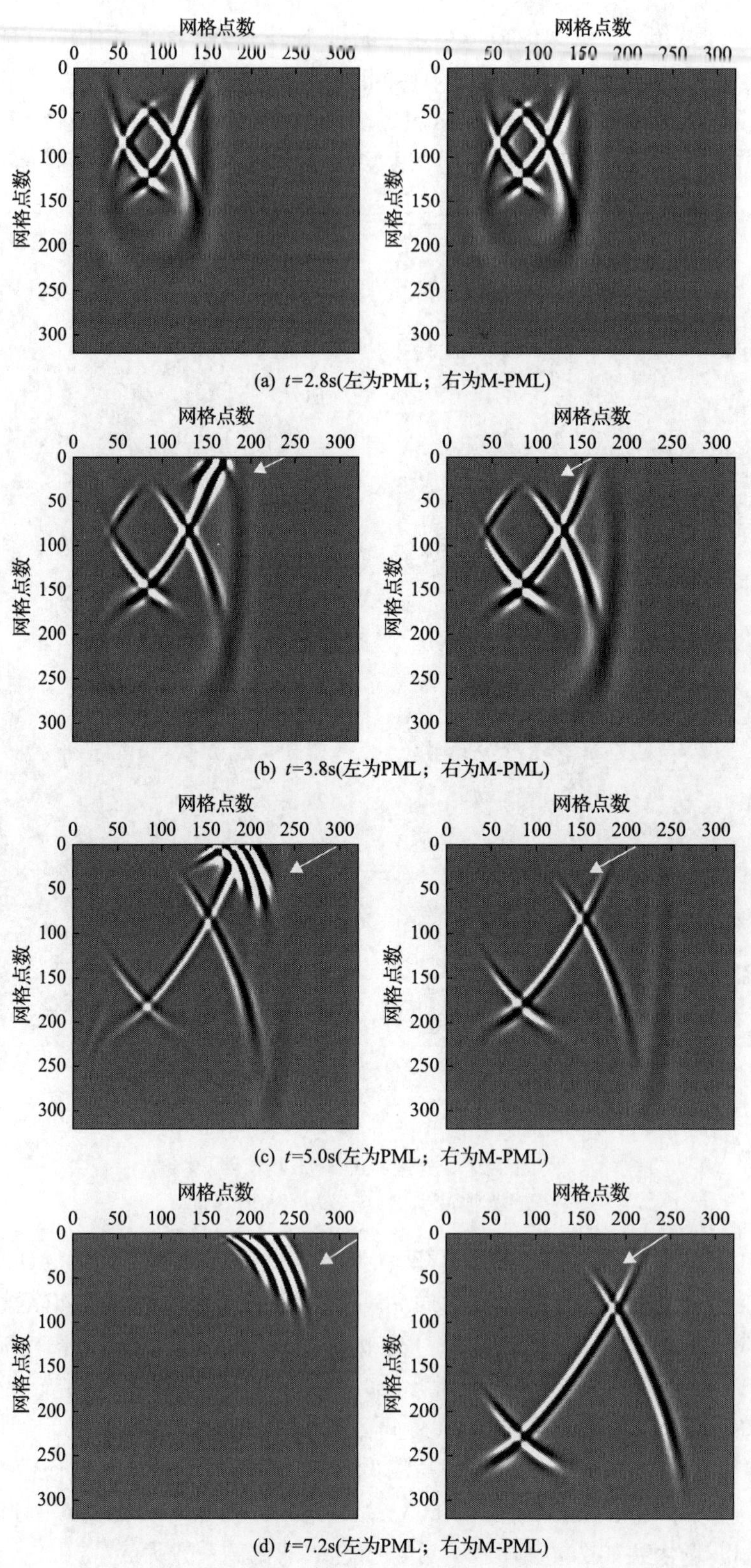

(a) t=2.8s(左为PML；右为M-PML)

(b) t=3.8s(左为PML；右为M-PML)

(c) t=5.0s(左为PML；右为M-PML)

(d) t=7.2s(左为PML；右为M-PML)

图 4-3　x 分量不同时刻波场快照

由图 4-3 可知，波场传播到匹配层后(3.8s)，传统 PML 边界在右上方就开始出现不稳定，如图 4-3(b)中箭头位置所示；随着时间步长的增加，不稳定性逐渐增强[图 4-3(c)]，在 7.2s 时[图 4-3(d)]不稳定能量已将原波场信息全部淹没，而采用 M-PML 的模拟结果(右边一列)一直都是稳定的，且边界吸收效果较好。

4.3　TTI 介质 LG 与 SSG 耦合有限差分数值模拟

在众多正演模拟方法中，有限差分法具有适应性强、效率高、精度高等特点，基于该方法的标准交错网格机制(standard staggered grid scheme, SSGS)易实现，能够有效地模拟地震波在复杂各向同性介质、具有垂直对称轴的 VTI 介质及水平对称轴的 HTI(Horizontal Transverse Isotropy)介质中的传播。但当介质的对称性低于正交各向异性时，如具有倾斜对称轴的 TTI 介质、单斜各向异性介质等，该网格定义机制需要进行波场插值，增加了计算量，同时引入插值误差、降低了模拟精度。

Lebedev 网格机制(Lebedev scheme, LS)避免了 SSGS 中波场插值的缺陷，提高了精度，但该种网格机制所需的计算量和内存都很大，二维情形下是 SSGS 的两倍多。

基于 SSGS 与 LS 相同的差分算子、稳定性条件及频散关系，Lisitsa 和 Vishnevskiy (2010)、Lisitsa 等(2012)提出了两种机制耦合的二阶有限差分正演模拟算法，只在各向异性区域采用 LS，而各向同性部分选用计算效率较高的 SSGS，这样既解决了 SSGS 中波场插值带来的数值误差，又最大限度地降低了计算内存与计算量。

4.3.1　SSGS 与 LS 耦合机制下波动方程的有限差分格式

关于两种机制的差分方程，许多学者已经做了细致分析，SSGS 差分方程的解是波动方程平面波解式(4-4a)的近似值；差分近似下，LS 除了有一组解与式(4-4a)一致，还有另一组伴随的假解式(4-4b)，其相速度的传播方向与真解相反。

$$\begin{bmatrix} u \\ \sigma \end{bmatrix} = \begin{bmatrix} u_x^+ \\ u_z^+ \\ \sigma_{xx}^+ \\ \sigma_{zz}^+ \\ \sigma_{xz}^+ \end{bmatrix} \mathrm{e}^{\mathrm{i}(\omega t - k_x x - k_z z)} \cong U^+ \mathrm{e}^{\mathrm{i}(\omega t - k_x x - k_z z)} \tag{4-4a}$$

$$\begin{bmatrix} u \\ \sigma \end{bmatrix} = \begin{bmatrix} u_x^- \\ u_z^- \\ \sigma_{xx}^- \\ \sigma_{zz}^- \\ \sigma_{xz}^- \end{bmatrix} \mathrm{e}^{\mathrm{i}(\omega t - k_x x - k_z z)} = \begin{bmatrix} u_x^+ \\ -u_z^+ \\ \sigma_{xx}^+ \\ \sigma_{zz}^+ \\ -\sigma_{xz}^+ \end{bmatrix} \mathrm{e}^{\mathrm{i}(\omega t - k_x x - k_z z)} \cong U^- \mathrm{e}^{\mathrm{i}(\omega t - k_x x - k_z z)} \tag{4-4b}$$

式中，u_i^+、u_i^-、σ_{ij}^+、σ_{ij}^-为真/假解对应的速度、应力偏振分量；(x, z)为空间位置；(k_x, k_z)为波数向量；ω为角频率；e 为自然常数；i 为复数的虚部。

又如图 4-4(a)、(b)及 SSGS 与 LS 中速度、应力的定义方式(4-5)可知，二维情形下，LS 所需的变量是 SSGS 的两倍：

$$
\begin{gathered}
(u_x^{\mathrm{s}})_{i,j},(u_x^1)_{i,j},(u_z^1)_{i,j},\ \ (i,j)\in\left\{(i,j)|_{i\notin\mathbf{Z},j\in\mathbf{Z}}\big|_{i+j\notin\mathbf{Z}}\right\} \\
(u_z^{\mathrm{s}})_{i,j},(u_x^2)_{i,j},(u_z^2)_{i,j},\ \ (i,j)\in\left\{(i,j)|_{i\in\mathbf{Z},j\notin\mathbf{Z}}\big|_{i+j\notin\mathbf{Z}}\right\} \\
(\sigma_{xx}^{\mathrm{s}})_{i,j},(\sigma_{zz}^{\mathrm{s}})_{i,j},(\sigma_{xx}^1)_{i,j},(\sigma_{zz}^1)_{i,j},\ \ \sigma_{xzi,j}^1,\ \ (i,j)\in\left\{(i,j)|_{i\in\mathbf{Z},j\in Z}\big|_{i+j\in\mathbf{Z}}\right\} \\
(\sigma_{xz}^{\mathrm{s}})_{i,j},(\sigma_{xx}^2)_{i,j},(\sigma_{zz}^2)_{i,j},(\sigma_{xz}^2)_{i,j},\ \ (i,j)\in\left\{(i,j)|_{i\notin\mathbf{Z},j\notin Z}\big|_{i+j\in\mathbf{Z}}\right\}
\end{gathered} \tag{4-5}
$$

式中，**Z** 为整数集；上标 s 代表 SSGS 内的变量；1,2 代表 LS 内的变量。

通过下面的线性变换可以将真假波分开且不改变频散关系：

$$
u^+ = u^1 + u^2,\ \ u^- = u^1 - u^2;\ \ \sigma^+ = \sigma^1 + \sigma^2,\ \ \sigma^- = \sigma^1 - \sigma^2 \tag{4-6}
$$

式中，上标“+/–”表示相应真/假波的物理量，其中假波能量可以通过初始条件及震源加载方式得到很好的抑制。因此，波入射到网格耦合界面时分解为六个波：反射的 P 波与 S 波，透射的真 P 波与 S 波，透射的假 P 波与 S 波，此时耦合机制下的平面波解可以由(4-7)式表示：

$$
\begin{aligned}
&\begin{bmatrix} u \\ \sigma \end{bmatrix} = RU^+\mathrm{e}^{\mathrm{i}(\omega t - k_x x - k_z z)} + TU^-\mathrm{e}^{\mathrm{i}(\omega t - k_x x + k_z z)},\ \ z\in \text{SSGS区域} \\
&\begin{bmatrix} u \\ \sigma \end{bmatrix} = R^+U^-\mathrm{e}^{\mathrm{i}(\omega t - k_x x + k_z z)} + R^-U^+\mathrm{e}^{\mathrm{i}(\omega t - k_x x + k_z z)} \\
&\qquad + T^+U^+\mathrm{e}^{\mathrm{i}(\omega t - k_x x - k_z z)} + T^-U^-\mathrm{e}^{\mathrm{i}(\omega t - k_x x - k_z z)},\ \ z\in \text{LS区域}
\end{aligned} \tag{4-7}
$$

式中，R(取值 1 或 0)用以规定入射波类型及入射区域；T 表示反/透射波系数。

耦合机制差分格式推导的出发点还是基于传统的有限差分算子(D)：

$$
\mathrm{D}_t(f)_{i,j}^n = \frac{1}{\Delta t}\left(f_{i,j}^{n+1/2} - f_{i,j}^{n-1/2}\right)
$$

$$
\mathrm{D}_x^{2N}(f)_{i,j}^n = \frac{1}{h}\sum_{m=1}^{N} c_m^N\left(f_{i+m-\frac{1}{2},j}^n - f_{i-m+\frac{1}{2},j}^n\right)
$$

$$
\mathrm{D}_z^{2N}(f)_{i,j}^n = \frac{1}{h}\sum_{m=1}^{N} c_m^N\left(f_{i,j+m-\frac{1}{2}}^n - f_{i,j-m+\frac{1}{2}}^n\right)
$$

式中，h 为空间步长；c_m^N 为 $2N$ 阶 Taylor 差分系数；D_t、D_x、D_z 为中心差分算子。

一般来讲，耦合机制下的网格划分为三个区域：SSGS 区域、LS 区域及用以传递两种网格间波场值的过渡区域。随着差分阶数的增大，过渡区域由二阶差分下简单的一条线扩大为一个面，对于任意偶数 $2N$ 阶差分，该区域要用到 $2N-1$ 个网格点。如图 4-4 可见二阶与任意高阶网格定义方式的不同，假设 $z<j-1/2$ 区域内为 SSGS，$z\geqslant j+2N-1$ 区域内为 LS，而 $j+2N-1<z\leqslant j-1/2$ 内定义为过渡区域，并将过渡区域放在各向同性、VTI 等对称性较高的介质中。

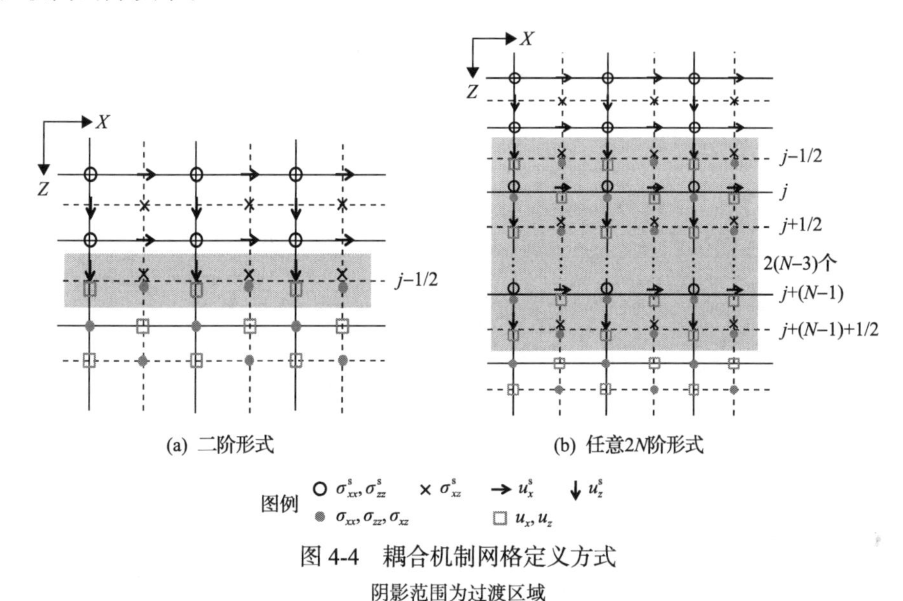

图 4-4　耦合机制网格定义方式

阴影范围为过渡区域

耦合机制正演模拟时，在 SSGS 与 LS 区域分别采用相应的有限差分方法，而在过渡区域，由于两种网格定义的物理量个数不同，变量值往往不能直接传递。为此，通过反/透射系数法，求取波场传递中的插值系数，实现不同网格间波场值的传递，使 SSGS 内的波与 LS 内的真波相互传递，并且假波能量控制到最小。此外，网格界面可分为两类：一类整网格界面，$z=j$；一类半网格界面，$z=j+1/2$。推导可以得到两类界面的速度、应力连续条件分别为

$$
\begin{aligned}
&u_x^s=u_x^+,u_z^s=u_z^+,\sigma_{xx}^s=\sigma_{xx}^+,\sigma_{zz}^s=\sigma_{zz}^+,\sigma_{xz}^s=\sigma_{xz}^+,u_x^-=0,\sigma_{xx}^-=0,\sigma_{zz}^-=0,z=j\\
&u_x^s=u_x^+,u_z^s=u_z^+,\sigma_{xx}^s=\sigma_{xx}^+,\sigma_{zz}^s=\sigma_{zz}^+,\sigma_{xz}^s=\sigma_{xz}^+,u_z^-=0,\sigma_{xz}^-=0,z=j+\frac{1}{2}
\end{aligned}
\tag{4-8}
$$

由式(4-6)的关系，式(4-8)的条件等价于下面的式(4-9)：

$$
\begin{aligned}
&u_z^s=u_z^1+u_z^2,\sigma_{xz}^s=\sigma_{xz}^1+\sigma_{xz}^2,u_x^s=2u_x^1=2u_x^2,\sigma_{xx}^s=2\sigma_{xx}^1=2\sigma_{xx}^2,\sigma_{zz}^s=2\sigma_{zz}^1=2\sigma_{zz}^2\\
&u_x^s=u_x^1+u_x^2,\sigma_{xx}^s=\sigma_{xx}^1+\sigma_{xx}^2,\sigma_{zz}^s=\sigma_{zz}^1+\sigma_{zz}^2,u_z^s=2u_z^1=2u_z^2,\sigma_{xz}^s=2\sigma_{xz}^1=2\sigma_{xz}^2
\end{aligned}
\tag{4-9}
$$

由于同种网格内的变量插值方法原理及插值格式相同，总体来说，插值系数分为两类，一类插值 SSGS 的物理量（α），一类插值 LS 的物理量（β）。由于 SSGS 比 LS 中定

义的变量少，更新 LS 中的变量时，SSGS 中没有相应差分变量的值要用周围四个点插值，例如，用四个叉号所在点得到$(i, j–1)$点的值(图 4-5)；更新 SSGS 中的变量时，虽然 LS 中有相应所需的差分变量，但根据耦合界面的连续条件式(4-9)知，同样也要考虑周围四个点，如图 4-5 中(i, j)点的值要由五个实心圆点插值得到。以图 4-5 中$(i, j–1/2)$点为例，式(4-10)给出二阶差分下更新该点上的三个变量(SSGS 中的u_z^{s}，LS 中的u_x^2和u_z^2)时用到的插值格式。以此作为插值计算的基础，将差分格式从低阶逐步扩展到高阶。

$$
\begin{aligned}
\rho \mathrm{D}_t(u_z^{\mathrm{s}})_{i,j-1/2}^{n-1/2} &= \mathrm{D}_x^2(\sigma_{xz}^{\mathrm{s}})_{i,-1/2}^{n-1/2} + \mathrm{D}_z^2(\sigma_{zz}^{\mathrm{s}})_{i,j-1/2}^{n-1/2} \\
&= \mathrm{D}_x^2(\sigma_{xz}^{\mathrm{s}})_{i,j-1/2}^{n-1/2} + \frac{1}{h}\left[(\sigma_{zz}^{\mathrm{s}})_{i,j}^{n-1/2} - (\sigma_{zz}^{\mathrm{s}})_{i,j-1}^{n-1/2}\right] \\
&= \mathrm{D}_x^2(\sigma_{xz}^{\mathrm{s}})_{i,j-1/2}^{n-1/2} + \frac{1}{h}\begin{bmatrix} \alpha_1^1(\tilde{\sigma}_{zz}^2)_{i,j+1/2}^{n-1/2} + \alpha_2^1(\sigma_{zz}^1)_{i,j}^{n-1/2} \\ +\alpha_3^1(\tilde{\sigma}_{zz}^2)_{i,j-1/2}^{n-1/2} + \alpha_4^1(\sigma_{zz}^{\mathrm{s}})_{i,j-1}^{n-1/2} \end{bmatrix}
\end{aligned}
$$

$$
\begin{aligned}
\rho \mathrm{D}_t(u_x^2)_{i,j-1/2}^{n-1/2} &= \mathrm{D}_x^2(\sigma_{xx}^2)_{i,j-1/2}^{n-1/2} + \mathrm{D}_z^2[\sigma_{xz}^1]_{i,j-1/2}^{n-1/2} \\
&= \mathrm{D}_x^2(\sigma_{xx}^2)_{i,j-1/2}^{n-1/2} + \frac{1}{h}\left[\left(\sigma_{xz}^1\right)_{i,j}^{n-1/2} - \left(\sigma_{xz}^1\right)_{i,j-1}^{n-1/2}\right] \\
&= \mathrm{D}_x^2(\sigma_{xx}^2)_{i,j-1/2}^{n-1/2} + \frac{1}{h}\left[\beta_1^1(\sigma_{xz}^1)_{i,j}^{n-1/2} + \beta_2^1(\tilde{\sigma}_{xz}^{\mathrm{s}})_{i,j-1/2}^{n-1/2} + \beta_3^1(\tilde{\sigma}_{xz}^{\mathrm{s}})_{i,j-3/2}^{n-1/2}\right]
\end{aligned}
$$

$$
(u_z^2)_{i,-1/2}^n = 0.5(u_z^{\mathrm{s}})_{i,-1/2}^n \tag{4-10}
$$

式中，$\tilde{\sigma}$ 为插值项。

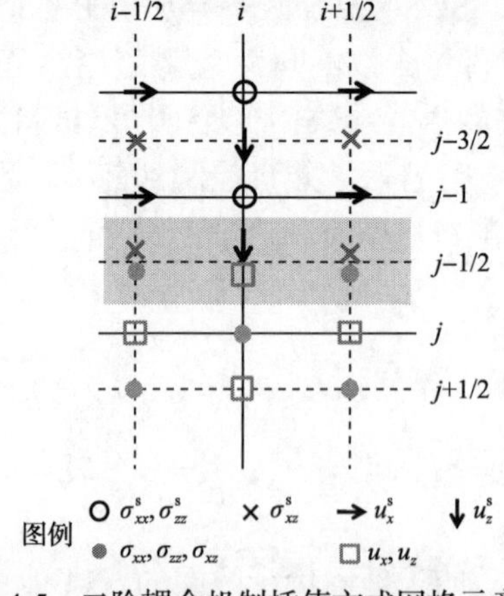

图 4-5　二阶耦合机制插值方式网格示意图

由于整网格界面与半网格界面差分格式的一致性，在含有 $2N–1$ 个界面的过渡区域中只有 N 个界面的插值系数不同，因此两类插值系数α，β 又分别划分为 N 种（α^k, β^k, k=1, ⋯, N）；根据水平界面所在的位置，每种又包含个数不同的若干个插值系数：$\alpha_l^k, l = 2N+1+k$；$\beta_l^k, l = 2N+1$。

综上所述，根据给出的参数定义，下面给出耦合机制过渡区域内的高阶差分格式：

$$\rho \mathrm{D}_t (u_z^{\mathrm{s}})_{i,j+k-3/2}^{n-1/2} = \mathrm{D}_x^{2N} (\sigma_{xz}^{\mathrm{s}})_{i,j+k-3/2}^{n-1/2} + \mathrm{D}_z^{2N} (\sigma_{zz}^{\mathrm{s}})_{i,j+k-3/2}^{n-1/2}$$

$$= \mathrm{D}_x^{2N} (\sigma_{xz}^{\mathrm{s}})_{i,j+k-3/2}^{n-1/2} + \frac{1}{h} \left\{ \sum_{l=N-k+1}^{N} \left[\alpha_{2(N-l)+1}^{k} (\tilde{\sigma}_{zz}^{2})_{i,j-3/2+k+l}^{n-1/2} + \alpha_{2(N-l+1)}^{k} (\sigma_{zz}^{1})_{i,j-2+k+l}^{n-1/2} \right] + \alpha_{2k+1}^{k} (\tilde{\sigma}_{zz}^{2})_{i,j-3/2+N}^{n-1/2} + \sum_{l=1}^{N-k} \alpha_{2k+l+1}^{k} (\sigma_{zz}^{\mathrm{s}})_{i,j-2+k+l}^{n-1/2} + \sum_{l=1}^{N} \alpha_{N+1+k+l}^{k} (\sigma_{zz}^{\mathrm{s}})_{i,j-1+k-l}^{n-1/2} \right\}$$

$$\rho \mathrm{D}_t (u_x^{2})_{i,j+k-3/2}^{n-1/2} = \mathrm{D}_x^{2N} (\sigma_{xx}^{2})_{i,j+k-3/2}^{n-1/2} + \mathrm{D}_z^{2N} (\sigma_{xz}^{1})_{i,j+k-3/2}^{n-1/2}$$

$$= \mathrm{D}_x^{2N} (\sigma_{xx}^{2})_{i,j+k-3/2}^{n-1/2} + \frac{1}{h} \left[\sum_{l=1}^{N} \beta_{N-l+1}^{k} (\sigma_{xz}^{1})_{i,j-2+k+l}^{n-1/2} + \sum_{l=1}^{k-1} \beta_{N+l}^{k} (\sigma_{xz}^{1})_{i,j-1+k-l}^{n-1/2} + \sum_{l=1}^{N+1} \beta_{N+l}^{k} (\tilde{\sigma}_{xz}^{\mathrm{s}})_{i,j-1/2+k-l}^{n-1/2} \right]$$

$$(u_z^{2})_{i,j+k-3/2}^{n} = 0.5 (u_z^{\mathrm{s}})_{i,j+k-3/2}^{n},\quad k = 1,2,\cdots,N$$

$$\rho \mathrm{D}_t (u_x^{\mathrm{s}})_{i+1/2,j+k-1}^{n-1/2} = \mathrm{D}_x^{2N} (\sigma_{xx}^{\mathrm{s}})_{i+1/2,j+k-1}^{n-1/2} + \mathrm{D}_z^{2N} (\sigma_{xz}^{\mathrm{s}})_{i+1/2,j+k-1}^{n-1/2}$$

$$= \mathrm{D}_x^{2N} (\sigma_{xx}^{\mathrm{s}})_{i+1/2,j+k-1}^{n-1/2} + \frac{1}{h} \left\{ \sum_{l=N-k+1}^{N} \left[\alpha_{2(\mathrm{N}-l)+1}^{k} (\tilde{\sigma}_{xz}^{1})_{i+1/2,j-1+k+l}^{n-1/2} - \alpha_{2(\mathrm{N}-l+1)}^{k} (\sigma_{xz}^{2})_{i+1/2,j-3/2+k+l}^{n-1/2} \right] + \alpha_{2k+1}^{k} (\tilde{\sigma}_{xz}^{1})_{i+1/2,j-1+N}^{n-1/2} + \sum_{l=1}^{N-k} \alpha_{2k+l+1}^{k} (\sigma_{xz}^{\mathrm{s}})_{i+1/2,j-3/2+k+l}^{n-1/2} + \sum_{l=1}^{N} \alpha_{N+1+k+l}^{k} (\sigma_{xz}^{\mathrm{s}})_{i+1/2,j-1/2+k-l}^{n-1/2} \right\}$$

$$\rho \mathrm{D}_t (u_z^{1})_{i+1/2,j+k-1}^{n-1/2} = \mathrm{D}_x^{2N} (\sigma_{xz}^{1})_{i+1/2,j+k-1}^{n-1/2} + \mathrm{D}_z^{2N} (\sigma_{zz}^{2})_{i+1/2,j+k-1}^{n-1/2}$$

$$= \mathrm{D}_x^{2N} (\sigma_{xz}^{1})_{i+1/2,j+k-1}^{n-1/2} + \frac{1}{h} \left[\sum_{l=1}^{N} \beta_{N-l+1}^{k+1} (\sigma_{zz}^{2})_{i+1/2,j-3/2+k+l}^{n-1/2} + \sum_{l=1}^{k} \beta_{N+l}^{k+1} (\sigma_{zz}^{2})_{i+1/2,j-1/2+k-l}^{n-1/2} + \sum_{l=k+1}^{N+1} \beta_{N+l}^{k+1} (\tilde{\sigma}_{zz}^{\mathrm{s}})_{i+1/2,j+k-l}^{n-1/2} \right]$$

$$(u_x^{1})_{i+1/2,j+k-1}^{n} = 0.5 (u_x^{\mathrm{s}})_{i+1/2,j+k-1}^{n},\quad k = 1,2,\cdots,N-1 \tag{4-11}$$

式中，k 为空间相对位置；α、β 为插值系数。

$$\mathrm{D}_t (\sigma_{xz}^{\mathrm{s}})_{i+1/2,j+k-3/2}^{n} = c_{55} \mathrm{D}_x^{2N} (u_z^{\mathrm{s}})_{i+1/2,j+k-3/2}^{n} + c_{55} \mathrm{D}_z^{2N} (u_x^{\mathrm{s}})_{i+1/2,j+k-3/2}^{n}$$

$$= c_{55} \mathrm{D}_x (u_z^{\mathrm{s}})_{i+1/2,j+k-3/2}^{n} + \frac{c_{55}}{h} \left\{ \sum_{l=N-k+1}^{N} \left[\alpha_{2(N-l)+1}^{k} (\tilde{u}_x^{2})_{i+1/2,j-3/2+k+l}^{n} + \alpha_{2(N-l+1)}^{k} (u_x^{1})_{i+1/2,j-2+k+l}^{n} \right] + \alpha_{2k+1}^{k} (\tilde{u}_x^{2})_{i+1/2,j-3/2+N}^{n} + \sum_{l=1}^{N-k} \alpha_{2k+l+1}^{k} (u_x^{\mathrm{s}})_{i+1/2,j-2+k+l}^{n} + \sum_{l=1}^{N} \alpha_{N+1+k+l}^{k} (u_x^{\mathrm{s}})_{i+1/2,j-1+k-l}^{n} \right\}$$

$$
\begin{aligned}
\mathrm{D}_t(\sigma_{xx}^2)_{i+1/2,j+k-3/2}^n &= c_{11}\mathrm{D}_x^{2N}(u_x^2)_{i+1/2,j+k-3/2}^n + c_{13}\mathrm{D}_z^{2N}(u_z^1)_{i+1/2,j+k-3/2}^n \\
&= c_{11}\mathrm{D}_x^{2N}(u_x^2)_{i+1/2,j+k-3/2}^n + \frac{c_{13}}{h}\left[\sum_{l=1}^{N}\beta_{N-l+1}^k(u_z^1)_{i+1/2,j-2+k+l}^n\right. \\
&\quad \left. +\sum_{l=1}^{k-1}\beta_{N+l}^k(u_z^1)_{i+1/2,j-1+k-l}^n + \sum_{l=k}^{N+1}\beta_{N+l}^k(\tilde{u}_z^{\mathrm{s}})_{i+1/2,j-1/2+k-l}^n\right]
\end{aligned}
$$

$$
\begin{aligned}
\mathrm{D}_t(\sigma_{zz}^2)_{i+1/2,j+k-3/2}^n &= c_{13}\mathrm{D}_x^{2N}(u_x^2)_{i+1/2,j+k-3/2}^n + c_{33}\mathrm{D}_z^{2N}(u_z^1)_{i+1/2,j+k-3/2}^n \\
&= c_{13}D_x^{2N}(u_x^2)_{i+1/2,j+k-3/2}^n + \frac{c_{33}}{h}\left[\sum_{l=1}^{N}\beta_{N-l+1}^k(u_z^1)_{i+1/2,j-2+k+l}^n\right. \\
&\quad \left. +\sum_{l=1}^{k-1}\beta_{N+l}^k(u_z^1)_{i+1/2,j-1+k-l}^n + \sum_{l=k}^{N+1}\beta_{N+l}^k(\tilde{u}_z^{\mathrm{s}})_{i+1/2,j-1/2+k-l}^n\right]
\end{aligned}
$$

$$
(\sigma_{xz}^2)_{i+1/2,j+k-3/2}^{n+1/2} = 0.5(\sigma_{xz}^{\mathrm{s}})_{i+1/2,j+k-3/2}^{n+1/2},\quad k=1,2,\cdots,N
$$

$$
\begin{aligned}
\mathrm{D}_t(\sigma_{xx}^{\mathrm{s}})_{i,j+k-1}^n &= c_{11}\mathrm{D}_x^{2N}(u_x^{\mathrm{s}})_{i,j+k-1}^n + c_{13}\mathrm{D}_z^{2N}(u_z^{\mathrm{s}})_{i,j+k-1}^n \\
&= c_{11}\mathrm{D}_x^{2N}(u_x^{\mathrm{s}})_{i,j+k-1}^n + \frac{c_{13}}{h}\left\{\sum_{l=N-k+1}^{N}\left[\alpha_{2(N-l)+1}^k(\tilde{u}_z^1)_{i,j-1+k+l}^n + \alpha_{2(N-l+1)}^k(u_z^2)_{i,j-3/2+k+l}^n\right]\right. \\
&\quad \left. +\alpha_{2k+1}^k(\tilde{u}_z^1)_{i,j-1+N}^n + \sum_{l=1}^{N-k}\alpha_{2k+l+1}^k(u_z^{\mathrm{s}})_{i,j-3/2+k+l}^n + \sum_{l=1}^{N}\alpha_{N+1+k+l}^k(u_z^{\mathrm{s}})_{i,j-1/2+k-l}^n\right\}
\end{aligned}
$$

$$
\begin{aligned}
\mathrm{D}_t(\sigma_{zz}^{\mathrm{s}})_{i,j+k-1}^n &= c_{13}\mathrm{D}_x^{2N}(u_x^{\mathrm{s}})_{i,j+k-1}^n + c_{33}\mathrm{D}_z^{2N}(u_z^{\mathrm{s}})_{i,j+k-1}^n \\
&= c_{13}\mathrm{D}_x^{2N}(u_x^{\mathrm{s}})_{i,j+k-1}^n + \frac{c_{33}}{h}\left\{\sum_{l=N-k+1}^{N}\left[\alpha_{2(N-l)+1}^k(\tilde{u}_z^1)_{i,j-1+k+l}^n + \alpha_{2(N-l+1)}^k(u_z^2)_{i,j-3/2+k+l}^n\right]\right. \\
&\quad \left. +\alpha_{2k+1}^k(\tilde{u}_z^1)_{i,j-1+N}^n + \sum_{l=1}^{N-k}\alpha_{2k+l+1}^k(u_z^{\mathrm{s}})_{i,j-3/2+k+l}^n + \sum_{l=1}^{N}\alpha_{N+1+k+l}^k(u_z^{\mathrm{s}})_{i,j-1/2+k-l}^n\right\}
\end{aligned}
$$

$$
\begin{aligned}
\mathrm{D}_t(\sigma_{xz}^1)_{i,j+k-1}^n &= c_{55}\mathrm{D}_x^{2N}(u_z^1)_{i,j+k-1}^n + c_{55}\mathrm{D}_z^{2N}(u_x^2)_{i,j+k-1}^n \\
&= c_{55}\mathrm{D}_x^{2N}(u_z^1)_{i,j+k-1}^n + \frac{c_{55}}{h}\left[\sum_{l=1}^{N}\beta_{N-l+1}^{k+1}(u_x^2)_{i,j-3/2+k+l}^n\right. \\
&\quad \left. +\sum_{l=1}^{k}\beta_{N+l}^{k+1}(u_x^2)_{i,j-1/2+k-l}^n + \sum_{l=k+1}^{N+1}\beta_{N+l}^{k+1}(\tilde{u}_x^{\mathrm{s}})_{i,j+k-l}^n\right]
\end{aligned}
$$

$$
(\sigma_{xx}^1)_{i,j+k-1}^{n+1/2} = 0.5(\sigma_{xx}^{\mathrm{s}})_{i,j+k-1}^{n+1/2}
$$

$$
(\sigma_{zz}^1)_{i,j+k-1}^{n+1/2} = 0.5(\sigma_{zz}^{\mathrm{s}})_{i,j+k-1}^{n+1/2},\quad k=1,2,\cdots,N-1 \tag{4-12}
$$

整理差分方程式(4-11)中的第一个式子得到本书给出的差分算子与插值得到的差分

算子之间的关系如下：

$$\begin{aligned}
\mathrm{D}_z^{2N}(\sigma_{zz}^{\mathrm{s}})_{i,j+k-3/2}^{n-1/2} &= \frac{1}{h}\sum_{l=1}^{N} c_l^N\left[(\sigma_{zz}^{\mathrm{s}})_{i,j-2+k+l}^{n-1/2} - (\sigma_{zz}^{\mathrm{s}})_{i,j-1+k-l}^{n-1/2}\right] \\
&= \frac{1}{h}\left\{\sum_{l=N-k+1}^{N}\left[\alpha_{2(N-l)+1}^{k}(\tilde{\sigma}_{zz}^{2})_{i,j-3/2+k+l}^{n-1/2}\right.\right. \\
&\quad \left. +\alpha_{2(N-l+1)}^{k}(\sigma_{zz}^{1})_{i,j-2+k+l}^{n-1/2}\right] + \alpha_{2k+1}^{k}(\tilde{\sigma}_{zz}^{2})_{i,j-3/2+N}^{n-1/2} \\
&\quad \left. +\sum_{l=1}^{N-k}\alpha_{2k+l+1}^{k}(\sigma_{zz}^{\mathrm{s}})_{i,j-2+k+l}^{n-1/2} + \sum_{l=1}^{N}\alpha_{N+1+k+l}^{k}(\sigma_{zz}^{\mathrm{s}})_{i,j-1+k-l}^{n-1/2}\right\}
\end{aligned} \tag{4-13}$$

将平面波解式(4-11)和式(4-12)代入式(4-13)的差分方程中，整理得到方程组的第一个方程：

$$2\hat{R}\sigma_{zz}^{+}a(h) - \hat{R}^{+}\sigma_{zz}^{-}b(h) + \hat{R}^{-}\sigma_{zz}^{+}c(h) = -2\hat{T}\sigma_{zz}^{-}\overline{a}(h) + \hat{T}^{+}\sigma_{zz}^{+}\overline{b}(h) + \hat{T}^{-}\sigma_{zz}^{-}\overline{c}(h) \tag{4-14}$$

式中，$\hat{T}$、$\hat{R}$ 为 T、R 的差分函数；$\tilde{\sigma}_{zz}^{2} = (1+\delta)\sigma_{zz}^{2}$ ；$\delta = O(h^q)$ 为插值误差。

$$a(h) = \sum_{l=1}^{N} c_l^N \mathrm{e}^{-\mathrm{i}k_z(k+l-2)h} - \sum_{l=1}^{N-k}\alpha_{zk+l+1}^{k}\mathrm{e}^{-\mathrm{i}k_z(k+l-2)h} - \sum_{l=1}^{N}(c_l^N + \alpha_{N+l+k+1}^{k})\mathrm{e}^{-\mathrm{i}k_z(k-l-1)h}$$

$$b(h) = (1+\delta)\sum_{l=N-k}^{N}\alpha_{2(N-l)+1}^{k}\mathrm{e}^{-\mathrm{i}k_z(k+l-3/2)h} + \sum_{l=N-k+1}^{N}\alpha_{2(N-l+1)}^{k}\mathrm{e}^{-\mathrm{i}k_z(k+l-2)h}$$

$$c(h) = -(1+\delta)\sum_{l=N-k}^{N}\alpha_{2(N-l)+1}^{k}\mathrm{e}^{-\mathrm{i}k_z(k+l-3/2)h} + \sum_{l=N-k+1}^{N}\alpha_{2(N-l+1)}^{k}\mathrm{e}^{-\mathrm{i}k_z(k+l-2)h}$$

式中，$a(h)$、$b(h)$、$c(h)$ 为关于 h、α_l^k 的函数；$\overline{a}(h)$、$\overline{b}(h)$、$\overline{c}(h)$ 分别为 $a(h)$、$b(h)$、$c(h)$ 的共轭。

类似地，将等式(4-11)中第二、三两个差分式代入式(4-4)和式(4-7)，得

$$2\hat{R}\sigma_{xz}^{+}d(h) - \hat{R}^{+}\sigma_{xz}^{-}e(h) + \hat{R}^{-}\sigma_{xz}^{+}e(h) = -2\hat{T}\sigma_{xz}^{-}\overline{d}(h) + \hat{T}^{+}\sigma_{xz}^{+}\overline{e}(h) + \hat{T}^{-}\sigma_{xz}^{-}\overline{e}(h) \tag{4-15}$$

$$\begin{aligned}
&\hat{R}\sigma_{zz}^{+}\mathrm{e}^{-\mathrm{i}k_z h/2} - \hat{R}^{+}\sigma_{xz}^{-}\mathrm{e}^{\mathrm{i}k_z h/2} - \hat{R}^{-}\sigma_{xz}^{+}\mathrm{e}^{\mathrm{i}k_z h/2} \\
&= -\hat{T}\sigma_{xz}^{-}\mathrm{e}^{\mathrm{i}k_z h/2} + \hat{T}^{+}\sigma_{xz}^{+}\mathrm{e}^{-\mathrm{i}k_z h/2} + \hat{T}^{-}\sigma_{xz}^{-}\mathrm{e}^{-\mathrm{i}k_z h/2}
\end{aligned} \tag{4-16}$$

式中，$\overline{e}(h)$ 为 $e(h)$ 的共轭；$d(h)$、$e(h)$ 为 h、β_l^k 的函数；$d(h) = (1+\delta)\sum_{l=k}^{N+1}\beta_{N+l}^{k}\mathrm{e}^{-\mathrm{i}k_z(k-l-1/2)h}$ ；

$e(h) = \sum_{l=1}^{N}(c_l^N - \beta_{N-l+1}^{k})\mathrm{e}^{\mathrm{i}k_z(k+l-2)h} - \sum_{l=1}^{N}c_l^N\mathrm{e}^{\mathrm{i}k_z(k-l-1)h} - \sum_{l=1}^{k-1}\beta_{N+l}^{k}\mathrm{e}^{\mathrm{i}k_z(k-l-1)h}$ 。

利用式(4-14)～式(4-16)可以建立关于反/透射系数的有限差分方程[式(4-17)]：

$$\begin{bmatrix} -2\sigma_{zz}^{-}\bar{a}(h) & \sigma_{zz}^{+}\bar{b}(h) & \sigma_{zz}^{-}\bar{c}(h) \\ -2\sigma_{xz}^{-}\bar{d}(h) & \sigma_{xz}^{+}\bar{e}(h) & \sigma_{xz}^{-}\bar{e}(h) \\ -\sigma_{xz}^{-}\mathrm{e}^{\mathrm{i}k_z h/2} & \sigma_{xz}^{+}\mathrm{e}^{-\mathrm{i}k_z h/2} & \sigma_{xz}^{-}\mathrm{e}^{-\mathrm{i}k_z h/2} \end{bmatrix} \begin{bmatrix} \hat{T} \\ \hat{T}^{+} \\ \hat{T}^{-} \end{bmatrix} = \begin{bmatrix} 2\sigma_{zz}^{+}a(h) & -\sigma_{zz}^{-}b(h) & -\sigma_{zz}^{+}c(h) \\ 2\sigma_{xz}^{+}d(h) & -\sigma_{xz}^{-}e(h) & -\sigma_{xz}^{+}e(h) \\ \sigma_{xz}^{+}\mathrm{e}^{-\mathrm{i}k_z h/2} & -\sigma_{xz}^{-}\mathrm{e}^{\mathrm{i}k_z h/2} & -\sigma_{xz}^{+}\mathrm{e}^{\mathrm{i}k_z h/2} \end{bmatrix} \begin{bmatrix} \hat{R} \\ \hat{R}^{+} \\ \hat{R}^{-} \end{bmatrix} \tag{4-17}$$

该线性方程组可简记为

$$\hat{\boldsymbol{M}}_k(h)\hat{\boldsymbol{T}}(h) = \hat{\boldsymbol{R}}_k(h),\ \ k = 1,\cdots,N \tag{4-18}$$

式中，$\hat{\boldsymbol{M}}_k(h)$为系统矩阵；$\hat{\boldsymbol{T}}(h)$为未知反/透射系数向量；$\hat{\boldsymbol{R}}_k(h)$为每种入射系数条件下式(4-17)等号右边的向量。

由式(4-8)可知：无论真波从哪个区域入射，通过耦合界面均完全透射而无反射，而假波入射时则全部反射，即对三种不同的入射波，反/透射系数取值如下：

$$\begin{bmatrix} T \\ T^{+} \\ T^{-} \end{bmatrix} = \begin{bmatrix} 0 & 1 & 0 \\ 1 & 0 & 0 \\ 0 & 0 & 1 \end{bmatrix} \tag{4-19}$$

为了计算插值系数，本书结合关于方程组式(4-18)的两组 Taylor 展开式：

$$\hat{\boldsymbol{T}}(h) = \hat{\boldsymbol{T}}(0) + h\frac{\mathrm{d}\hat{\boldsymbol{T}}(0)}{\mathrm{d}h_2^l} + \frac{h^2}{2}\frac{\mathrm{d}^2\hat{\boldsymbol{T}}(0)}{\mathrm{d}h^2} + \cdots + \frac{h^L}{L!}\frac{\mathrm{d}^L\hat{\boldsymbol{T}}(0)}{\mathrm{d}h^L} + O(h^{L+1}) \tag{4-20}$$

$$\begin{cases} \hat{\boldsymbol{M}}(0)\hat{\boldsymbol{T}}(0) = \hat{\boldsymbol{R}}(0) \\ \dfrac{\mathrm{d}\hat{\boldsymbol{M}}(0)}{\mathrm{d}h}\hat{\boldsymbol{T}}(0) + \hat{\boldsymbol{M}}(0)\dfrac{\mathrm{d}\hat{\boldsymbol{T}}(0)}{\mathrm{d}h} = \dfrac{\mathrm{d}\hat{\boldsymbol{R}}(0)}{\mathrm{d}h} \\ \dfrac{\mathrm{d}^2\hat{\boldsymbol{M}}(0)}{\mathrm{d}h^2}\hat{\boldsymbol{T}}(0) + 2\dfrac{\mathrm{d}\hat{\boldsymbol{M}}(0)}{\mathrm{d}h}\dfrac{\mathrm{d}\hat{\boldsymbol{T}}(0)}{\mathrm{d}h} + \hat{\boldsymbol{M}}(0)\dfrac{\mathrm{d}^2\hat{\boldsymbol{T}}(0)}{\mathrm{d}h^2} = \dfrac{\mathrm{d}^2\hat{\boldsymbol{R}}(0)}{\mathrm{d}h^2} \\ \cdots \end{cases} \tag{4-21}$$

由式(4-20)、式(4-21)可以得到如下两点认识：①如果矩阵$\hat{\boldsymbol{M}}(h)$非奇异且系统$\hat{\boldsymbol{M}}(0)\hat{\boldsymbol{T}}(0) = \hat{\boldsymbol{R}}(0)$的解与其微分方程一致，则差分方程(4-18)的解至少一阶收敛于其微分方程解[式(4-19)]；②如果条件①成立且方程$\dfrac{\mathrm{d}\hat{\boldsymbol{M}}(0)}{\mathrm{d}h^l}\hat{\boldsymbol{T}}(0) = \dfrac{\mathrm{d}^l\hat{\boldsymbol{R}}}{\mathrm{d}h^l}(0)$对所有的 l=1,…,L 也成立，那么$\dfrac{\mathrm{d}^l\hat{\boldsymbol{T}}(0)}{\mathrm{d}h^l} \equiv 0$且(4-18)的解至少 L+1 阶收敛于其微分方程的解。

对每个固定的 k，有 2N+1+k 个 α^k 及 2N+1 个 β^k，因此为了求取插值需要 2N+1+k 个线性方程，根据结论①、②，考虑空间步长 $h\to 0$ 的情况。首先要①成立，则需满足$\hat{\boldsymbol{M}}_k(0)T = \hat{\boldsymbol{R}}_k(0)$，其中 T 为微分解[式(4-19)]。下面分别考虑不同类型的波入射时的情况。

当真波入射时，

$$\hat{\boldsymbol{R}}_k(0)=\begin{bmatrix}2\sigma_{zz}^{+}a(0) & -\sigma_{zz}^{-}b(0) & -\sigma_{zz}^{+}c(0)\\ 2\sigma_{xz}^{+}d(0) & -\sigma_{xz}^{-}e(0) & -\sigma_{xz}^{+}e(0)\\ \sigma_{xz}^{+} & -\sigma_{xz}^{-} & -\sigma_{xz}^{+}\end{bmatrix}\begin{bmatrix}1\\0\\0\end{bmatrix}=\begin{bmatrix}2\sigma_{zz}^{+}a(0)\\ 2\sigma_{xz}^{+}d(0)\\ \sigma_{xz}^{+}\end{bmatrix}$$

$$\text{或 }\hat{\boldsymbol{R}}_k(0)=\begin{bmatrix}2\sigma_{zz}^{+}a(0) & -\sigma_{zz}^{-}b(0) & -\sigma_{zz}^{+}c(0)\\ 2\sigma_{xz}^{+}d(0) & -\sigma_{xz}^{-}e(0) & -\sigma_{xz}^{+}e(0)\\ \sigma_{xz}^{+} & -\sigma_{xz}^{-} & -\sigma_{xz}^{+}\end{bmatrix}\begin{bmatrix}0\\1\\0\end{bmatrix}=\begin{bmatrix}-\sigma_{zz}^{-}b(0)\\ -\sigma_{xz}^{-}e(0)\\ -\sigma_{xz}^{-}\end{bmatrix} \tag{4-22}$$

分别对应 $\hat{\boldsymbol{M}}_k(0)$ 中的第二列与第一列，得到下面关于插值系数的方程：

$$2a(0)=\overline{b}(0),\quad 2d(0)=\overline{e}(0)$$

当假波入射时，对等 $\hat{\boldsymbol{R}}_k(0)$ 与 $\hat{\boldsymbol{M}}_k(0)$ 的第三列，同时根据真、假波偏振分量的关系[式(4-4)]，可得到第三个方程：

$$c(0)=0$$

其次，需要②对 $L=2N+k-1$ 都成立，依次求取式(4-17)的 $2N+k-1$ 阶导数，只考虑真波入射的情况，按照上面的思路，便可建立关于 α_l^k,β_l^k 的线性方程。同时保证了真波入射时式(4-17)中的反/透射系数至少 $2N+k$ 阶收敛于其微分解[式(4-16)]，而假波入射时仅一阶收敛。本书给出四阶差分下的两对插值系数(表 4-2)，通过数值模拟来验证本书方法在抑制频散、提高效率、降低内存方面的有效性。

表 4-2 耦合机制插值系数

		1	2	3	4	5	6	7
α	α^1	$-\frac{2}{297}$	$-\frac{14}{297}$	$-\frac{16}{297}$	$\frac{677}{594}$	$-\frac{335}{297}$	$-\frac{25}{594}$	
	α^2	$\frac{13}{300}$	$\frac{91}{150}$	$\frac{91}{180}$	$-\frac{121}{360}$	$\frac{179}{120}$	$-\frac{1441}{1200}$	$\frac{163}{3600}$
β	β^1	$-\frac{8}{105}$	$\frac{8}{5}$	$-\frac{7}{12}$	$-\frac{1}{5}$	$\frac{3}{140}$		
	β^2	$-\frac{3}{70}$	$\frac{17}{15}$	$-\frac{7}{6}$	$\frac{1}{30}$	$\frac{1}{210}$		

4.3.2 计算实例

本节进行了四组数值模拟试验来验证方法的正确性与有效性，从三个方面入手：首先，模拟四阶差分算法与二阶差分算法相比在降低内存与计算量方面的有效性；其次，考虑波以不同方式入射时，即波从 SSGS 区域入射、真波从 LS 区域入射，耦合机制过渡区域内的反/透射误差；最后，测试了复杂介质条件下的全局误差。在进行数值模拟计算过程中，过渡区域所在位置用红色实线在图中标记，震源选用纯 P 波，计算主频为 25Hz，计算过程中用到的模型参数见表 4-3 所示。

表 4-3 模型参数

介质	c_{11}^0 / (N / m^2)	c_{13}^0 / (N / m^2)	c_{33}^0 / (N / m^2)	c_{55}^0 / (N / m^2)	ρ/ (kg/m^3)	θ/ (°)
Ⅰ	9.0×10^9	2.5×10^9	6.0×10^9	2.0×10^9	1000.0	0 或 45
Ⅱ	10.0×10^9	2.0×10^9	10.0×10^9	3.0×10^9	1300.0	

注：c_{ij}^0 为弹性常数；θ 为极化角。

1. 试验一：降低频散效果对比

首先利用表 4-3 中的介质 I 进行对比实验，模型极化角选取 0°(即 VTI 介质)。网格大小 301×301，网格间距 h=6m，相当于一个波长内取 9 个采样点，震源位置 (900m,900m)，在 z<1206m 区域采用 SSGS，z>1200m 区域采用 LS，t=0.28s 的 z 分量波场快照如图 4-6 所示。可以看出采用四阶差分方法的模拟结果[图 4-6(a)]比二阶差分的结果[图 4-6(b)]改善了很多，二阶格式模拟得到的波场快照中可以看到明显的横波频散现象，为了达到与四阶相同的模拟精度，需要增加一倍的采样点，即 h=3m，时间采样间隔也要相应减少以满足采样定理，这使计算内存变为四阶差分的 4 倍，计算时间随即大大增加。可见，高阶差分方法可以降低 3/4 的内存，虽然差分算子变长增加了计算量，但是较少的采样点及较大的时间步长可以弥补这一缺陷，在相同模拟精度情况下，本书的四阶算法可以大大提高了计算效率。

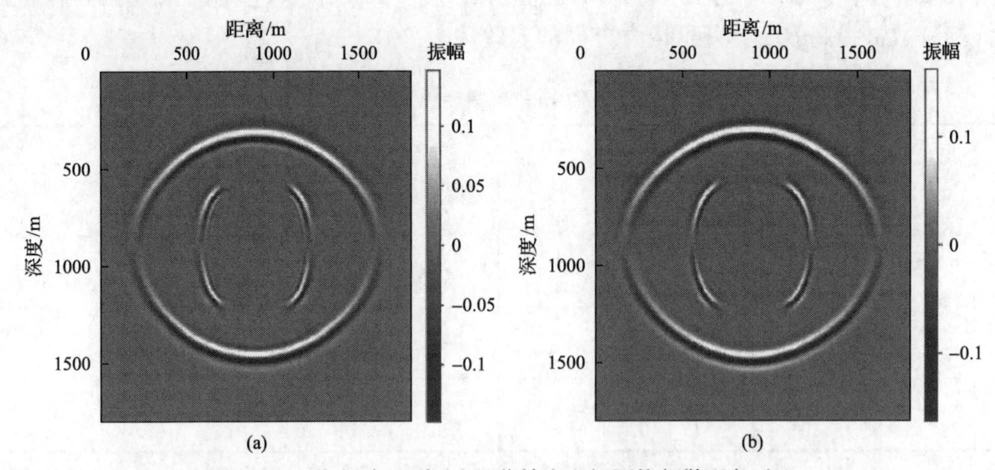

图 4-6 二阶 (a) 与四阶 (b) 差分精度空间网格频散现象对比

2. 试验二：波由 SSGS 区域入射误差分析

本节仍选用试验一中的模型及参数，即波由 SSGS 区域入射，图 4-7(a) 为 t=0.28s 时 SSGS 区域内的差剖面，由本书方法与全部采用 SSGS 方法对比可知：耦合界面引起假波的振幅幅值是入射波的 10^{-4}，说明本书方法能够有效地抑制假波能量，从而真实地展示地震波的传播特征。

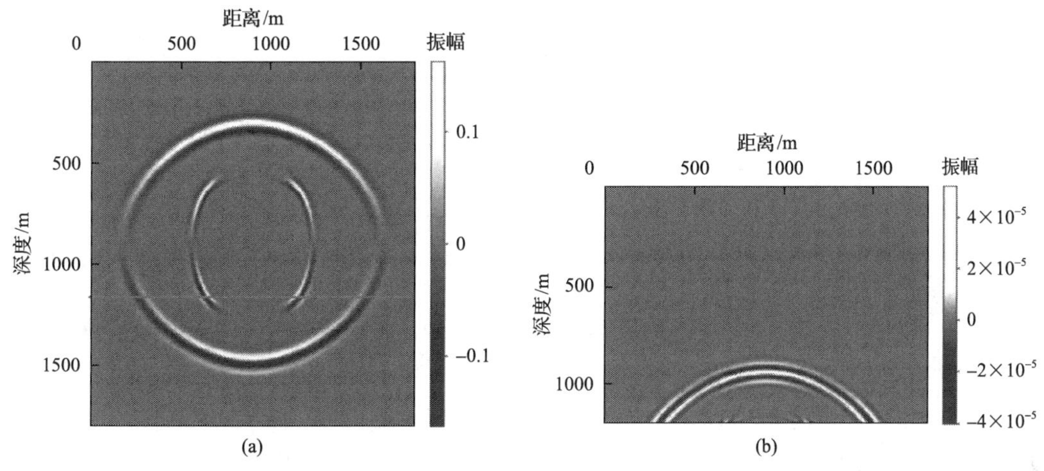

图 4-7　由 SSGS 区域入射波场快照(a)与全部用 SSGS 结果对比得到的差剖面(b)

3. 试验三：波由 LS 区域入射误差分析

为了研究波由 LS 区域入射的误差情况，本书采用双层模型进行模拟测试。模型参数：层界面位于 z=880m 处[图 4-7(a)虚线位置]，上层为表 4-5 中的介质Ⅰ，其中极化角选取为 45°，即具有倾斜对称轴的 TI 介质，需要采用 LS 来降低插值误差；下层为表 4-5 中的介质Ⅱ，即各向同性介质。两种网格定义机制的过渡区域位于 1000m≤z≤1004m 各向同性介质中；震源位置位于模型(800,800)处。

根据反/透射系数差分方程的解[式(4-20)]，真波入射到过渡区域后全部透射而无反射。图 4-8(a)为 t=0.28s 时的 z 分量波场快照，能准确地显示层位反射信息，同时未受到过渡区域界面反射波的影响。图 4-8(b)为本书方法与全部采用 LS 方法在 LS 的区域内差剖面，可见波由 LS 区域入射到过渡区域引起的反射误差在 0.5%左右，不会影响到整个波场的模拟精度，但是采用本书方法(本模型计算时长为 7.8min)比全部采样 LS 方法(计算时长为 16min)计算效率提高了 51.25%。

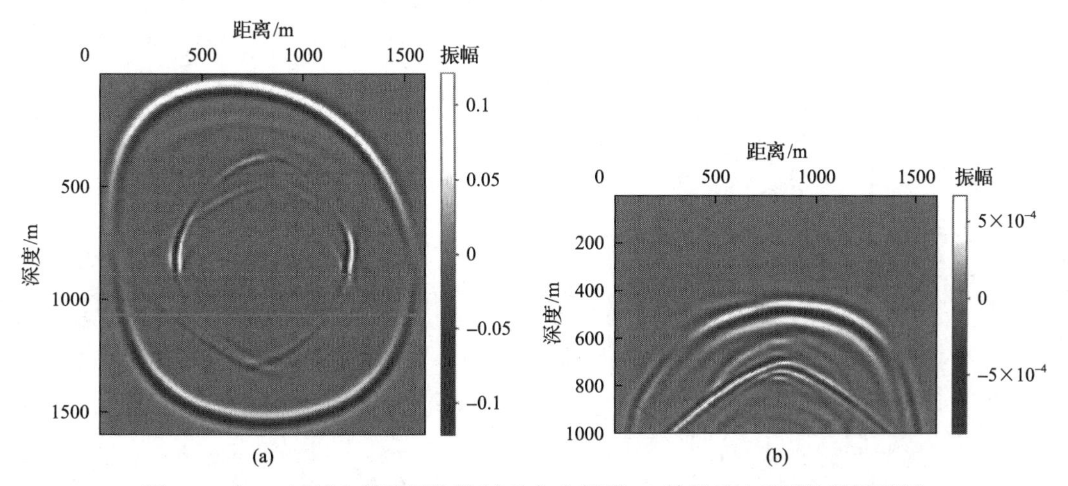

图 4-8　由 LS 区域入射波场快照(a)和与全部用 LS 结果对比得到的差剖面(b)

参 考 文 献

李娜, 黄建平, 李振春, 等. 2014a. Lebedev 网格改进差分系数 TTI 介质正演模拟方法研究. 地球物理学报, 57(1): 261-269.

李娜, 李振春, 黄建平, 等. 2014b. Lebedev 与标准交错网格耦合机制下的复杂各向异性正演模拟方法. 石油地球物理勘探, 49(1): 121-131.

李娜, 黄建平, 李振春, 等. 2014c. 二维三分量 TTI 介质 Lebedev 网格正演模拟. 中国地震, 32(1): 101-111.

Lisitsa V, Vishnevskiy D. 2010. Lebedev scheme for the numerical simulation of wave propagation in 3D anisotropic elasticity. Geophysical Prospecting, 58(4): 618-635.

Lisitsa V, Tcheverda V, Vishnebsky D, 2012. Numerical simulation of seismic waves in models with anisotropic formations: Coupling Virieux and Lebedev finite-difference schemes. Computional Geosciences, 16(4): 1135-1152.

第 5 章　时空双变网格策略

早期的地震波传播规律研究是基于均匀各向同性、完全弹性介质中的传播理论。但是面对目前复杂的非均匀储层的地震勘探，以往基于射线理论、均匀介质等较简单的理论和假设条件的常规地震勘探方法已越来越不能满足实际的需要，我们必须考虑更复杂的介质特性，如介质的非均质性。对于非均匀介质模型，变网格步长有限差分算法比传统固定网格步长有限差分算法更具有适应性。

5.1　引　　言

地震波场正演过程中，模型网格划分的优劣与波场正演的效率密切相关。前人对空间采样做了很多工作避免对模型高速区域的过采样，其中包括对不连续网格或不规则网格采样的研究工作。

一方面，提高模拟精度最为简单有效的方法就是采用小的空间网格，但这会引起介质中高速区域的空间过采样问题，并且小空间网格要求小的时间步长，又会引起时间过采样问题，从而导致计算量和内存占有量的极大浪费。另一方面，提高计算效率常用的方法为增大空间网格间距，但这可能会造成频散和不稳定问题，并且无法精确描述介质中的细微结构，从而降低了模拟精度。可见传统规则网格在模拟复杂地质构造时，难以找到模拟精度与计算效率之间的平衡。

针对规则网格算法的局限性，Moczo(1989)首次提出了空间可变网格的思想。该方法基于模型速度驱动，根据地质体参数变化来确定网格大小，既改善了对小尺度构造的模拟精度，又极大地降低了内存，提高了计算效率。随后，许多学者相继将这种思想应用到地震波模拟中，发展了变空间网格算法，提出了降阶法及变差分系数法，得到了较好的模拟效果。

但变空间网格算法同样存在一些不足，考虑稳定性条件的限制，时间步长由最小网格间距确定，因此在大网格区域采用小时间步长就会造成时间过采样，从而限制效率的进一步提升。更为重要的是，在大网格区域采用小时间步长，不仅不会提高精度，还可能会带来频散误差。为了克服这些问题，Falk(1998)提出了局部可变时间步长算法，但其时间步长比为 2 的幂级数倍。Tessmer(2000)改进了双变算法，时间步长比可为整数，但其算法应用于交错网格较为困难。Tae-Seob(2004a, 2004b)、黄超和董良国(2009a, 2009b)、张慧和李振春(2011a, 2011b)等实现了基于交错网格的双变算法，并做了定性的误差分析。

然而，当前的双变网格算法仍然存在两个问题：一是网格步长变化处的虚假反射，二是长采样时间下的不稳定性。为了改善稳定性问题，Hayashi 等(2001)在粗细网格波场传递时采用平均或加权的方法，但效果不是很理想，引入的虚假反射误差也较大，且缺乏相应的理论分析。李振春和李庆洋(2014)等从理论上推导出了变网格算法人为反射系数的数学表达式，指出了其影响因素，并给出了相应的解决方案。通过将 Lanczos 滤波算子应用于双变网格算法中，提出了一种高精度、高稳定的基于速度-应力交错网格的高阶双变网格正演模拟算法。

5.2 时空双变基本原理

地震波在地下的传播过程可以用弹性波波动方程进行描述，基于弹性波一阶速度——应力方程求解地震波在给定速度场中的传播。主要内容有以下三个方面：①速度场的离散策略；②弹性波波动方程的变步长空间网格离散公式推导；③局部精细时间采样的实现。时空双变网格算法基本思路如图 5-1 所示。

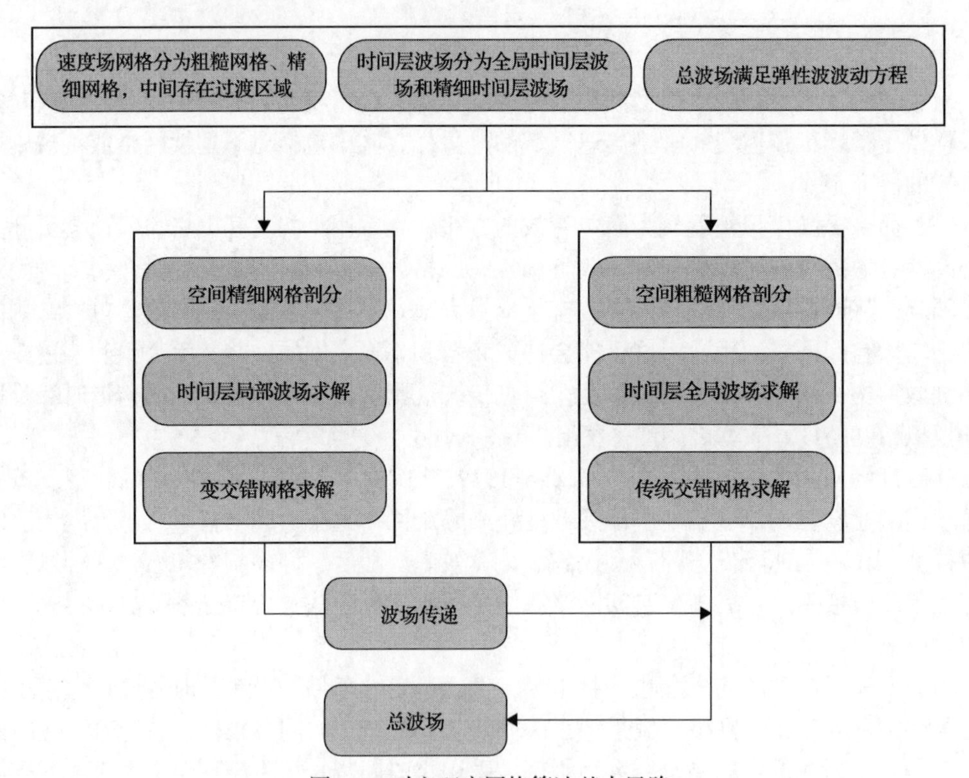

图 5-1 时空双变网格算法基本思路

5.2.1 速度场的多尺度网格离散策略

地震波正演模拟的第一步需要对速度场进行网格剖分，由于实际模型的复杂性，基于可变网格和不规则网格的地震波数值模拟方法对地震地质模型的离散化更为合理。

在时空双变网格算法中，空间速度场不再按照单一的固定步长的交错网格剖分，而是根据地震地质模型的背景速度参数和目标区域的弹性参数，将整体速度场剖分为小尺度网格(精细网格)区域、大尺度网格(粗糙网格)区域及过渡区域三个主要部分。

若对速度场离散的不同尺度网格均接近于地震勘探的尺度范围(米级)，则不需要过渡区域，两种离散方式的模型剖面如图 5-2 和图 5-3 所示。图 5-2 为速度模型不规则剖分时、局部储层尺度较大时、不需要过渡区域的情况；而当我们需要精细描述储层特征时，如储层描述尺度远小于背景速度场剖分网格尺度且在速度模型离散时，需要加入不同尺度的网格过渡区域，从而实现速度模型的自然、逐渐过渡，波场正演过程也会较为稳定。

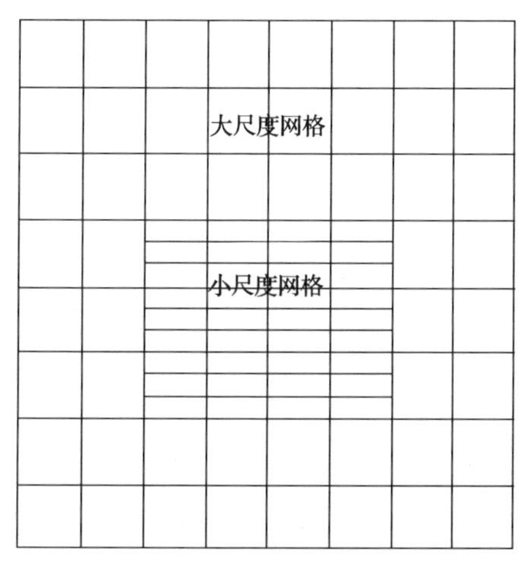

图 5-2　速度场离散方式 1

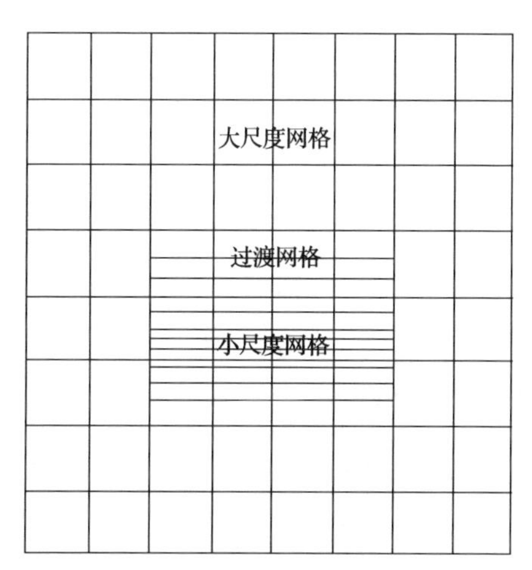

图 5-3　速度场离散方式 2

5.2.2　弹性波波动方程的离散化

以各向同性非均匀介质的弹性波一阶速度-应力方程[式(5-1)]为例，进行离散求解：

$$
\begin{aligned}
\rho\frac{\partial v_x}{\partial t} &= \frac{\partial \boldsymbol{\tau}_{xx}}{\partial x}+\frac{\partial \boldsymbol{\tau}_{xz}}{\partial z} \\
\rho\frac{\partial v_z}{\partial t} &= \frac{\partial \boldsymbol{\tau}_{xz}}{\partial x}+\frac{\partial \boldsymbol{\tau}_{zz}}{\partial z} \\
\frac{\partial \boldsymbol{\tau}_{xx}}{\partial t} &= (\lambda+2\mu)\frac{\partial v_x}{\partial x}+\lambda\frac{\partial v_z}{\partial z} \\
\frac{\partial \boldsymbol{\tau}_{zz}}{\partial t} &= (\lambda+2\mu)\frac{\partial v_z}{\partial z}+\lambda\frac{\partial v_x}{\partial x} \\
\frac{\partial \boldsymbol{\tau}_{xz}}{\partial t} &= \mu\left(\frac{\partial v_x}{\partial z}+\frac{\partial v_z}{\partial x}\right)
\end{aligned}
\tag{5-1}
$$

式中，v_x、v_z为质点速度；$\boldsymbol{\tau}_{xx}$、$\boldsymbol{\tau}_{zz}$、$\boldsymbol{\tau}_{xz}$为应力张量；ρ为密度；λ、μ为拉梅常数，其同纵、横波速度之间的关系：纵波速度$v_{\mathrm{P}}=\sqrt{\dfrac{\lambda+\mu}{\rho}}$，横波速度$v_{\mathrm{S}}=\sqrt{\dfrac{\mu}{\rho}}$。

通过对时间导数采用二阶近似，得到弹性波一阶速度-应力方程的离散形式为

$$
\begin{aligned}
&v_{x\,i,j}^{n+\frac{1}{2}} = v_{x\,i,j}^{n-\frac{1}{2}} + \Delta t b_x (\mathrm{D}_x \boldsymbol{\tau}_{xx} + \mathrm{D}_z \boldsymbol{\tau}_{xz})\big|_{i,j}^{n} \\
&v_{z,i+\frac{1}{2},j+\frac{1}{2}}^{n+\frac{1}{2}} = v_{z,i+\frac{1}{2},j+\frac{1}{2}}^{n-\frac{1}{2}} + \Delta t b_z (\mathrm{D}_x \boldsymbol{\tau}_{xz} + \mathrm{D}_z \boldsymbol{\tau}_{zz})\big|_{i+\frac{1}{2},j+\frac{1}{2}}^{n} \\
&\boldsymbol{\tau}_{xx,i+\frac{1}{2},j}^{n+1} = \boldsymbol{\tau}_{xx,i+\frac{1}{2},j}^{n} + \Delta t\big[(\lambda+2\mu)\mathrm{D}_x v_x + \lambda \mathrm{D}_z v_z\big]\big|_{i+\frac{1}{2},j}^{n+\frac{1}{2}} \\
&\boldsymbol{\tau}_{zz,i+\frac{1}{2},j}^{n+1} = \boldsymbol{\tau}_{zz,i+\frac{1}{2},j}^{n} + \Delta t\big[(\lambda+2\mu)\mathrm{D}_z v_z + \lambda \mathrm{D}_x v_x\big]\big|_{i+\frac{1}{2},j}^{n+\frac{1}{2}} \\
&\boldsymbol{\tau}_{xz,i,j+\frac{1}{2}}^{n+1} = \boldsymbol{\tau}_{xz,i,j+\frac{1}{2}}^{n} + \Delta t\big[\mu_{xz}(\mathrm{D}_z v_x + \mathrm{D}_x v_z)\big]\big|_{i,j+\frac{1}{2}}^{n+\frac{1}{2}}
\end{aligned}
\tag{5-2}
$$

式中，D_x、D_z 分别表示对 x、z 的一阶微分算子；$b_x = (b_{i,j} + b_{i+1,j})/2$；$b_z = (b_{i,j} + b_{i,j+1})/2$；$\mu_{xz} = (1/\mu_{i,j} + 1/\mu_{i+1,j} + 1/\mu_{i,j+1} + 1/\mu_{i+1,j+1})/4$。

1. 交错网格任意 $2N$ 阶精度有限差分系数计算公式

在传统的交错网格算法技术中，变量的导数是在相应变量网格点的半程上计算的(图5-4)。用变量 u 来统一所有的波场分量(速度分量 v_x、v_z 和应力张量 $\boldsymbol{\tau}_{xx}$、$\boldsymbol{\tau}_{zz}$、$\boldsymbol{\tau}_{xz}$)。下面只讨论变量 u 关于 x 的偏导数。设 $u(x)$ 有 $2N+1$ 阶导数，则 $u(x)$ 在 $x = x_0 \pm \frac{2m-1}{2}\Delta x$ 处 $2N+1$ 阶 Taylor 展开式为

$$
u\left(x_0 \pm \frac{2m-1}{2}\Delta x\right) = u(x_0) + \sum_{i=1}^{2N+1} \frac{\left(\pm\dfrac{2m-1}{2}\right)^i (\Delta x)^i}{i!} u^{(i)}(x_0) + O(\Delta x^{2N+2}), \quad m = 1,2,\cdots,N \tag{5-3}
$$

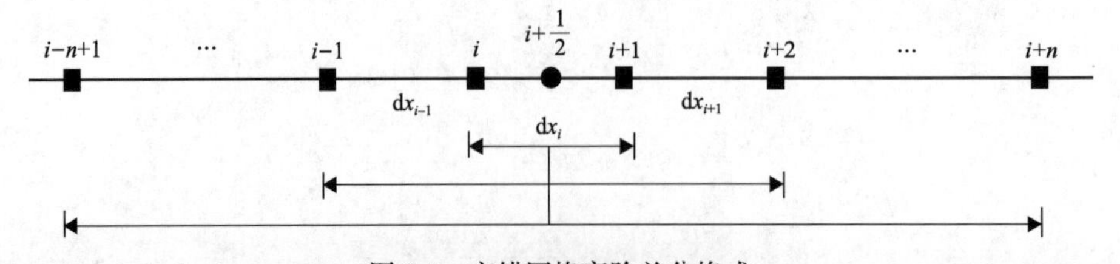

图 5-4　交错网格高阶差分格式

由于交错网格一阶导数 $2N$ 阶精度差分近似式可表示为

$$
\Delta x \frac{\partial u(x)}{\partial x} = \sum_{m=1}^{N} a_m \left[u\left(x_0 + \frac{2m-1}{2}\Delta x\right) - u\left(x_0 - \frac{2m-1}{2}\Delta x\right) \right] + O(\Delta x^{2N}) \tag{5-4}
$$

将式(5-3)代入、化简，有

$$\Delta x u^{(1)}(x_0) \approx \sum_{m=1}^{N}(2m-1)\Delta x a_m u^{(1)}(x_0) + \sum_{m=1}^{N}\sum_{i=1}^{N-1}\frac{(2m-1)^{2i+1}\Delta x^{2i+1}}{(2i-1)!} a_m u^{(2i+1)}(x_0)$$

其中，待定系数由以下方程确定

$$\begin{bmatrix} 1 & 3 & \cdots & (2N-1) \\ 1 & 3^3 & \cdots & (2N-1)^3 \\ \vdots & \vdots & & \vdots \\ 1 & 3^{2N-1} & \cdots & (2N-1)^{2N-1} \end{bmatrix} \begin{bmatrix} a_1 \\ a_2 \\ \vdots \\ a_N \end{bmatrix} = \begin{bmatrix} 1 \\ 0 \\ \vdots \\ 0 \end{bmatrix} \tag{5-5}$$

由系数方程[式(5-5)]计算得到如下结果。

(1) $L=1$ 时，$a_1 = 1$。

(2) $L=2$ 时，$a_1 = 1.125$；$a_2 = -0.04166667$。

(3) $L>2$ 时，有

$$a_m = \frac{(-1)^{m+1}\prod_{i=1,i\neq m}^{L}(2i-1)^2}{(2m-1)\prod_{i=1}^{L-1}\left[(2m-1)^2-(2i-1)^2\right]}$$

由此我们可得到交错网格不同差分精度的差分权系数值(表 5-1)。

表 5-1　交错网格一阶导数对应于各阶精度的权系数值

$2N$	a_1	a_2	a_3	a_4	a_5	a_6
2	1.00000					
4	1.12500	-4.16667×10^{-2}				
6	1.17187	-6.51042×10^{-2}	4.68750×10^{-3}			
8	1.19629	-7.97526×10^{-2}	9.57031×10^{-3}	-6.97545×10^{-4}		
10	1.21124	-8.97217×10^{-2}	1.38428×10^{-2}	-1.76566×10^{-3}	1.18680×10^{-4}	
12	1.22134	-9.69315×10^{-2}	1.74477×10^{-2}	-2.96729×10^{-3}	3.59005×10^{-4}	-2.18478×10^{-5}

从对矩阵求解可以看出，常网格算子的差分系数同网格步长无关。

2. 交错变网格任意 $2N$ 阶精度有限差分系数计算公式

与传统交错网格不同，变步长网格的差分算子是空间变化的，则网格间距 Δx 不再为常数值，在此可将网格间距写为 $\Delta_i x$。设 $u(x)$ 有 $2N+1$ 阶导数，则 $u(x)$ 在 $x = x_0 \pm \frac{2m-1}{2}\Delta_i x$ 处 $2N+1$ 阶 Taylor 展开式为

$$u\left(x_0 \pm \frac{2m-1}{2}\Delta_i x\right) = u(x_0) + \sum_{i=1}^{2L+1} \frac{\left(\pm\frac{2m-1}{2}\right)^i (\Delta_i x)^i}{i!} u^{(i)}(x_0) + O(\Delta x^{2L+2}), \quad (5\text{-}6)$$

$$m = 1, 2, \cdots, N$$

在变网格一阶导数 $2N$ 阶精度差分近似式可表示为

$$\frac{\partial u(x)}{\partial x} = \sum_{m=1}^{N}\left[\frac{a_m^1}{\mathrm{d}x_i} u\left(x_0 + \frac{2m-1}{2}\Delta_i x\right) - \frac{a_m^2}{\mathrm{d}x_i} u\left(x_0 - \frac{2m-1}{2}\Delta_i x\right)\right] + O(\Delta x^{2L}) \quad (5\text{-}7)$$

式中，c_i 为待求的差分系数；$c_{2i-1} = \frac{a_m^1}{\mathrm{d}x_i}$；$c_{2i} = -\frac{a_m^2}{\mathrm{d}x_i}$；$\Delta_i$ 是空间差分算子，它是网格步长 $\mathrm{d}x$ 的函数。交错网格技术中差分算子有两个对称点，x_i 和 $x_{i+1/2}$，不同的对称点对应的 Δ_i 也不同。下面以对称点 $x_{i+1/2}$ 为例，求取 Δ_i，如图 5-5 所示。

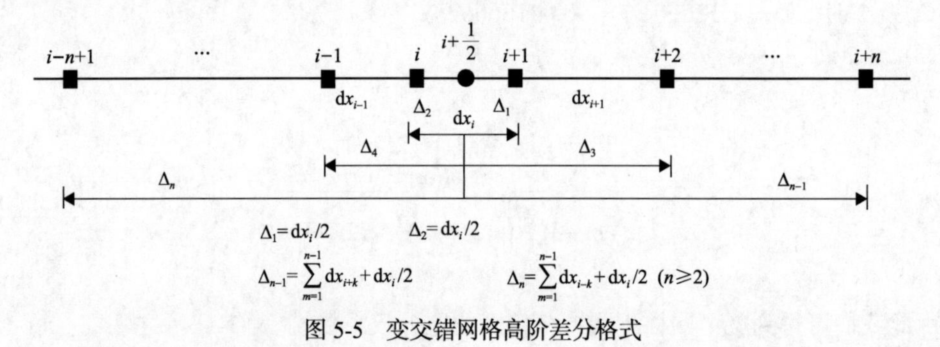

图 5-5　变交错网格高阶差分格式

同理，以 x_i 为对称点的差分算子为

$$\Delta_{n-1} = \sum_{k=1}^{n-1}\mathrm{d}x_{i+(k-1)} + \mathrm{d}x_{i+n-1}/2$$

$$\Delta_n = \sum_{k=1}^{n-1}\mathrm{d}x_{i-k} + \mathrm{d}x_{i-n}/2$$

下面给出变网格算法的任意偶数阶精度差分近似式及差分系数的求取方法。

$$\mathrm{D}_x u(x,z) = \sum_{i=1}^{N}\left[c_{2i-1}u(x+\Delta_{2i-1},z) + c_{2i}u(x-\Delta_{2i},z)\right] \quad (5\text{-}8)$$

令 $u(x,z) = u_z \mathrm{e}^{\mathrm{i}kx}$，则方程式(5-8)可以写成

$$\mathrm{i}k = \sum_{i=1}^{n}\left[c_{2i-1}\mathrm{e}^{\mathrm{i}k\Delta_{2i-1}} + c_{2i}\mathrm{e}^{-\mathrm{i}k\Delta_{2i}}\right] \quad (5\text{-}9)$$

对方程(5-9)中的指数项进行 Taylor 展开，它的 $2n$ 阶 Taylor 展开式为

$$\exp(+\mathrm{i}k\Delta_i) \approx 1 + \mathrm{i}k\Delta_i + \frac{1}{2}(\mathrm{i}k)^2\Delta_i^2 + \cdots + \frac{(\mathrm{i})^{2n-1}}{(2n-1)!}(k\Delta_i)^{2n-1} + O(\Delta_i^{2n}) \tag{5-10}$$

把式(5-10)代入方程式(5-9)并整理，可以得

$$\begin{aligned} \mathrm{i}k = &(c_1 + c_2 + \cdots + c_{2n}) + \mathrm{i}k(c_1\Delta_1 - c_2\Delta_2 + \cdots - c_{2n}\Delta_{2n}) \\ &+ (\mathrm{i})^2\frac{k^2}{2}(c_1\Delta_1^2 + c_2\Delta_2^2 + \cdots + c_{2n}\Delta_{2n}^2) \\ &+ (\mathrm{i})^3\frac{k^3}{6}(c_1\Delta_1^3 - c_2\Delta_2^3 + \cdots - c_{2n}\Delta_{2n}^3) \\ &+ \cdots \\ &+ (\mathrm{i})^{2n-1}\frac{k^{2n-1}}{(2n-1)!}(c_1\Delta_1^{2n-1} - c_2\Delta_2^{2n-1} + \cdots - c_{2n}\Delta_{2n}^{2n-1}) \end{aligned} \tag{5-11}$$

写成矩阵的形式，则差分系数由以下方程确定：

$$\begin{bmatrix} 1 & 1 & \dots & 1 & 1 \\ i\Delta_1 & -i\Delta_2 & \dots & i\Delta_{2n-1} & -i\Delta_{2n} \\ \vdots & \vdots & & \vdots & \vdots \\ (\mathrm{i})^{2n-2}\Delta_1^{2n-2} & (\mathrm{i})^{2n-2}\Delta_2^{2n-2} & \dots & (\mathrm{i})^{2n-2}\Delta_{2n-1}^{2n-2} & (\mathrm{i})^{2n-2}\Delta_{2n}^{2n-2} \\ (\mathrm{i})^{2n-1}\Delta_1^{2n-1} & -(\mathrm{i})^{2n-1}\Delta_2^{2n-1} & \dots & (\mathrm{i})^{2n-1}\Delta_{2n-1}^{2n-1} & -(\mathrm{i})^{2n-1}\Delta_{2n}^{2n-1} \end{bmatrix} \begin{bmatrix} c_1 \\ c_2 \\ \vdots \\ c_{2n-1} \\ c_{2n} \end{bmatrix} = \begin{bmatrix} 0 \\ i \\ \vdots \\ 0 \\ 0 \end{bmatrix} \tag{5-12}$$

通过解方程式(5-12)，就可以得到有限差分算子 D_x 的系数 c_i。同样地，差分算子 D_z 的差分系数也是通过这种方法来求得。对于交错的网格，由于变量所定义的网格点的位置不同，对于每一个差分算子 D_x 或 D_z 都有两组不同的差分系数。

这种处理网格变化的方法非常简便，在全局时间计算时刻粗细网格过渡区域不需要重复设置计算区域，空间的差分精度也不需要有任何改变。它完全继承了交错网格常步长的计算简单的优点，只需要前期求解出差分系数，便可以在每一计算时刻引用。

5.2.3　局部时间采样变化(LVTS)思想

以下面的表层低降速带模型为例(图 5-6)，地震地质模型含有几十米的低速带，若是对整个速度模型进行精细划分，那么下伏的高速区域就会过采样，整个模型的计算量是巨大的。若是对速度模型使用宽网格进行模型，近地表的低降速带会产生频散，还有可能使计算出现不稳定问题。针对这个问题，我们把整个速度场模型划分为三大部分(图 5-7)，低降速带区域 A 以精细网格表示，中深层高速区域 B 用粗糙网格表示，过渡区域是一定数量的精细网格和粗糙网格相互重叠的区域。

考虑速度场为二维的情况，首先给出一些假设：①区域 B 的空间网格步长 ΔH 为区域 A 的空间网格步长 Δh 的 $2n+1$ $(n=0,1,2,\cdots)$ 倍，不妨取值为 5 倍，则对应的区域 B 的时间采样步长 ΔT 为区域 A 的时间采样步长 Δt 的 5 倍；②假设下标 k 代表时间采样间隔为 $5\Delta t$，区域 B 的速度分量初始时刻为 $t_{k-1/2}$，应力分量初始时刻为 t_k。区域 A 的速度

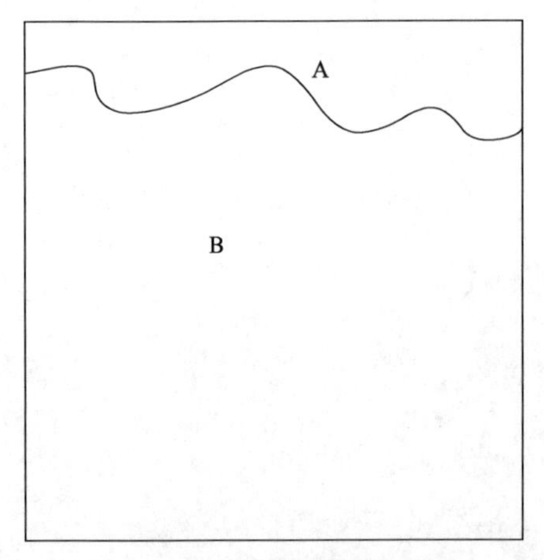

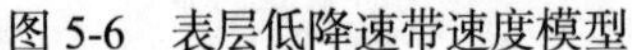
图 5-6　表层低降速带速度模型

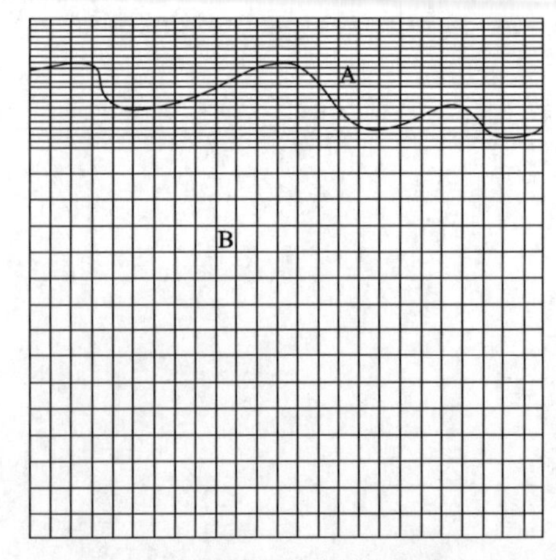

图 5-7　表层低降速带模型网格剖分

分量初始时刻为 $t_{k+3/10}$ ，应力分量初始时刻为 $t_{k+4/10}$ ；③空间差分为四阶精度，且已知 $t_{i-1/2}$ 时刻 v_x 、v_z 的波场值和 t_i 时刻 $\boldsymbol{\tau}_{xx}$ 、$\boldsymbol{\tau}_{zz}$ 、$\boldsymbol{\tau}_{xz}$ 的波场值，已知 $t=t_{k+3/10}$ 时刻 v_x 、v_z 的波场值和 $t=t_{k+4/10}$ 时刻 t_{xx} 、t_{zz} 、t_{xz} 的波场值。图 5-8 和图 5-9 分别为不同网格步长和不同时间步长的表征方式。

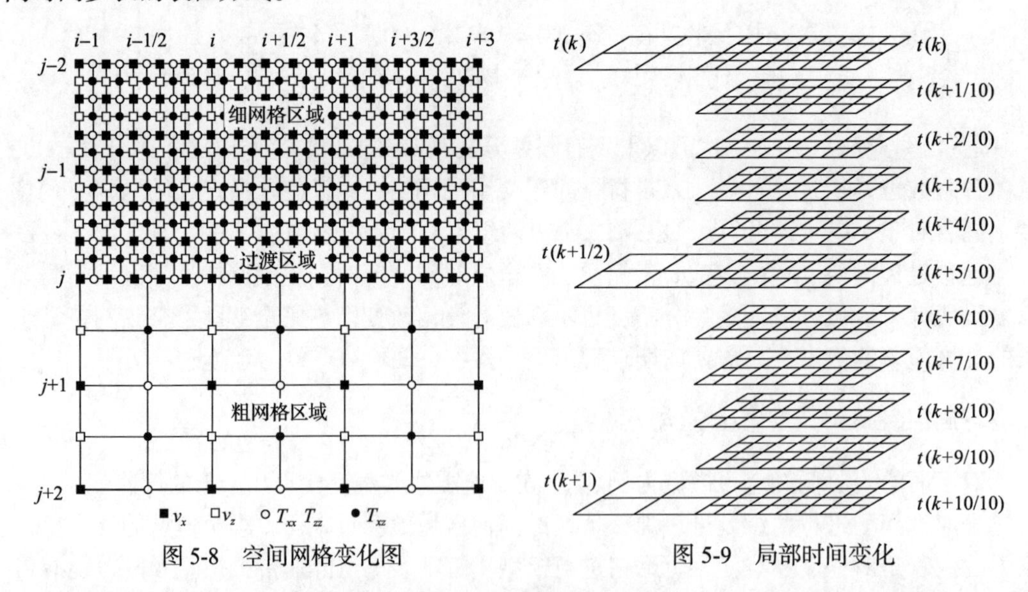

图 5-8　空间网格变化图　　　　图 5-9　局部时间变化

实现局部时间步长的变化是对精细空间网格划分的区域进行时间上加密求解的过程，求解微分方程需要初始值和边值条件。在时间层计算中，精细空间时间平面边界处理论上不应该存在边值问题，即地震波在整个时间平面上，不应该产生因采样变化而导致的人工反射，而是视为一个无障碍传播的情况。因此在每个精细时间层的边界部分都需要获得一个初始值。我们采取变网格差分和插值相结合的方法来计算过渡区域的边界部分(即精细时间采样平面的边界部分)，具体步骤如下。

1. 粗糙网格平面的求解

在每一全局时间延拓的过程中，首先利用传统 FD 算法求解粗糙网格平面的波场值。计算 $B_z \geqslant z_j$ 的 V_x、V_z 值，t_{i+1} 时刻区域 $B_z \geqslant z_{j+2}$ 的 $\boldsymbol{\tau}_{xx}$、$\boldsymbol{\tau}_{zz}$、$\boldsymbol{\tau}_{xz}$ 值，以及 $t_{i+3/2}$ 时刻区域 $B_z \geqslant z_{j+4}$ 的 V_x、V_z 值；

2. 利用过渡区域的波场值判断是否进入精细时间采样计算

利用交错网格变步长的空间差分公式(5-8)计算 $t = t_{k+5/10}$ 时刻过渡区域 $z_{j-1} \leqslant z \leqslant z_{j+1}$ 内的 v_x、v_z。并将过渡区域 $z_{j-1} \leqslant z \leqslant z_{j+1}$ 的 v_x、v_z 赋值给区域 B 对应点的 V_x、V_z（图 5-10）。

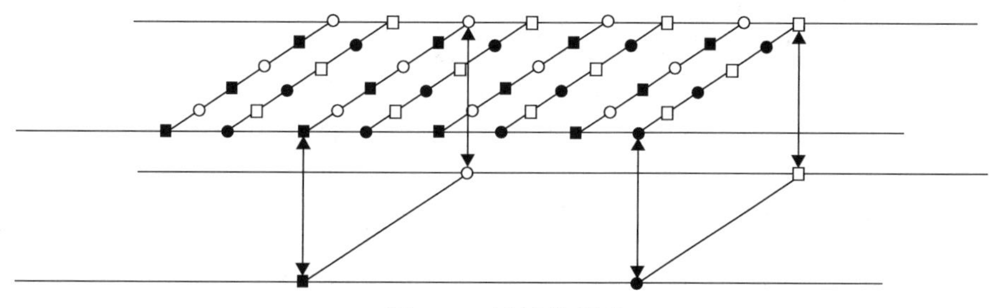

图 5-10　波场传递图

$$V_{x,i,j-1}^{k+\frac{1}{2}} = v_{x,i,j-\frac{5}{5}}^{k+\frac{5}{10}}, \quad V_{z,i,j-1}^{k+\frac{1}{2}} = v_{z,i,j-\frac{3}{5}}^{k+\frac{5}{10}}$$

过渡区域宽度至少需要为 FD 离散阶数的一半，例如空间差分为四阶精度则过渡区域宽度至少为 2 个网格点。若波场已传播至过渡区域，则对全局时间层进行精细剖分，并计算精细网格点的波场值。若波场未传播至过渡区域，则采用粗糙网格采样对模型剩余区域求解。

3. 精细时间采样平面内的精细网格点波场值求解

若波场已传播至过渡区域，需要采用精细时间采样计算。首先用和第一步相同的方法求解 t_{i+1} 时刻 $z \geqslant z_j$ 的 $\boldsymbol{\tau}_{xx}$、$\boldsymbol{\tau}_{zz}$、$\boldsymbol{\tau}_{xz}$ 值和 $t_{i+3/2}$ 时刻 $z \geqslant z_{j+2}$ 时 V_x、V_z 值。然后根据已知的 V_x、V_z 值求解 v_x、v_z 值。利用双线性插值公式(5-13)求解精细时间采样平面($t = t_{k+6/10}$，$t_{k+7/10}$，$t_{k+8/10}$，$t_{k+9/10}$)的边界值：

$$f(i) = \frac{(nk - i)F_0 + iF_1}{nk}, \quad i = 0,1,2,\cdots,nk \tag{5-13}$$

式中，F_0、F_1 表示待求点 $f(i)$ 的前一全局时刻和下一全局时刻的波场值；相同边界处的应力值 t_{xx}、t_{zz}、t_{xz} 也是用同样的方法利用相邻两个全局时刻的 τ_{xx}、τ_{zz}、τ_{xz} 值计算得到。

然后计算精细采样平面内部 $z \leqslant z_{j-2}$ 的 v_x、v_z 值和 t_{xx}、t_{zz}、t_{xz} 值和 $t = t_{k+10/10}$ 时刻 $z \leqslant z_{j-1}$ 的 t_{xx}、t_{zz}、t_{xz} 值。对 $z = z_{j-1/5}$ 处，用二阶空间采样精度计算横向上每一点的速度值。

这里需要注意一个问题，当使用高阶差分算子时，边界邻近点无法用高阶差分算子计算，需要降阶处理。假设使用八阶差分算子计算网格点时，边界邻近点则需要依次用二阶、四阶、六阶差分算子来近似。但是这种降阶处理不会降低模型整体的计算精度，因为这部分网格点的时间计算次数是外部粗糙网格时间计算次数的 $(2k+1, k=1,2,3,\cdots)$ 倍。

4. 粗糙网格和精细网格之间的波场传递

最后用交错网格变步长的空间差分公式(5-8)计算 $t = t_{k+10/10}$ 时刻 $z \leqslant z_{j-1}$ 的 t_{xx}、t_{zz}、t_{xz} 值。并将每一全局时间层的精细区域 $z_{j-1} \leqslant z \leqslant z_{j+1}$ 的波场值赋予区域 B 对应点上。例如：

$$\tau_{xx,i,j-1}^{k+1} = t_{xx,i,j-5/5}^{k+10/10}, \quad \tau_{xz,i,j-1}^{k+1} = t_{xz,i,j-3/5}^{k+10/10}$$

从算法实现过程也可以看出，当粗糙网格步长为精细网格步长的 3 倍时，相应的全局时间采样也为局部时间采样的 3 倍，此时算法误差是最小的。因为在这个倍数的计算过程中，过渡区域的时间层边界不需要插值计算。当对速度场在横向上或纵向上贯穿整个速度场的范围内利用双变有限差分算法计算时，此时，时间层不存在边值问题，也不需要插值计算。但是对于大型的地震地质模型，整个横向空间或纵向空间都采用双变算法，会带来很多不必要的计算量和内存存储量，增加计算时间。对于纵横向速度变化剧烈的模型，这种在整个方向上采用双变算法也会造成时间和空间的过采样。所以，对速度场局部进行双变计算是提高效率的有效方法，并且在精度上也能满足计算需要。文中插值计算只用于精细网格区域的边界部分，因此，从整体上来说，本文的算法仍然属于交错网格有限差分数值方法。

5.3 典型模型试算

笔者设计了几个典型模型来证明双变网格有限差分算法的计算效率、计算精度和稳定性，并同传统固定步长的交错网格有限差分正演模拟结果进行了对比。

5.3.1 复杂模型

模型 1 是胜利油田某地区的局部陡坡带砂砾岩体的速度模型(图 5-11)。速度模型中部层位较多，层位厚度较薄，其中最薄的层厚在 30～60m，最厚的层位也只有 100～160m。考虑到分辨率的需求，对模型中部进行精细网格剖分，并采用样局部变时间算法进行正演模拟(矩形方框区域)。

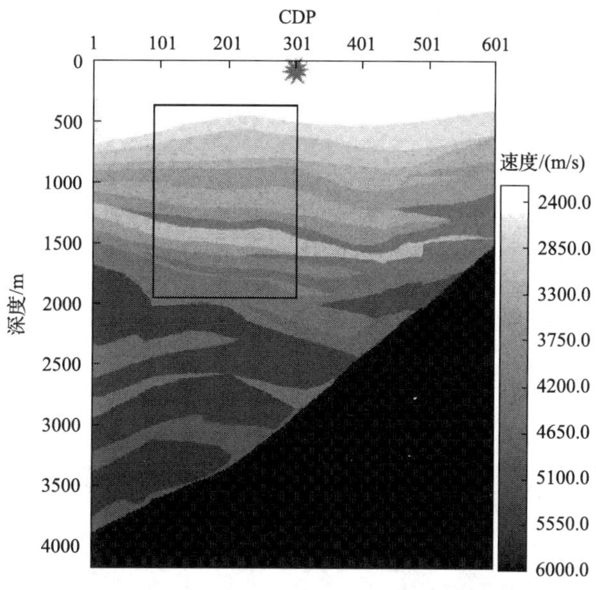

图 5-11　陡坡带砂砾岩体速度模型

在同样的硬件环境下，我们对采用网格策略模拟的不同单炮计算耗时进行了对比，在大型集群 Caster 下 CPU 主频为 2500Hz，总内存为 8166004KB，总交换空间为 16579072KB。四种不同的算法单炮计算耗时如图 5-12 所示。从图中可以看出，与整个速度场均采用精细网格相比，双变网格算法能够节省 81.3%的计算时间；与局部采用精细网格、而使用全局时间采样的算法相比，双变网格算法能够节省 62.2%的计算时间。在同样的算法精度下，双变网格算法在精细网格采样区域采用局部精细时间采样，同这两种算法相比极大地节省了计算时间，可以体现出算法的高效性。另一方面，同粗网格的有限差分算法相比，虽然双变网格算法的计算时间相对要长一些，但是在完全可以接受的计算时间范围内，极大地提高了算法的精度和炮记录的分辨率，这对后期的地震偏移处理和小尺度散射体的探测是极其重要的。

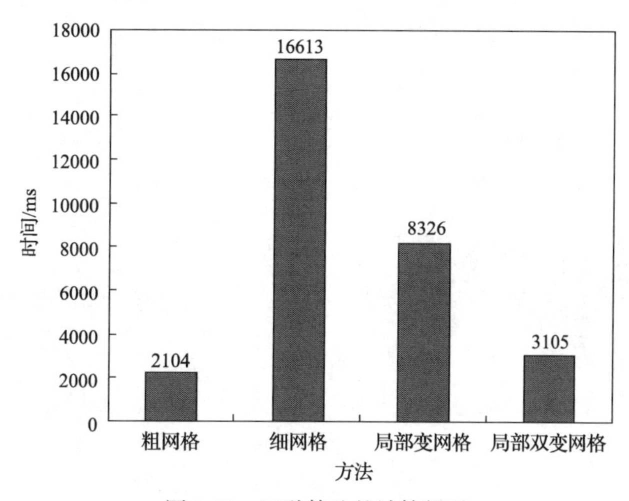

图 5-12　四种算法的计算耗时

图 5-13 是采用双变算法得到的 1400ms 时刻的水平方向波场快照[图 5-13(a)]和垂直方向波场快照[图 5-13(b)]。图 5-14 是采用传统算法得到的 1400ms 时刻的波场快照，图 5-14(a)是水平方向波场快照，图 5-14(b)是垂直方向波场快照。图 5-15(a)是采用双变算法得到的水平分量和垂直分量的波场记录，图 5-15(b)是采用传统算法得到的水平分量和垂直分量的波场记录，图 5-15(c)是两种方法的比较结果(均在相同增益下显示)。

从波场快照和单炮记录上可以看出，双变算法结果和传统结果算法能很好地吻合。从两种方法的对比结果上发现两种方法的主要不同是相位上的差别。出现这种差别的原因主要是正演模拟时数值频散主要和网格间距有关，地震波相速度是网格步长的函数。

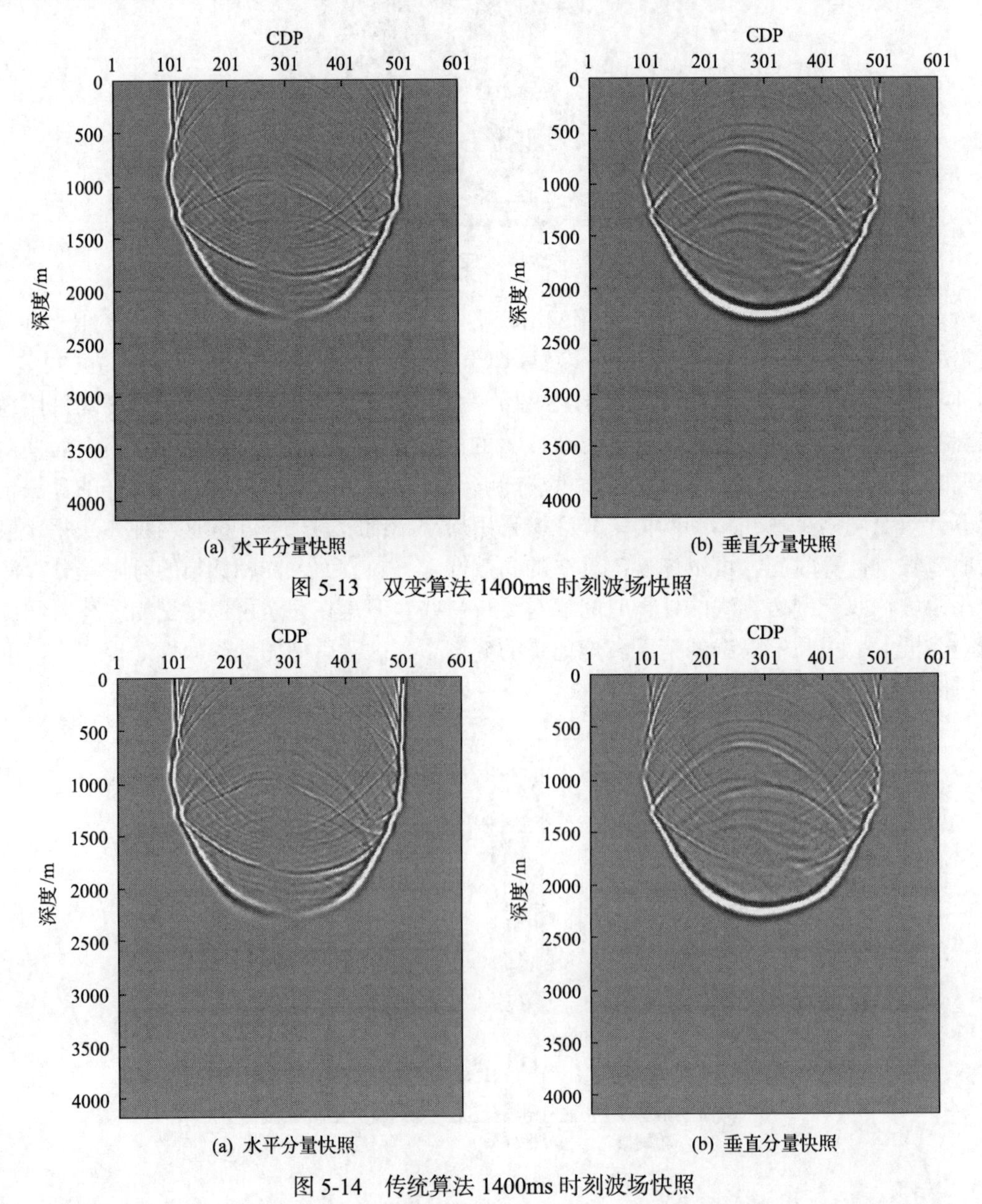

(a) 水平分量快照 (b) 垂直分量快照

图 5-13 双变算法 1400ms 时刻波场快照

(a) 水平分量快照 (b) 垂直分量快照

图 5-14 传统算法 1400ms 时刻波场快照

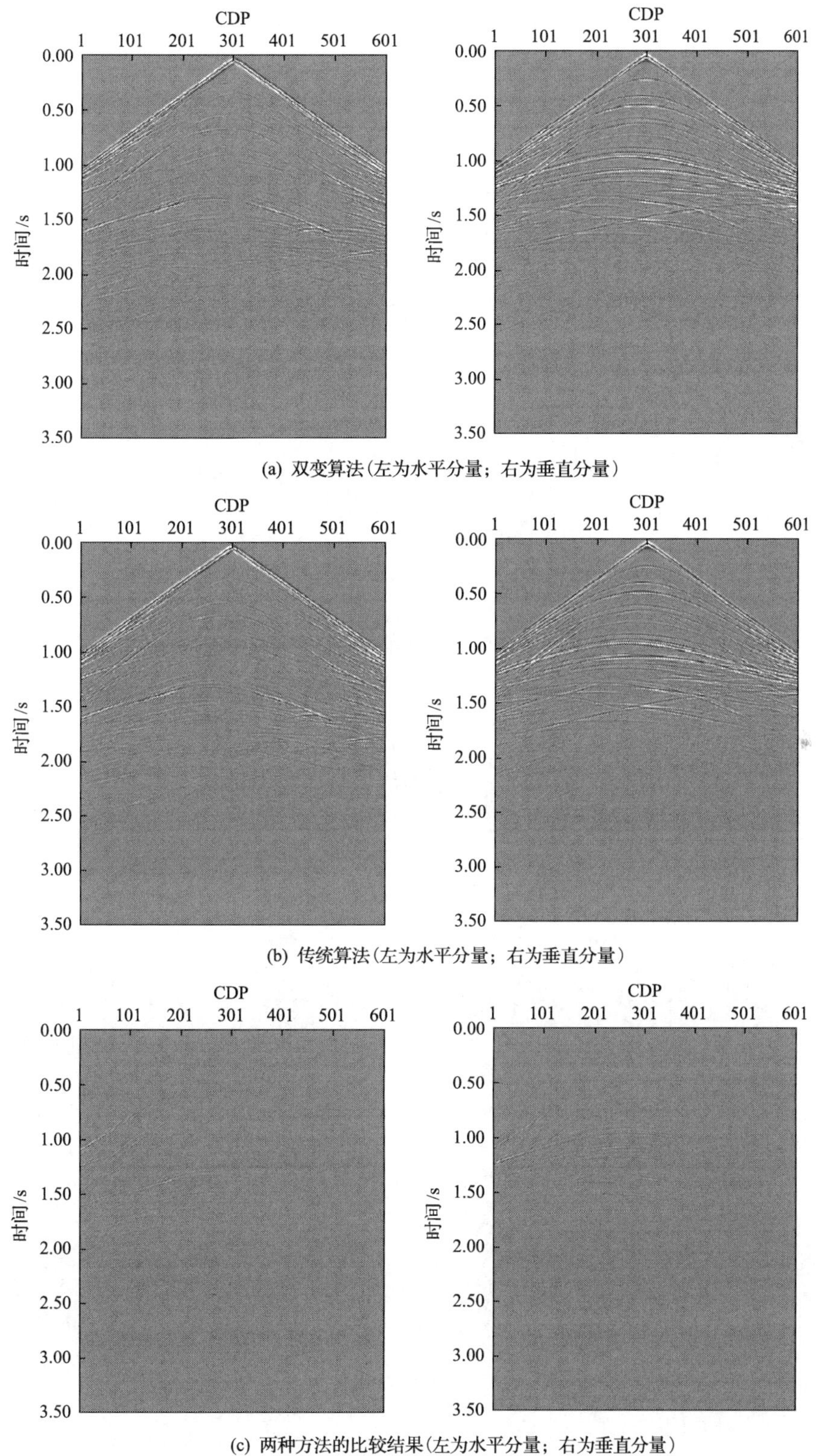

(a) 双变算法(左为水平分量；右为垂直分量)

(b) 传统算法(左为水平分量；右为垂直分量)

(c) 两种方法的比较结果(左为水平分量；右为垂直分量)

图 5-15　波场记录

在双变差分算法中，网格步长的变化也导致了地震波相速度的变化。有时尽管差别很小，但是这种相速度的变化仍然是产生两种方法差别的主要原因。

5.3.2 低降速带模型

模型 2 为表层低降速带模型，表层存在纵波速度为 867m/s 的低速带(图 5-16)。针对本书中的模拟参数设置，稳定性和频散压制条件要求 $h_{max} < 3.33m$。全局采用 6m 网格采样不能满足稳定性要求，因此，对表层进行局部网格细分和局部变时间采样来保证计算的稳定性，同时又不增加过大的计算量。

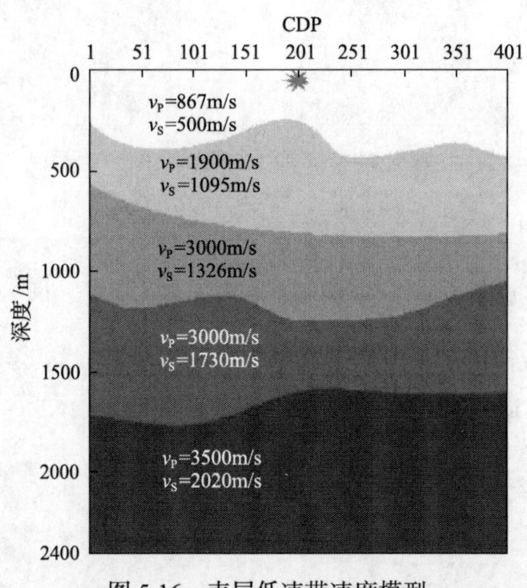

图 5-16 表层低速带速度模型

图 5-17 为使用粗网格有限差分算法得到水平分量波场记录和垂直分量波场记录。从

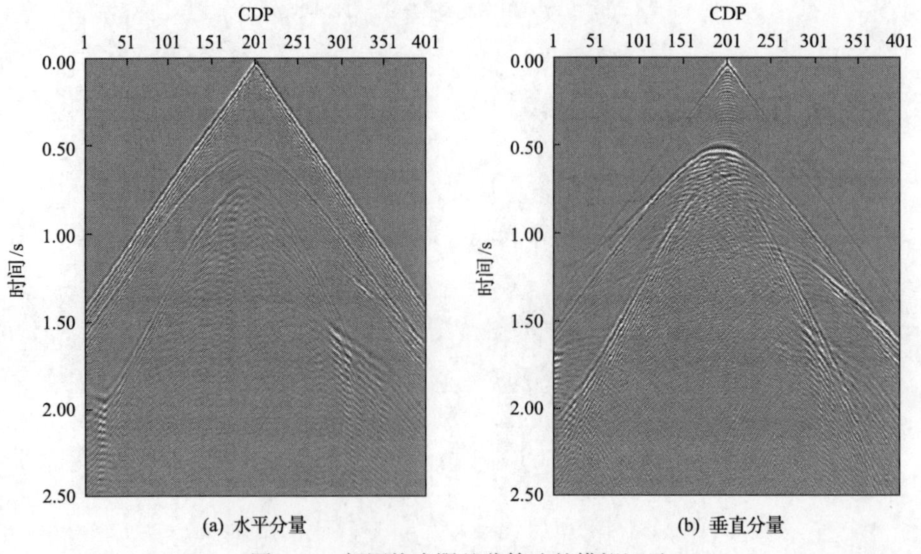

(a) 水平分量 (b) 垂直分量

图 5-17 粗网格有限差分算法的模拟记录

图中可以清晰地看出，记录中出现了能量较强的频散噪音，湮灭了有效反射波能量。特别是在水平分量波场记录中尤为严重，深层的反射信息和绕射信息均被遮盖，难以分辨。图 5-18 为使用双变网格有限差分算法得到水平分量波场记录和垂直分量波场记录，采用局部精细网格剖分后，表层区域频散压制条件得到满足，从图中观察不到频散噪音，炮记录清晰、干净，同相轴易于分辨。含低降速带的速度模型是双变网格算法适应性比较好的一种典型模型，双变算法在模型的不同区域可以采用不同的稳定性条件，从而可以有效地处理低速带问题。

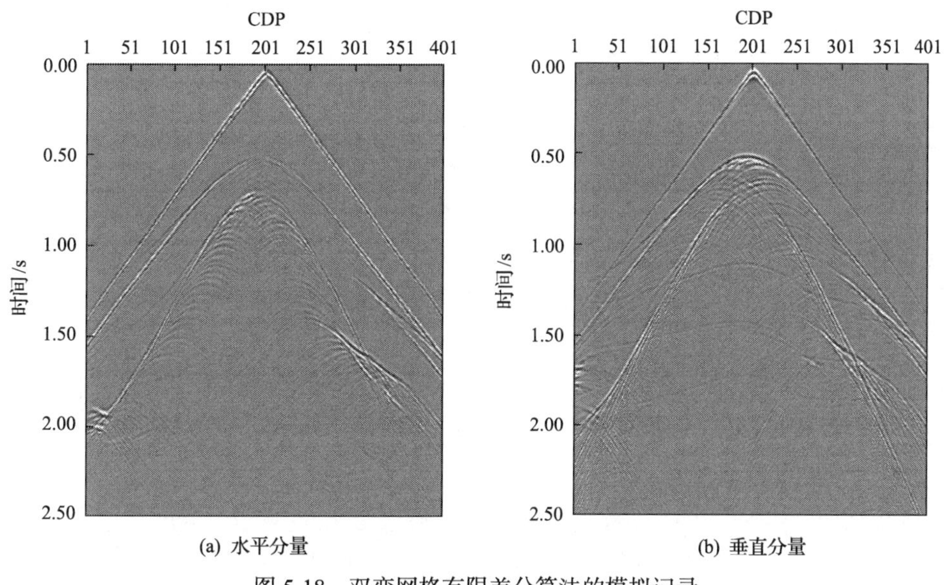

(a) 水平分量　(b) 垂直分量

图 5-18　双变网格有限差分算法的模拟记录

5.3.3　小结

(1) 从以上的模型测试结果可以明显看出，不连续网格的局部时间采样变化算法同粗糙网格的全局时间采样算法相比，前者明显地减少了计算时间。同时，因为采用了不连续网格剖分，也节省了计算内存。

(2) 对表层为低降速带的速度模型或内部存在低速层的速度模型，在降低内存存储和计算量的同时，还能满足最短波长原则带来的稳定性问题。因此，对传统算法无法适应的一些复杂地质情况，双变算法能提供更好的解决思路。

(3) 局部时间采样变化算法中，虽然加入了插值计算，但是计算区域集中，插值计算量非常少。从对算法的误差分析中看出，算法本身引入的误差非常小，对整体的计算结果不会产生不稳定情况，也不影响整体计算结果的精度，可以忽略不计。应该注意的是模型网格剖分本身带来的误差影响，它可能会导致比较强的人工反射，严重时计算会溢出，计算无法进行。这种网格梯度变化带来的误差，可以通过合理地选择网格变化来避免，或者对网格步长变化采取连续变化的方式，在多个网格变化范围内达到需要的步长尺度。

5.4　双变网格优化

双变网格正演模拟方法因其低存储、高效率等优势，在刻画地下小尺度异常体，尤其是超深部微结构方面发挥越来越重要的作用。采用一些策略优化双变网格，可增强其适用性。

变网格正演模拟方法在实现过程中需要考虑两个问题：网格步长变化处的虚假反射和长时间采样下的不稳定性。李振春和李庆洋(2014)从理论上推导虚假反射误差的数学表达式，分析了虚假反射影响因素，并通过引入 Lanczos 滤波算子，实现了一种基于交错网格的稳定且高精度的双变网格正演模拟算法。

针对常规变网格算法模拟微小裂缝，超高倍网格变化时引入的误差和不稳定性的问题，引入多级变网格思想可以高效精确地实现超高倍变网格模拟。存在多个分散目标区，且单个目标区变网格格式存在差异时，利用分块变网格思想，可在多个区域进行不同倍数的变网格模拟，最大化地提高模拟计算效率。

5.4.1　压制虚假反射——Lanczos 滤波

从频散关系入手，理论推导变网格界面处的虚假反射系数的表达式。为了计算简便，考虑 1D 均匀介质情况(图 5-19)，令密度和速度均为 1，则波动方程可简化为

$$\begin{aligned}\frac{\partial v}{\partial t}&=\frac{\partial \tau}{\partial x}\\ \frac{\partial \tau}{\partial t}&=\frac{\partial v}{\partial x}\end{aligned}\tag{5-14}$$

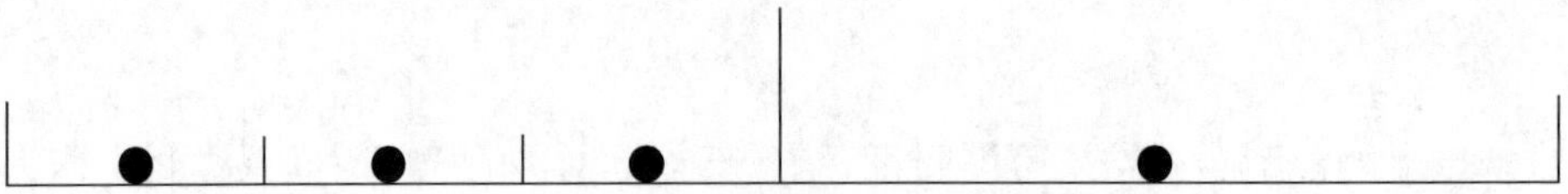

图 5-19　一维情况下 3 倍变网格示意图

方程式(5-14)在交错网格下的二阶中心差分格式为

$$\begin{aligned}\frac{\tau_j^n-\tau_j^{n-1}}{\Delta t}&=\frac{v_{j+1/2}^{n-1/2}-v_{j-1/2}^{n-1/2}}{h}\\ \frac{v_{j+1/2}^{n+1/2}-v_{j+1/2}^{n-1/2}}{\Delta t}&=\frac{\tau_{j+1}^n-\tau_j^n}{h}\end{aligned}\tag{5-15}$$

式中，h和Δt分别为网格间距和时间采样间隔，将应力、速度的平面波解$\tau=A\mathrm{e}^{\mathrm{i}(\omega t-kx)}$和$v=B\mathrm{e}^{\mathrm{i}(\omega t-kx)}$代入式(5-15)，可得频散关系：

$$k=\pm\frac{2}{h}a\sin\left[\frac{h}{\Delta t}\sin(\omega\Delta t/2)\right]\tag{5-16}$$

粗细网格中h和Δt不同，因此波数也不相同，分别记为k_{c}和k_{f}。

$$\begin{bmatrix}\tau\\ v\end{bmatrix}=\begin{bmatrix}1\\ -1\end{bmatrix}\mathrm{e}^{\mathrm{i}(\omega t-k_{\mathrm{f}}x)}+R\begin{bmatrix}1\\ 1\end{bmatrix}\mathrm{e}^{\mathrm{i}(\omega t+k_{\mathrm{f}}x)},\quad j<0 \tag{5-17}$$

式中，R为变网格界面处的反射系数。相应的粗网格中的波场可记为

$$\begin{bmatrix}\tau\\ v\end{bmatrix}=T\begin{bmatrix}1\\ -1\end{bmatrix}\mathrm{e}^{\mathrm{i}(\omega t-k_{\mathrm{c}}x)},\quad j>0 \tag{5-18}$$

式中，T为网格变化界面处的透射系数。$j=0$处的应力波场为

$$\tau(t,0)=T\mathrm{e}^{\mathrm{i}\omega t} \tag{5-19}$$

分别将式(5-16)～式(5-18)代入$\dfrac{\tau_0^n-\tau_0^{n-1}}{\Delta t}=\dfrac{v_{1/2}^{n-1/2}-v_{-1/2}^{n-1/2}}{h},\dfrac{v_{-1/6}^{n+1/6}-v_{-1/6}^{n-1/6}}{\Delta t/3}=\dfrac{\tau_0^n-\tau_{-1/3}^n}{h/3}$差分格式中得

$$\begin{bmatrix}a_{11} & a_{12}\\ a_{21} & a_{22}\end{bmatrix}\begin{bmatrix}R\\ T\end{bmatrix}=\begin{bmatrix}b_1\\ b_2\end{bmatrix} \tag{5-20}$$

式中，$a_{11}=\mathrm{e}^{-\mathrm{i}k_{\mathrm{f}}h/2}$；$a_{12}=\dfrac{\Delta x}{\Delta t}(\mathrm{e}^{\mathrm{i}\omega\Delta t/2}-\mathrm{e}^{-\mathrm{i}\omega\Delta t/2})+\mathrm{e}^{-\mathrm{i}k_{\mathrm{c}}h/2}$；$b_1=\mathrm{e}^{\mathrm{i}k_{\mathrm{f}}h/2}$；$a_{21}=\dfrac{\Delta x}{\Delta t}\mathrm{e}^{-\mathrm{i}\omega\Delta t/6}\mathrm{e}^{-\mathrm{i}k_{\mathrm{f}}h/6}-\dfrac{\Delta x}{\Delta t}\mathrm{e}^{\mathrm{i}\omega\Delta t/6}\mathrm{e}^{-\mathrm{i}k_{\mathrm{f}}h/6}-\mathrm{e}^{-\mathrm{i}k_{\mathrm{f}}h/3}$；$a_{22}=1$；$b_2=\dfrac{\Delta x}{\Delta t}\mathrm{e}^{-\mathrm{i}\omega\Delta t/6}\mathrm{e}^{\mathrm{i}k_{\mathrm{f}}h/6}-\dfrac{\Delta x}{\Delta t}\mathrm{e}^{\mathrm{i}\omega\Delta t/6}\mathrm{e}^{\mathrm{i}k_{\mathrm{f}}h/6}+\mathrm{e}^{\mathrm{i}k_{\mathrm{f}}h/3}$。

从而可以导出反射、透射系数的表达式为

$$R=\frac{a_{22}b_1-a_{12}b_2}{a_{11}a_{22}-a_{12}a_{21}},T=\frac{a_{11}b_2-a_{21}b_1}{a_{11}a_{22}-a_{12}a_{21}} \tag{5-21}$$

根据公式(5-21)绘制出相应的反射、透射关系曲线如图 5-20 所示，可见只有在$\omega h/\pi$较小时，反射和透射系数才较为精确；而当$\omega h/\pi$较大时，会产生明显的反射，甚至可能会引起不稳定，即反射误差主要是由高频高波数成分引起的。图 5-20 中反射系数为 1 的区域，左端点对应的波长为$\lambda_{\mathrm{c}}=3\pi h$，右端点对应的波长为$\lambda_{\mathrm{f}}=\pi h$。因此，如果不做处理的话，波长$\lambda<3\pi h$的波场经过变网格界面时会引入强反射，从而降低算法精度。关于人为反射误差的定性分析可描述为：波场离散后相速度是网格步长的函数，当相速度变化较大时，即使速度和密度都没有变化，入射波的能量也会部分反射回来，导致数值反射现象。

为了减弱虚假反射的影响，Hayashi 等(2001)研究了几种波场加权传递法，指出九点加权法在减弱数值反射和不稳定方面有一定效果。笔者通过研究发现，Lanczos 滤波算子在解决这类问题上较之有更大优势，其滤波响应详见李振春和李庆洋(2014)的文献，$2k$个点的 Lanczos 滤波算子可以非常好地将波长$\lambda<k\pi h$的波场滤除掉(k为网格变化倍

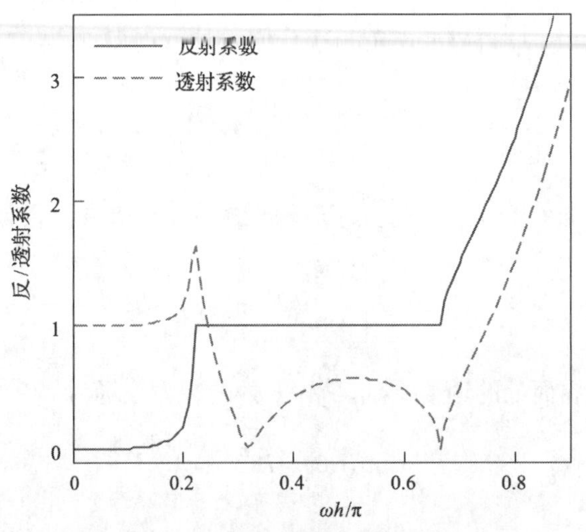

图 5-20　反射/透射系数随 $\omega h/\pi$ 变化关系

数)，从而使细网格波场中的高频高波数成分通过 Lanczos 滤波算子作用后，不会引起明显的反射误差。数值模拟证实了 Lanczos 滤波算法比九点加权法更能有效地压制虚假反射、提高计算稳定性。

假设网格变化倍数为 k 倍，则 Lanczos 滤波系数可表示为

$$\omega_{mn} = A\text{sinc}\left(\pi\frac{m}{k}\right)\text{sinc}\left(\pi\frac{n}{k}\right)\text{sinc}\left(\pi\frac{\sqrt{m^2+n^2}}{k}/2\right),\quad |m| \leqslant 2k;|n| \leqslant 2k \tag{5-22}$$

式中，A 的值由 $\sum_{m=-2k}^{2k}\sum_{n=-2k}^{2k}\omega_{mn}=1$ 确定(Duchon，1979)。

双变算法的波场回代步骤中，粗网格点上的波场值可以通过周围若干细网格点得出：

$$F(i,j)=\sum_{m=-2k}^{2k}\sum_{n=-2k}^{2k}\omega_{mn}f(i+m,j+n) \tag{5-23}$$

式中，$F(i,j)$ 为粗网格点值，$f(i+m,j+n)$ 为周围细网格点的值。通过对公式(5-23)的滤波响应分析发现，在波场传递过程中，细网格中的高频高波数成分可以很好地被削弱，从而结合图 5-20 的反射系数曲线可知，本算法能够有效地减弱虚假反射。

图 5-21(a)为近地表起伏模型，模型大小为 1800m×1200m，网格间距为 6m。图 5-21(b)为变网格算法的网格剖分示意图，对含起伏界面区域进行 3 倍网格加密。图 5-22(a)为全部采用 6m 网格间距离散后得到的单炮记录，图 5-22(b)为采用本书提出的双变网格算法得到的单炮记录，图 5-22(c)为全部采用 2m 网格间距离散后得到的单炮记录。对比图 5-22 可以发现，全局粗网格得到的单炮记录中含有许多虚假绕射(椭圆画线部分)，而变网格和全局细网格由于对速度场离散得较为合理，能够较真实地刻画起伏界面的形态，其单炮记录中都未出现虚假绕射信息。与全局采用细网格的常规算法相比，变网格算法在不降低精度的同时显著节省了内存和计算量，充分体现了时空双变算法的

优势。

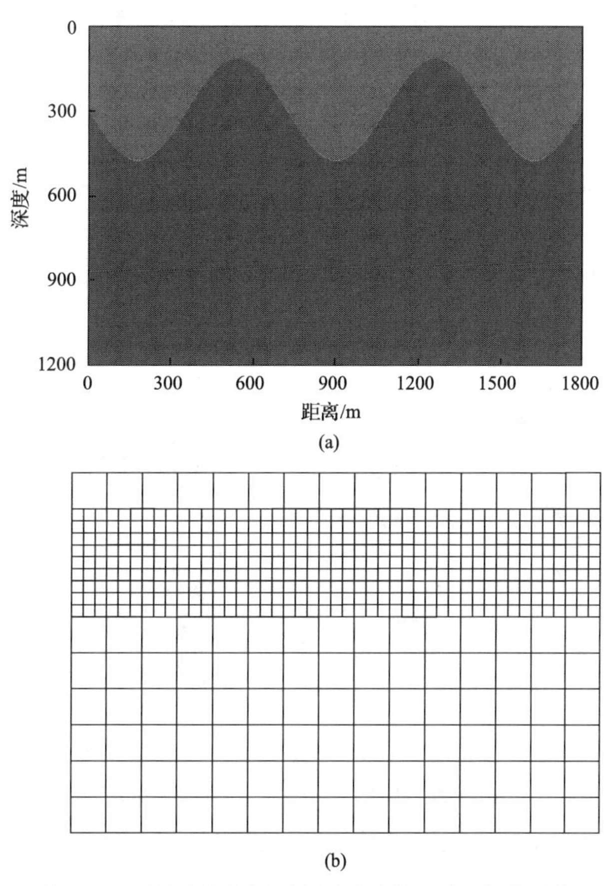

图 5-21 近地表起伏模型(a)和变网格剖分示意图(b)

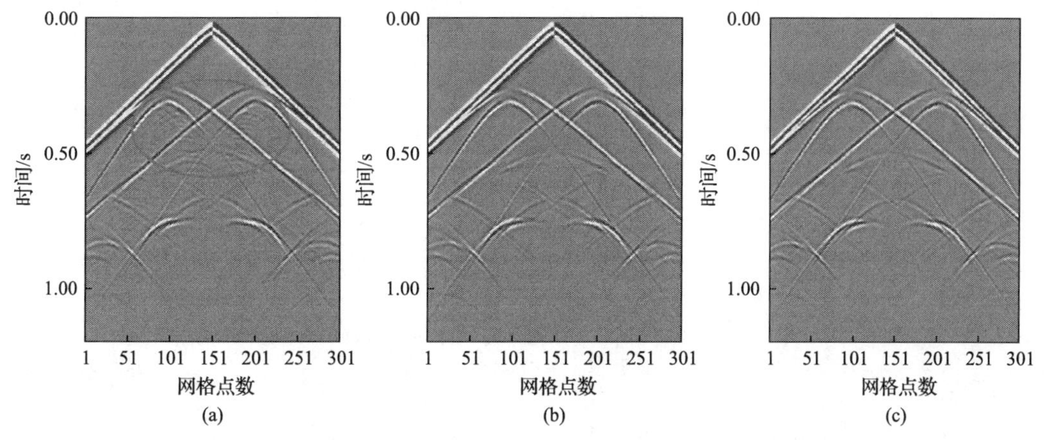

图 5-22 单炮记录(a)、全局粗网格(b)变网格及全局细网格(c)

为了体现 Lanczos 滤波算法在大采样数目的优势，对图 5-21 所示模型分别使用全局粗网格、直接传递时空双变(Tae-Seob，2004a, 2004b)、九点加权时空双变(Hayashi 等，2001)和 Lanczos 滤波时空双变算法，进行了长采样时间的正演模拟，四种方法在 5～6s

的单炮记录如图 5-23 所示。可以看出，直接传递法和九点加权法此时都已不稳定，而 Lanczos 滤波法仍然非常稳定。为了详细研究三种时空双变算法的稳定性问题，从其单炮记录中任取一个单道记录，如图 5-24(a)所示，此时由于直接传递法的剧烈不稳定淹没了

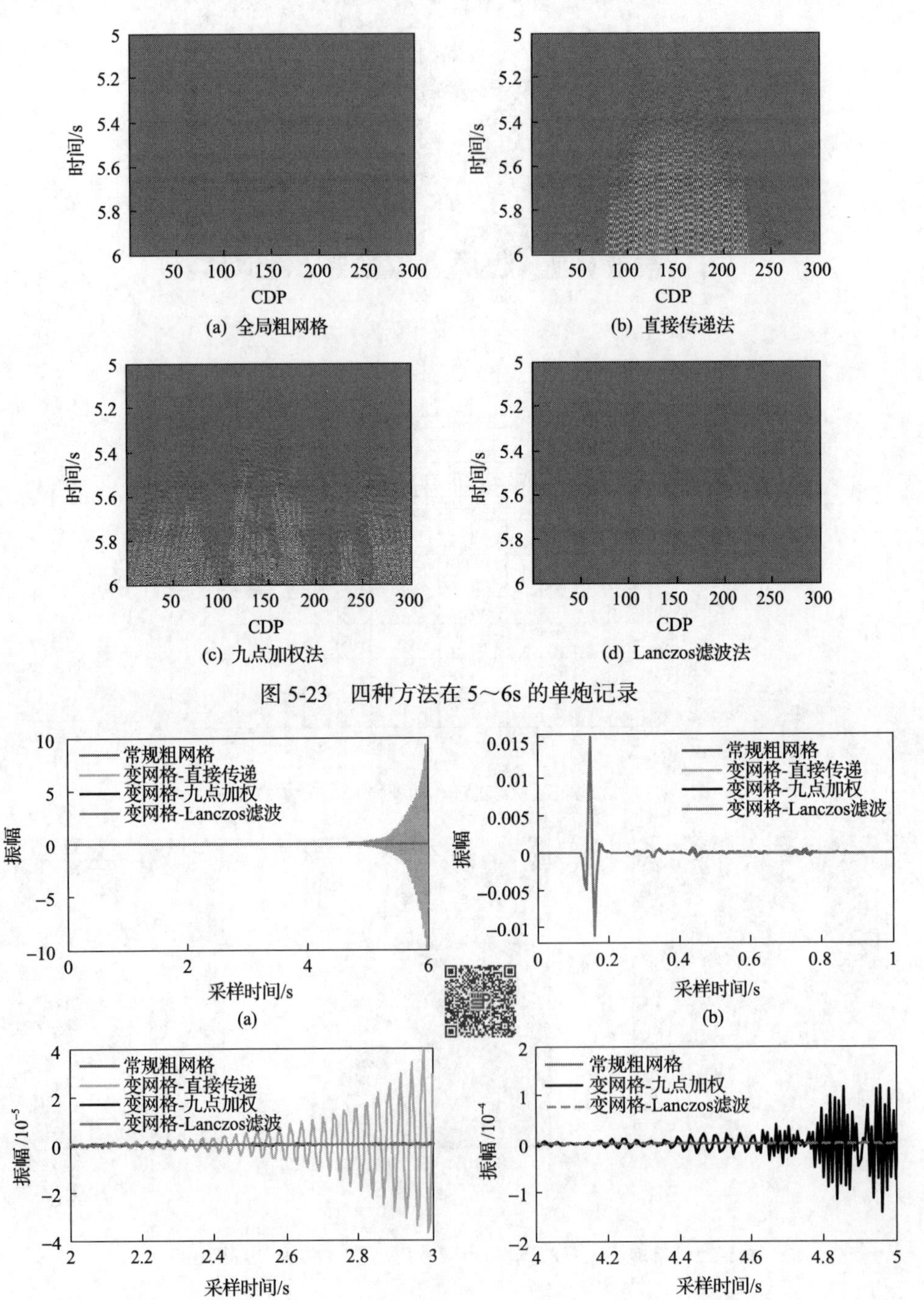

图 5-23　四种方法在 5～6s 的单炮记录

图 5-24　(a)四种方法的第 101 道单道波形对比图(扫码见彩图)

(b)、(c)、(d)为(a)的局部放大图

正常的反射同相轴。图 5-24(b)为(a)的前 1s 的局部放大图，此时直接传递法、九点加权法和 Lanczos 滤波法都具有较高的精度。图 5-24(c)为(a)的 2～3s 的局部放大图，此时直接传递法已经不稳定，计算的地震波场中出现了剧烈的波动，而九点加权法和 Lanczos 滤波法都还十分稳定，并且仍然精确。图 5-24(d)为(a)的 4～5s 的局部放大图，此时九点加权法开始出现不稳定，而 Lanczos 滤波法仍然十分稳定且精确。

通过几种不同方法在不同时间采样下的波场模拟结果对比可知：Lanczos 滤波法相比于其他方法，能够保持大采样数目下的稳定性，因此该方法更加有利于地下超深部局部构造的进行精细研究。

5.4.2　分块变网格原理

当存在多个变网格区域时，每个区域都相互独立、互不影响，即一块区域是否加密处理与另一块区域没有关系。以图 5-25 所示的模型为例，假设只有两个变网格区域 A 和 B，则在每个时间步进，包括四种情况：A 加密 B 不加密，A 加密 B 加密，A 不加密 B 不加密，A 不加密 B 加密。由于 A 和 B 是两个独立事件，可以统一为在每个时间步进，分别对它们进行单独判断处理，这样上述四种情况就都包含了。

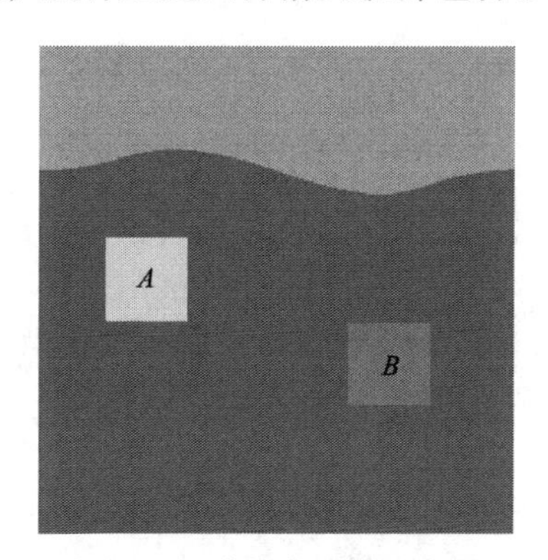

图 5-25　分块变网格示意图

分块变网格的具体实现步骤：在每个时间步进，先按照常规交错网格算法更新加密区域以外的粗网格，在更新过程中判断波场是否传递到精细区域 A，若传递到 A 则利用 2.1 节、2.2 节和 2.3 节的时空双变原理进行精细处理；若未传递到，则继续采用常规粗网格更新。然后判断波场是否传递到精细区域 B，若传递到 B 则利用 2.1 节、2.2 节和 2.3 节的时空双变原理进行精细处理；若未传递到，则采用粗网格更新。同理，若包含多个区域，则其他区域($C,D,\cdots$)也做相同处理。

在实现水平地表分块多级优化变网格算法的基础上，算法可拓展到复杂近地表情形。为了验证方法的有效性，对含低速异常体的起伏近地表模型进行测试，模型如图 5-26(a)所示。若采用统一的变网格处理，由于起伏近地表区域与地下低速目标区域二者相距较远，则中间的高速区域会过采样，从而极大地浪费计算时间和内存，因此分块变网格是一个较好的选择。

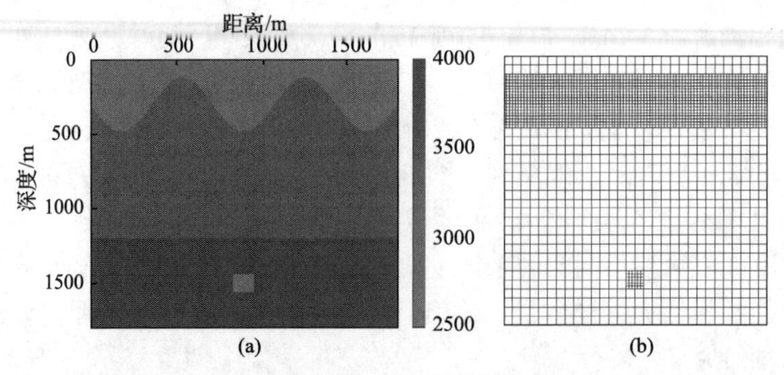

图 5-26　速度模型(a)和网格剖分示意图(b)

分别对近地表起伏界面和深部低速体做 3 倍双变处理，网格剖分如图 5-26(b)所示。图 5-27 为分别采用全局粗网格、分块变网格和全局细网格的单道波形记录对比图，从波形对比可以发现：分块变网格和全局细网格吻合得非常好，要比全局粗网格更加精确，这是由于粗网格对起伏界面的粗糙离散采样所致，模拟结果验证了分块思想对起伏地表的适应性和优越性。

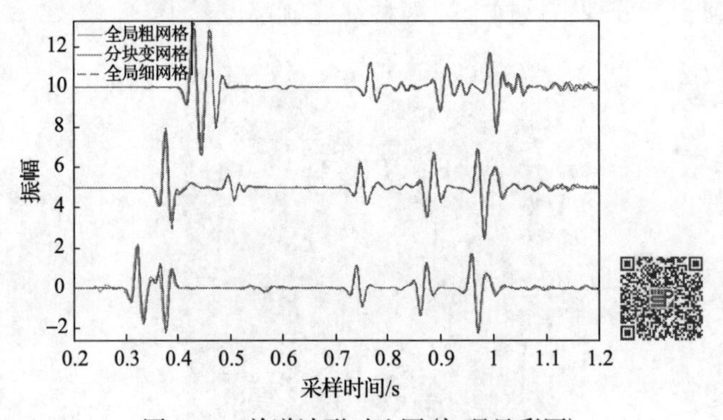

图 5-27　单道波形对比图(扫码见彩图)

5.4.3　多级变网格原理

常规变网格算法在高倍网格变化时会引入较大的人为误差，且极易不稳定，而多级思想通过多次网格级数的渐变达到最终的变化倍数，避免了较大突变带来的弊端，可很好地解决这类问题。本书实现了基于交错网格的多级变网格算法，其基本原理如图 5-28

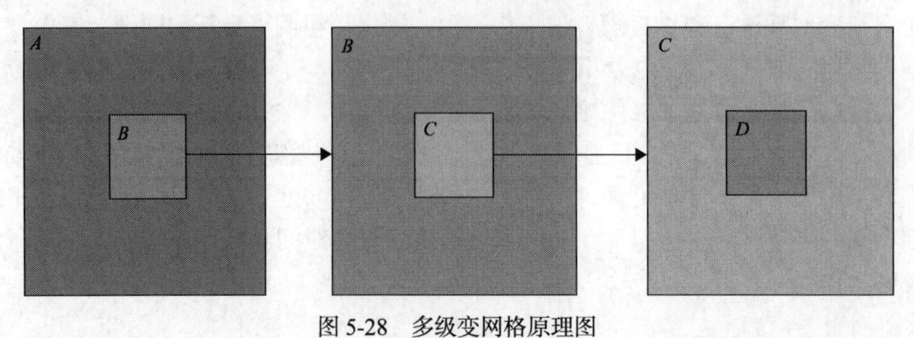

图 5-28　多级变网格原理图

所示，首先，激发波场在区域 A 中正常传播，当 A 中波场传播到变网格区域 B 时，进入第一级双变处理(网格间距变化 a 倍)；当 B 中波场传播到变网格区域 C 时，进入第二级双变处理(网格间距变化 b 倍)；当 C 中波场传递到变网格区域 D 时，进入第三级双变处理(网格间距变化 c 倍)，如此便实现了三级变网格处理，网格变化达到了 $a\times b\times c$ 倍，同理可推广到多级。

众所周知，西部碳酸盐岩储层一般埋深较大，需要较长的模拟时间；而裂缝尺度较小、地震响应很弱，因此需要高精度的超高倍变网格模拟。常规的变网格算法在大时间采样、高倍网格变化下极易不稳定且误差较大，而多级交错变网格算法利用逐级网格变化实现高倍网格变化，能够高效地模拟裂缝响应特征。

图 5-29(a)为均匀背景模型，网格步长为 4.5m，在黑色方框内分布有开度 2cm 的裂缝，即网格变化倍数要达到 225 倍以上，本书采用两级 15 倍网格变化实现高倍变网格模拟。图 5-29(b)为第一级 15 倍变网格的速度模型，图 5-29(c)为第二级 15 倍变网格速度模型，其内分布单条裂缝。

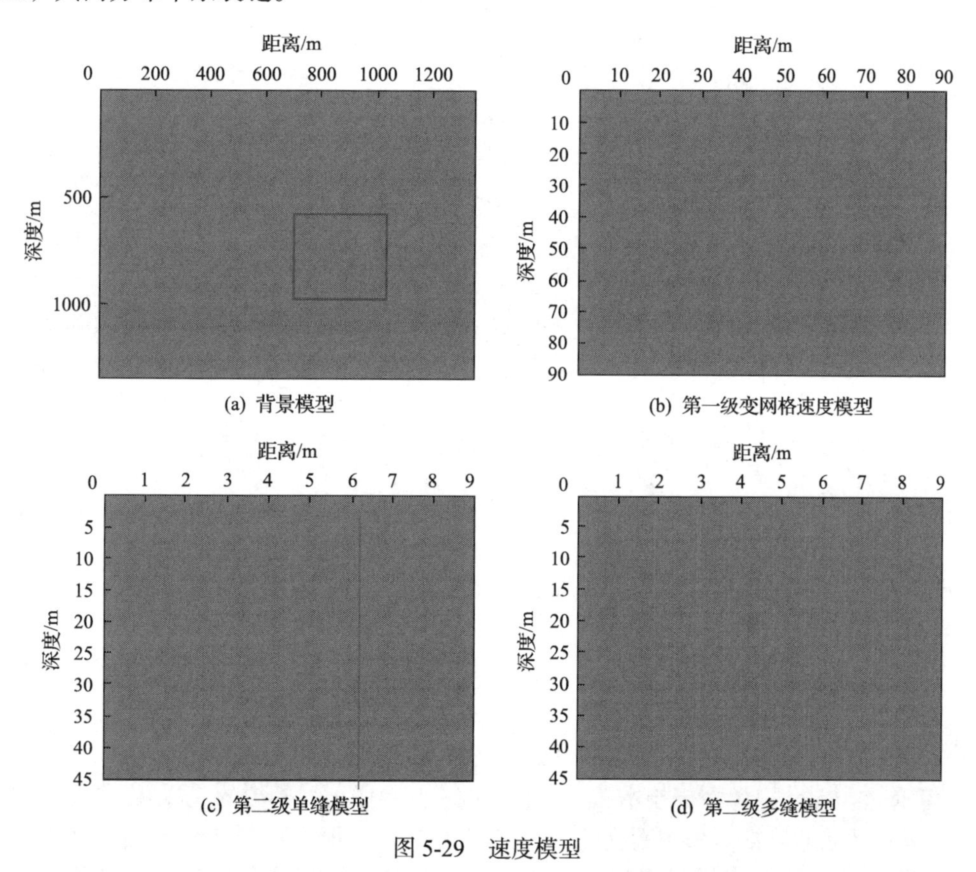

图 5-29　速度模型

图 5-30(a)、(b)分别为均匀背景模型和单条裂缝模型在 300ms 时刻的波场快照，从中可以看出单条裂缝的响应非常弱，基本分辨不出。为了对比分析，本书建立了一组裂缝模型，如图 5-29(d)所示，其对应的波场快照如图 5-30(c)所示，裂缝响应非常明显，

表现为多个绕射波场叠加。图 5-31 为相应三个模型(背景模型、单缝模型、多缝模型)的炮记录，从中也可得到相同的结论。进一步对比图 5-30(a)、(b)也能够发现，多级变网格算法引入的误差非常小，可以忽略，验证了多级交错变网格算法的有效性。需要指出的是，常规变网格算法在 15 倍变化下，也容易引起不稳定，而以上模型试算都是采用本书的 Lanczos 滤波算法，可以看出稳定性非常好。

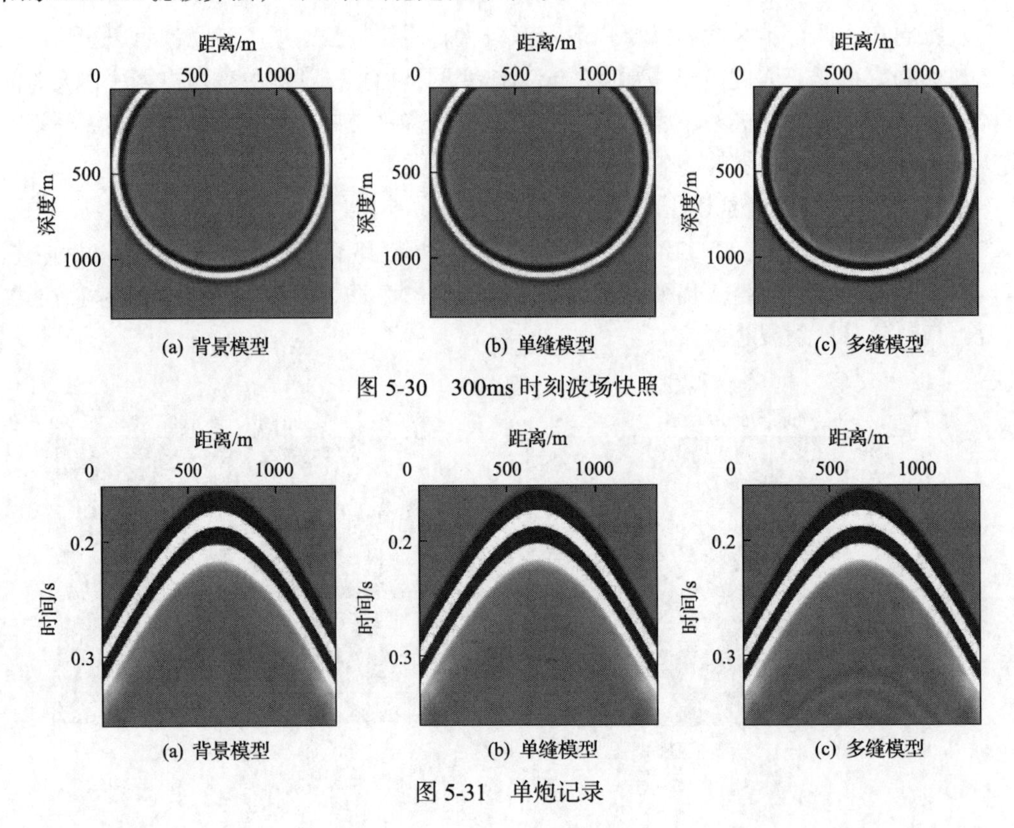

图 5-30　300ms 时刻波场快照

图 5-31　单炮记录

5.4.4　小结

在时空双变正演模拟算法的基础上，采用优化算法(滤波、分块、多级)，通过理论分析及模型试算，得到了如下几点认识。

(1)将 Lanczos 滤波算子应用到交错网格时空双变算法中，模拟结果证明本方法能够极大地提高变网格算法的稳定性、减弱数值误差。这一优势增强了本书算法的适用性，为西部深层及超深层(7km)碳酸盐岩储层的波场响应特征分析，提供了必要的理论支持。

(2)通过发展分块变网格技术，极大地提高了变网格正演模拟的灵活性。本书算法能够针对不同区域的异常体采用不同的变网格倍数和变时间步长，同时在异常体之间采用常规粗网格，能够显著地提高计算效率，充分发挥变网格算法的计算优势。此外，由于变网格区域之间是相互独立的，所以本算法易于推广到任意数目的时空双变区域。

(3)引入多级交错变网格思想，改善了常规变网格算法在处理微小尺度构造时采用高倍网格变化带来的不稳定现象。同时本方法的虚假误差很小，可以很好地用于模拟网格变化倍数达到成百上千的厘米、毫米级裂缝的波场特征，对于西部缝洞性储层、页岩气储层、薄互层等地质目标体的模拟具有很强的适应性。

优化的双变算法不仅提高了传统变网格算法的稳定性、模拟效率，还拓展了变网格算法的应用范围，对西部深层碳酸盐岩储层、裂缝型微小尺度目标体、多个分散目标体等的高精度正演模拟及成像都有重要的现实意义。

参 考 文 献

黄超, 董良国. 2009a. 可变网格与局部时间步长的高阶差分地震波数值模拟. 地球物理学报, 52(1): 176-186.

黄超, 董良国. 2009b. 可变网格与局部时间步长的交错网格高阶差分弹性波模拟. 地球物理学报, 52(11): 2870-2878.

李振春, 李庆洋. 2014. 一种稳定的高精度双变网格正演模拟与逆时偏移方法. 石油物探, 02: 126-136.

张慧, 李振春. 2011a. 基于时空双变网格算法的碳酸盐岩裂缝型储层正演模拟. 中国石油大学学报, 35(3): 51-57.

张慧, 李振春. 2011b. 基于双变网格算法的地震波正演模拟. 地球物理学报, 54(1): 76-86.

Duchon C E. 1979.Lanczos filtering in one and two dimensions. Journal of Applied Meteorology and Climatology, 18(18): 1016-1022.

Falk J, Tessmer E, Gajewski D.1998. Efficient finite-difference modelling of seismic waves using locally adjustable time steps. Geophysics Prospecting, 46:603-616.

Hayashi K, Burns D R, Toksoz M N.2001. Discontinuous-grid finite-difference seismic modeling including surface topography. Bulletin of the Seismological Society of America, 91(6): 1750-1764.

Moczo P.1989. Finite-difference technique for SH waves in 2-D media, using irregular grids: Application to the seismic response problem. Geophysical Journal International, 99: 321-329.

Tae-Seob K. 2004a.Finite-difference seismic simulation combining discontinuous grids with locally variable timesteps. Bulletin of Seismological Society of America, 94: 207-219.

Tae-Seob K. 2004b. An efficient finite-difference method for simulating 3D seismic response of localized basin structures. Bulletin of Seismological Society of America, 94: 1690-1705.

Tessmer E. 2000. Seismic finite-difference modeling with spatially varying time steps. Geophysics, 65: 1290-1293.

第6章 起伏地表正演模拟

自由边界条件最常用的方法是直接法，但此方法只适用于水平自由界面，因此多种起伏地表自由边界条件处理方法被不断提出。真空法将起伏地表以上的纵横波速度赋零，密度仍为常数，但此方法稳定性和精度较低；虚像法在自由边界附近的应力值为该边界的奇函数，Robertsson(1996)基于此方法提出了广义虚像法，在更新速度分量时，通过虚像法计算相应的垂向和横向应力偏导数；24点离散法将起伏地表分成水平、90°拐角和270°拐角的情况，对不同的情况采用不同的差分格式。

6.1 常规有限差分弹性波起伏地表正演

对起伏地表进行有限差分模拟的难点是如何处理起伏自由边界条件，自由边界满足如下方程：

$$\sigma_{iz}=0,\quad i=x,z \tag{6-1}$$

即

$$\begin{cases}\dfrac{\partial v_x}{\partial z}=-\dfrac{\partial v_z}{\partial x}\\[2mm]\dfrac{\partial v_z}{\partial z}=-\left(\dfrac{\lambda}{\lambda+2\mu}\right)\dfrac{\partial v_x}{\partial x}\end{cases} \tag{6-2}$$

几种处理起伏地表的方法各有优劣。

(1)最简单的处理起伏地表的方法是真空法。该方法就是将地表以上的弹性参数设置为零，为了避免频散，对地表以上的密度用一个较小值表示。但是真空法是不精确的。

(2)第二种处理自由边界的方法是镜像法。该方法最初是用于自由边界，后来又推广到起伏自由边界处理。然而，镜像法因对地表的阶梯状近似而存在离散误差，会产生所谓的“毛刺”效应，也会影响地震波场的特征。

(3)第三种处理方法是映射法，并在曲坐标系下求解弹性波动方程[式(6-2)]，该方法需要生成网格且对地表有其适应性要求。

在速度应力交错网格差分中镜像法广泛应用于自由边界的计算。Robertsson(1996)提出了自由边界条件下对应力分量广义镜像法，起伏自由边界条件使垂直于自由边界的正应力为零及自由边界处的切应力为零。该方法是基于强健的理论推导，其稳定性条件和精度都已推导出。另外一种简洁的处理起伏地表的方法是对起伏地表以上的P波和S波速度设置为零，即为真空法。但是该方法容易不稳定及不精确。为了将真空法的简洁、广义虚像法的稳定性及王秀明和张海澜(2004)的四阶不规则地表的新算法三个方法结合，本书便是将上述三种方法结合起来进行处理自由边界条件。

1. 广义虚像法的研究现状

虚像法来源于物理学中的镜像法原理，本质在研究的区域外部某处，用虚构的“点电荷”来代替真实导体上感应电荷，达到二者产生同样的力的效果。考虑物理原理的相似性，便将虚像法借鉴到地震数值模拟中。Levander(1988)年提出首次提出虚像法技术来近似弹性波自由边界条件，该方法缺少严格的理论基础。虚像法原理就是在地表处满足是应力场的奇函数，并满足在自由地表处应力为零，但该方法仅限于水平自由边界条件。Robertsson(1996)年将上述方法推广至广义虚像法，将其推广到起伏自由边界中，并结合了真空法，将在自由地表以上质点的速度设置为零，边界精度只能达到二阶，实现了对起伏自由边界的模拟。裴正林(2004)采用真空法和四阶广义虚像法实现了起伏地表条件下的弹性波模拟。

2. 广义虚像法原理

如图 6-1 所示，实心圈表示正应力；实心方形代表切应力；假定 z 是竖直向下为正；水平自由表面位于图示黑线位置，其上部为真空，记 $\tau_{xx,i,j}=\tau_{xx}(i,j)$ ， $\tau_{zz,i,j}=\tau_{zz}(i,j)$ ， $\tau_{xz,i+1/2,j+1/2}=\tau_{xz}(i,j)$ ，则自由地表处四阶交错网格差分格式为

$$
\begin{aligned}
&\tau_{zz}(i,j)=0\\
&\tau_{zz}(i,j-1)=-\tau_{zz}(i,j+1)\\
&\tau_{zz}(i,j-2)=-\tau_{zz}(i,j+2)
\end{aligned}
\tag{6-3a}
$$

$$
\begin{aligned}
&\tau_{xz}(i,j-1)=-\tau_{xz}(i,j)\\
&\tau_{xz}(i,j-2)=-\tau_{xz}(i,j+1)
\end{aligned}
\tag{6-3b}
$$

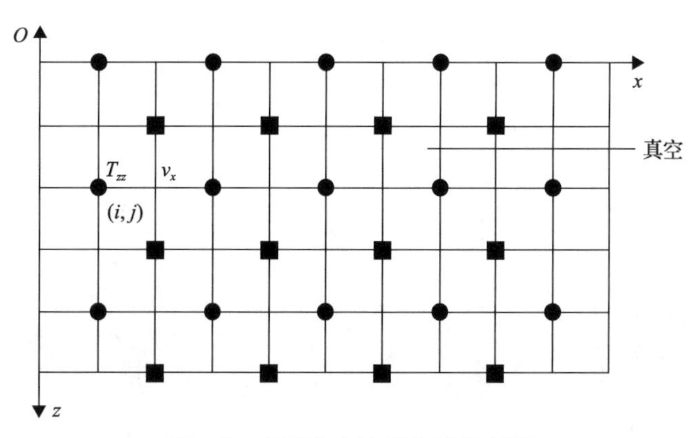

图 6-1　水平自由边界分量分布图

此处是将水平自由边界推广至起伏自由边界，且此处自由边界直接对切应力进行采样，而不通过正应力的采样位置，就水平自由边界而言，则满足如下镜像：

$$\begin{aligned}&\tau_{xz}(i,j)=0\\&\tau_{xz}(i,j-1)=-\tau_{xz}(i,j+1)\\&\tau_{xz}(i,j-2)=-\tau_{xz}(i,j+2)\end{aligned}\tag{6-4a}$$

$$\begin{aligned}&\tau_{zz}(i,j-1)=-\tau_{zz}(i,j)\\&\tau_{zz}(i,j-2)=-\tau_{zz}(i,j+1)\end{aligned}\tag{6-4b}$$

则起伏自由边界其附近位置分布图如图 6-2(a)、(b)所示，自由边界被离散成图示的网格点。在交错网格中自由边界的位置十分重要，自由边界位于图中黑线所示的位置。交错网格使地表呈现出不堆成的性质，但考虑交错各个分量时，地表是反对称的。地表处有 7 种不同的离散点：水平边界(H)、左垂向边界(VL)、左内部边界点(IL)、左外部边界点(OL)、右垂向边界(VR)、右内部边界点(IR)、右外部边界点(OR)。

虚像法是满足垂直于边界的正应力和切应力为零。地表边界被离散成图 6-2 的七种网格点，自由边界都是与网格平行的。故虚像仅在 x 和 z 坐标轴上即可。简单而言，在更新速度分量时，通过虚像法计算相应的垂向和横向应力偏导数。本书中是自由边界通过切应力的采样位置处。

图 6-2 中 H 点是水平边界点，正应力和切应力按照下列方程取虚像值：

$$\begin{aligned}&\tau_{xz}(i,j)=0\\&\tau_{xz}(i,j-1)=-\tau_{xz}(i,j+1)\\&\tau_{xz}(i,j-2)=-\tau_{xz}(i,j+2)\end{aligned}\tag{6-5a}$$

$$\begin{aligned}&\tau_{zz}(i,j-1)=-\tau_{zz}(i,j)\\&\tau_{zz}(i,j-2)=-\tau_{zz}(i,j+1)\end{aligned}\tag{6-5b}$$

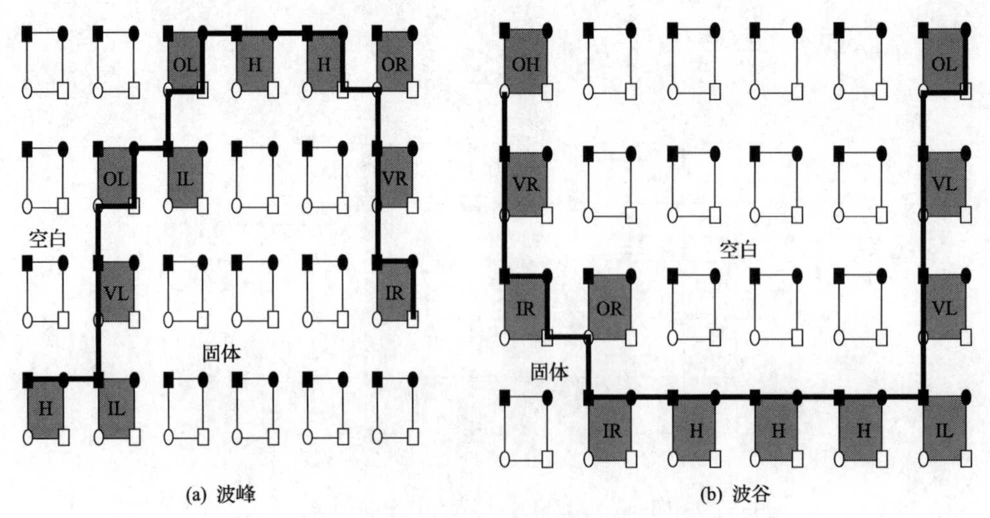

图 6-2　自由地表为波峰或波谷时其地表处的差分网格位置图

自由边界即是图中黑线所示位置；在网格中实心方形代表切应力；空心方形代表正应力；实心圈代表垂向速度分量；空心圈代表水平速度分量

图 6-2 中 VL 点是左边与真空相邻的垂向边界点，正应力和切应力按如下方程取值，即

$$\begin{aligned} \tau_{xz}(i,j) &= 0 \\ \tau_{xz}(i-1,j) &= -\tau_{xz}(i+1,j) \\ \tau_{xz}(i-2,j) &= -\tau_{xz}(i+2,j) \end{aligned} \tag{6-6a}$$

$$\begin{aligned} \tau_{xx}(i-1,j) &= -\tau_{xx}(i,j) \\ \tau_{xx}(i-2,j) &= -\tau_{xx}(i+1,j) \end{aligned} \tag{6-6b}$$

图 6-2 中 VR 点是右边与真空相邻的垂向边界点，对竖直边界处正、切应力按下式镜像处理：

$$\begin{aligned} \tau_{xz}(i,j) &= 0 \\ \tau_{xz}(i+1,j) &= -\tau_{xz}(i-1,j) \\ \tau_{xz}(i+2,j) &= -\tau_{xz}(i-2,j) \end{aligned} \tag{6-7a}$$

$$\begin{aligned} \tau_{xx}(i,j) &= -\tau_{xx}(i-1,j) \\ \tau_{xx}(i+1,j) &= -\tau_{xx}(i-2,j) \end{aligned} \tag{6-7b}$$

图 6-2 中 OL 点是左边与真空相邻的外部点，切应力 τ_{xz} 在地表位置处为零，τ_{xx}、τ_{xz} 为水平镜像，τ_{zz}、τ_{xz} 为垂直镜像。

$$\begin{aligned} \tau_{xz}(i,j) &= 0 \\ \tau_{xz}(i-1,j) &= -\tau_{xz}(i+2,j) \\ \tau_{xz}(i-2,j) &= -\tau_{xz}(i+3,j) \\ \tau_{xz}(i,j-1) &= -\tau_{xz}(i,j+2) \\ \tau_{xz}(i,j-2) &= \tau_{xz}(i,j+3) \end{aligned} \tag{6-8a}$$

$$\begin{aligned} \tau_{xx}(i,j) &= 0 \\ \tau_{zz}(i,j) &= 0 \\ \tau_{xx}(i-1,j) &= -\tau_{xx}(i+1,j) \\ \tau_{xx}(i-2,j) &= -\tau_{xx}(i+2,j) \\ \tau_{zz}(i,j-1) &= \tau_{zz}(i,j+1) \\ \tau_{zz}(i,j-2) &= \tau_{zz}(i,j+2) \end{aligned} \tag{6-8b}$$

图 6-2 中 IL 点是左内部边界点。切应力 τ_{xz} 位于边界处，直接将其设置为零。

图 6-2 中 OR 点是右外部边界点。切应力 τ_{xz} 在地表位置处为零，τ_{xx}、τ_{xz} 为水平镜像，τ_{zz}、τ_{xz} 为垂直镜像。

$$
\begin{aligned}
\tau_{xz}(i,j) &= 0 \\
\tau_{xz}(i+1,j) &= -\tau_{xz}(i-2,j) \\
\tau_{xz}(i+2,j) &= -\tau_{xz}(i-3,j) \\
\tau_{xz}(i,j-1) &= -\tau_{xz}(i,j+2) \\
\tau_{xz}(i,j-2) &= \tau_{xz}(i,j+3)
\end{aligned} \tag{6-9a}
$$

$$
\begin{aligned}
\tau_{xx}(i-1,j) &= 0 \\
\tau_{zz}(i-1,j) &= 0 \\
\tau_{xx}(i-2,j) &= -\tau_{xx}(i+1,j) \\
\tau_{xx}(i-3,j) &= -\tau_{xx}(i+2,j)
\end{aligned} \tag{6-9b}
$$

图 6-2 中 IR 为右内部边界点。切应力 τ_{xz} 和正应力 τ_{xx}、τ_{zz} 位于边界上，直接令其为零。

3. *存在的问题及处理方法*

将广义虚像法直接应用到起伏自由边界时，是将起伏地表离散成阶梯状的网格，分别进行水平和垂向镜像处理。但存在两个问题：①起伏边界处会因地表离散产生许多人为散射角点，为了保证精度，应在地表处网格足够密，根据稳定性条件，每个波长范围内至少有 20 个采样点。②如图 6-3 所示起伏边界，图中 A 是计算区域内部点 B、C 两点关于边界点处对应的“虚像”，满足

$$
\begin{aligned}
\tau(A) &= -\tau(B) \\
\tau(A) &= -\tau(C)
\end{aligned} \tag{6-10}
$$

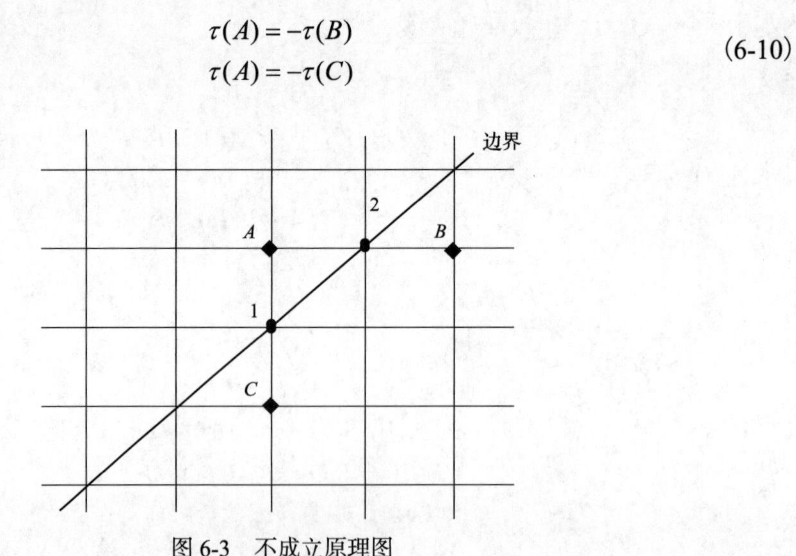

图 6-3　不成立原理图

上述情况只有在 $\tau(B)=\tau(C)$ 情况下成立，但在实际波场中是不可能成立的，上述的虚像处理也是不正确的。故此处结合了真空法或零速度法，即将该边界处的速度定义为零，同时对应边界处的正应力和切应力都为零。

4. 模型试算

图 6-4 所示为常见的凸起和凹陷地表二层模型，模型大小 1600m×800m，均匀网格大小为 2m×2m，对地表区域进行网格加密，变网格变化为 3 倍、5 倍、7 倍，模型中纵波速度分别为 3000m/s、4000m/s，且纵横波满足泊松比，主频 30Hz，震源左边激发，震源加载在正应力上。此处主要分析凸起的主要波形特征，凹陷的特征和其类似。

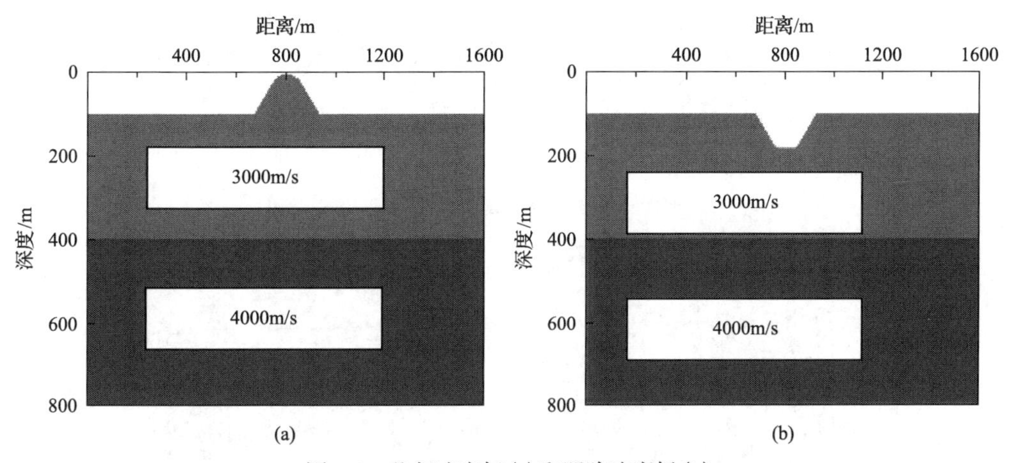

图 6-4　凸起速度场(a)和凹陷速度场(b)

先将不同时刻的波场快照对比一下，并以 t=140ms 和 t=180ms 时刻常网格的水平分量为例，分析一下波形特征。由图 6-5 可知在自由表面处存在瑞利表面波(R)，面波是一种沿着介质表面传播的，它是由 P 波和 SV 波耦合而形成的。此处采用的是纯纵波震源激发，理论上不存在 SV 波，但是由于震源放在近地表位置，直达 P 波传至自由界面处便产生了图示的反射纵波 R_1P 和转换横波 PS，因离自由边界较近，故直达 P 波和反射纵波 R_1P 叠加在一起，还有由于自由界面存在一些不连续的导数点或者角点产生的散射纵

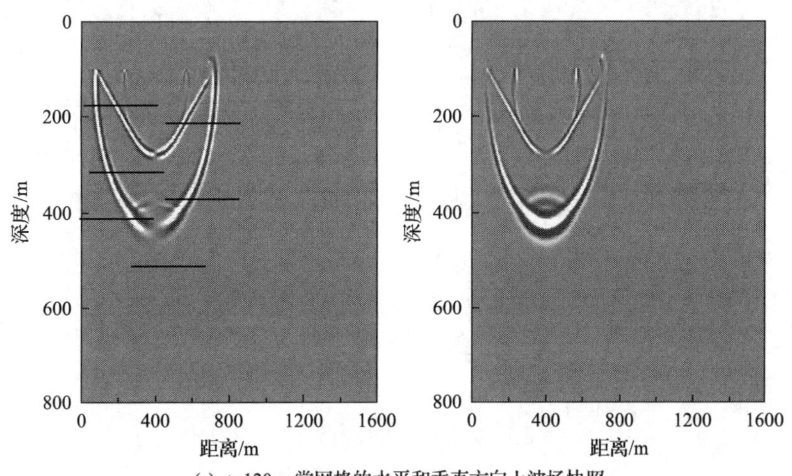

(a) t=120ms常网格的水平和垂直方向上波场快照

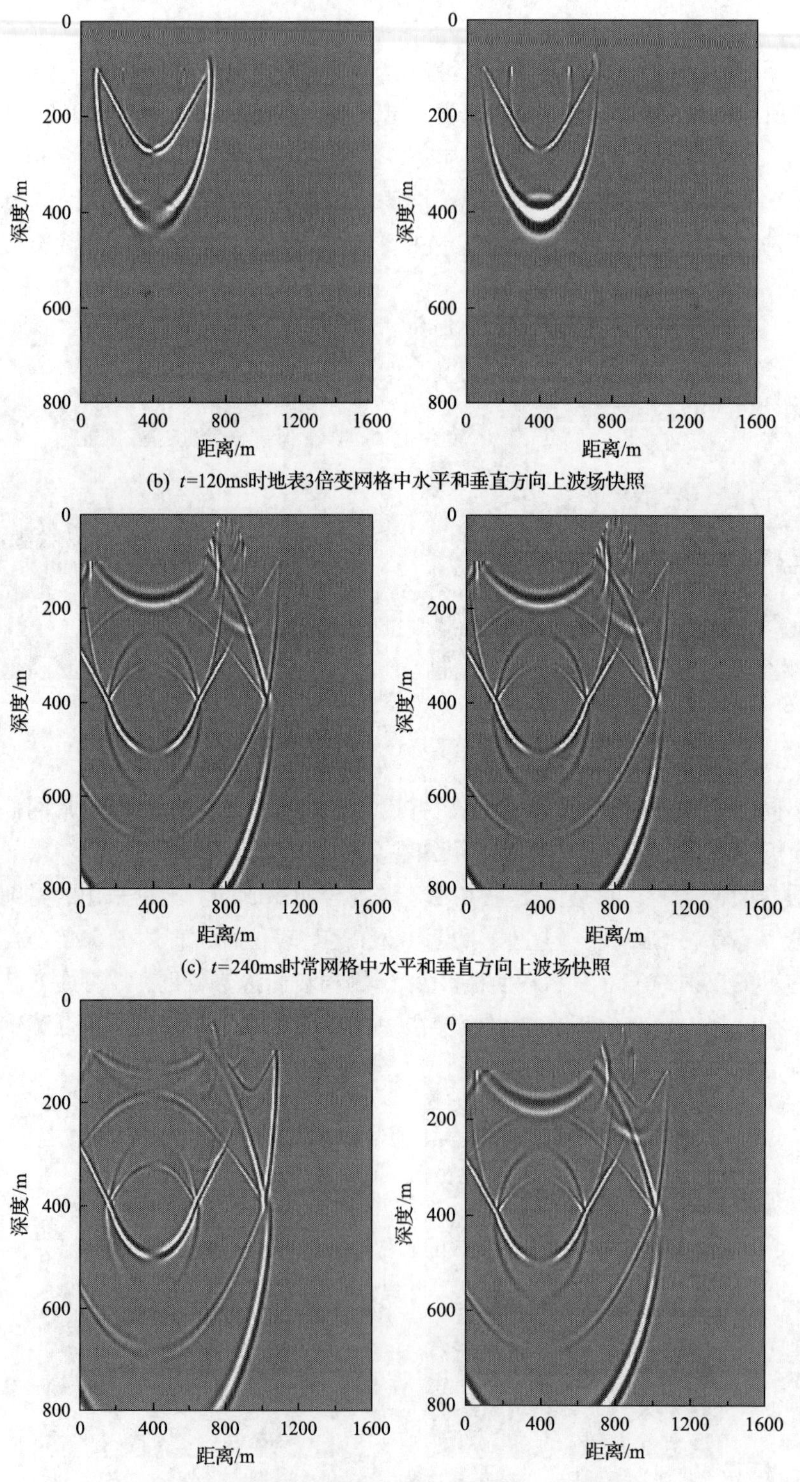

(b) t=120ms时地表3倍变网格中水平和垂直方向上波场快照

(c) t=240ms时常网格中水平和垂直方向上波场快照

(d) t=240ms时地表3倍变网格中水平和垂直方向上波场快照

图 6-5　不同时刻的波场快照对比

波(SCP)和散射横波(SCS)，在水平分层处的反射纵横波(R_2P、R_2S)，透射纵横波(TP、TPS)，及自由边界的二次反射纵波(R_3R_2P)。当采用常网格纵向上步长 2m 进行模拟时，在起伏地表处会产生图示的阶梯状“毛刺”，极大地影响了炮记录。如图 6-5(a)中所示，在凸起的地区会有离散“毛刺”产生，为了提高精度，可以采用全局加密网格即纵向步长 1m 采样，如图 6-5(b)所示，一定程度上压制了离散网格噪音，提高了信噪比，节省了计算时间和内存。

此处采用地表局部变网格，减小网格，如图 6-6(c)、(d)所示，随着地表网格加密倍数的增大，炮记录中的网格噪音越来越小。地表变化倍数由 3～5 变化时，同比精细网格剖分有明显优势，压制了网格频散，提高了计算效率。

图 6-7 为凹陷的炮记录对比图，由以上凸起和凹陷的炮记录对比可知：①凸起地表对应的反射同相轴向下凹陷，而凹陷地表使地层反射同相轴向上凸起；②凸起和凹陷的角点上的由 P 波和 Rg 面波形成的散射波及面波都会对其地震记录产生影响；③凸起和凹陷产生的绕射二次源形成了明显的规则干扰同相轴，易造成构造假象。

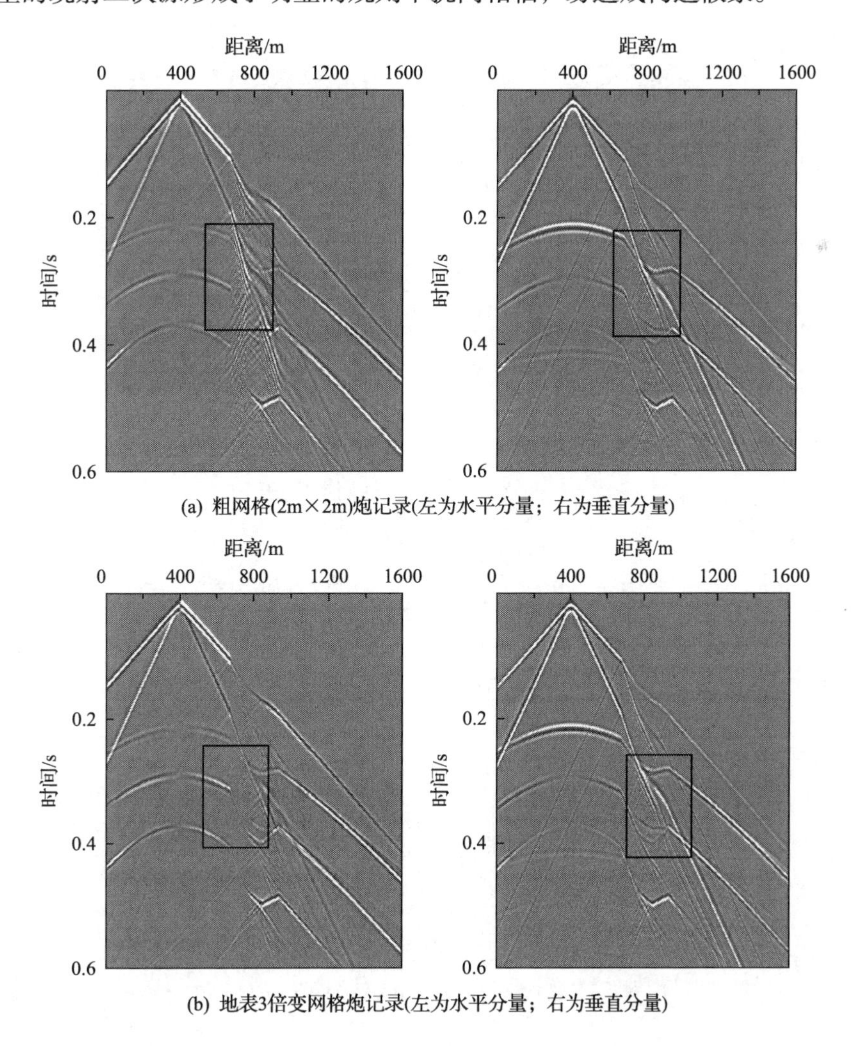

(a) 粗网格(2m×2m)炮记录(左为水平分量；右为垂直分量)

(b) 地表3倍变网格炮记录(左为水平分量；右为垂直分量)

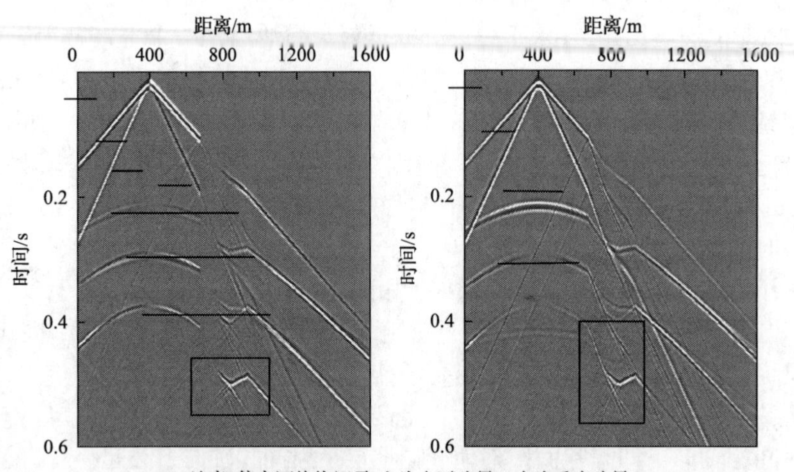

(c) 地表5倍变网格炮记录(左为水平分量；右为垂直分量)

图 6-6 凸起模型对应的炮记录对比

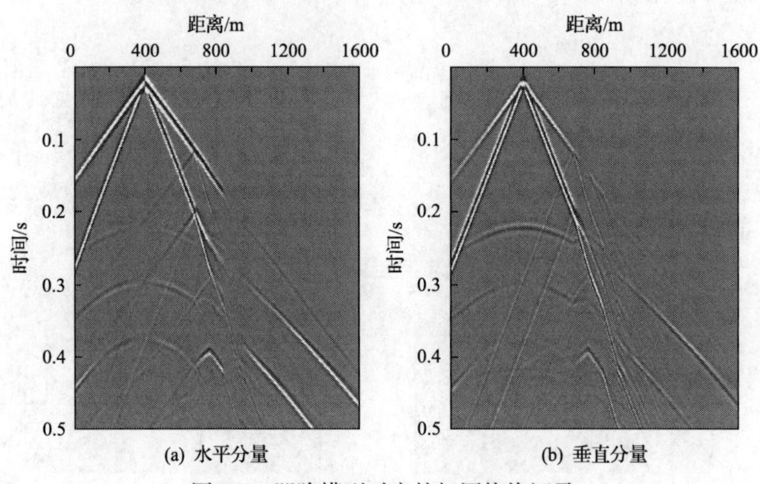

(a) 水平分量 (b) 垂直分量

图 6-7 凹陷模型对应的细网格炮记录

6.2 坐标变换法弹性波起伏地表正演

6.2.1 曲坐标系下速度–应力弹性波波动方程

网格是由描述物理模型直角坐标系下 $(x\text{-}z)$ 的曲网格变换为正演计算用的曲坐标系下 $(\xi\text{-}\eta)$ 的正交网格，如图 6-8 所示。采用的变换方程式也是映射函数如下：

$$
\begin{aligned}
x(\xi,\eta) &= \xi \\
z(\xi,\eta) &= \frac{\eta}{\eta_{\max}} z_0(\xi)
\end{aligned}
\tag{6-11}
$$

式中，$z_0(\xi)$ 为地表高程函数，该高程以最深层深度为零，z 轴向上；$\eta_{\max}$ 为正交网格纵

轴最大值，同样零深度在下，$\eta_{\max}$ 的确定由稳定性条件 $\dfrac{z_0(\xi)}{\eta_{\max}} > \max\left(1,\left\|\dfrac{\mathrm{d}z_0(\xi)}{\mathrm{d}\xi}\right\|\right) > 1$ 来确定。用变量的链锁法则表达偏导数，将其变换到矩形网格中。曲网格形状设置成随深度呈线性延迟变化，直到最大深度为水平面。这里要注意的映射条件是单调光滑。

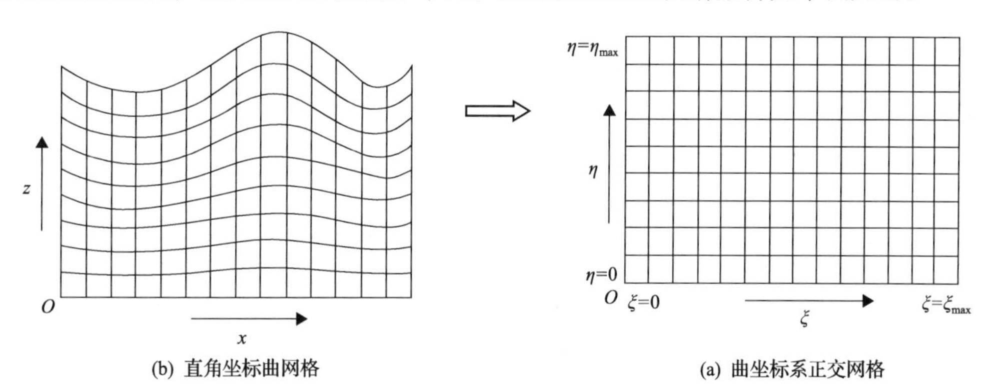

(b) 直角坐标曲网格　　(a) 曲坐标系正交网格

图 6-8　坐标变换——网格变换图

由链式法则及变换关系得

$$
\begin{gathered}
\frac{\partial \xi}{\partial x}=1, \frac{\partial \xi}{\partial z}=0 \\
A(\xi,\eta)\equiv\frac{\partial \eta}{\partial x}=-\frac{\eta}{z_0(\xi)}\frac{z_0(\xi)}{\partial \xi} \\
B(\xi)\equiv\frac{\partial \eta}{\partial z}=\frac{\eta_{\max}}{z_0(\xi)}
\end{gathered}
\tag{6-12}
$$

于是用松弛定理得到计算网格(ξ,η)下一阶速度-应力方程：

$$
\begin{gathered}
\rho\frac{\partial v_x}{\partial t}=\frac{\partial \tau_{xx}}{\partial \xi}+A(\xi,\eta)\frac{\partial \tau_{xx}}{\partial \eta}+B(\xi)\frac{\partial \tau_{xz}}{\partial \eta} \\
\rho\frac{\partial v_z}{\partial t}=\frac{\partial \tau_{xz}}{\partial \xi}+A(\xi,\eta)\frac{\partial \tau_{xz}}{\partial \eta}+B(\xi)\frac{\partial \tau_{zz}}{\partial \eta} \\
\frac{\partial \tau_{xx}}{\partial t}=(\lambda+2\mu)\left[\frac{\partial v_x}{\partial \xi}+A(\xi,\eta)\frac{\partial v_x}{\partial \eta}\right]+\lambda B(\xi)\frac{\partial v_z}{\partial \eta} \\
\frac{\partial \tau_{zz}}{\partial t}=\lambda\left[\frac{\partial v_x}{\partial \xi}+A(\xi,\eta)\frac{\partial v_x}{\partial \eta}\right]+(\lambda+2\mu)B(\xi)\frac{\partial v_z}{\partial \eta} \\
\frac{\partial \tau_{xz}}{\partial t}=\mu\left[\frac{\partial v_z}{\partial \xi}+A(\xi,\eta)\frac{\partial v_z}{\partial \eta}+B(\xi)\frac{\partial v_x}{\partial \eta}\right]
\end{gathered}
\tag{6-13}
$$

需要注意的是，本书曲网格点上的参数值是通过对速度等实际模型进行插值得到的；网格的变换只是在垂向上的拉伸(或压缩)，变换前后采样点并没有变；曲网格各点的波场值与正交网格各点的波场值是一一对应的。

6.2.2　曲坐标系自由边界条件

本书采用处理地表灵活且稳定性好的坐标变换自由边界条件，推导如下：

在任何自由地表的边界条件满足法向应力为零：

$$T \equiv \tau \cdot \boldsymbol{n} = 0 \tag{6-14}$$

在笛卡儿坐标系下：

$$\boldsymbol{\sigma}_{ij}\boldsymbol{n}_j = 0 \tag{6-15}$$

即应力张量与局部法向分量的乘积为零，i,j=1,2，在二维下，

$$\boldsymbol{n} = \left(-\frac{\partial z_0(\xi)}{\partial \xi}, 1\right)^{\mathrm{T}} = (-\tan\phi, 1)^{\mathrm{T}} \tag{6-16}$$

式中，ϕ 为局部地表倾角，用分量表示：

$$\begin{aligned} -\sigma_{xx}\tan\phi + \sigma_{xz} &= 0 \\ -\sigma_{xz}\tan\phi + \sigma_{zz} &= 0 \end{aligned} \tag{6-17}$$

对时间进行微分，

$$\begin{aligned} -\frac{\partial \sigma_{xx}}{\partial t}\tan\phi + \frac{\partial \sigma_{xz}}{\partial t} &= 0 \\ -\frac{\partial \sigma_{xz}}{\partial t}\tan\phi + \frac{\partial \sigma_{zz}}{\partial t} &= 0 \end{aligned} \tag{6-18}$$

用式(6-12)来代替式(6-18)中对时间的微分项，从式(6-12)可以得到在介质地表 $A(\xi,\eta) = -B(\xi)\tan\phi$，由此得到矩形网格下自由边界条件变为

$$\begin{aligned} &\left\{\left[\frac{\partial z_0(\xi)}{\partial \xi}\right]^2(\lambda+2\mu)+\mu\right\}B(\xi)\frac{\partial v_x}{\partial \eta} - (\lambda+\mu)B(\xi)\frac{\partial z_0(\xi)}{\partial \xi}\frac{\partial v_z}{\partial \eta} \\ &= \frac{\partial z_0(\xi)}{\partial \xi}(\lambda+2\mu)\frac{\partial v_x}{\partial \xi} - \mu\frac{\partial v_z}{\partial \xi} \\ &-(\lambda+\mu)\frac{\partial z_0(\xi)}{\partial \xi}B(\xi)\frac{\partial v_x}{\partial \eta} + \left\{(\lambda+2\mu)+\mu\left[\frac{\partial z_0(\xi)}{\partial \xi}\right]^2\right\}B(\xi)\frac{\partial v_z}{\partial \eta} \\ &= -\lambda\frac{\partial v_x}{\partial \xi} + \mu\frac{\partial z_0(\xi)}{\partial \xi}\frac{\partial v_z}{\partial \xi} \end{aligned} \tag{6-19}$$

边界条件式(6-19)等价于 Hestholm 和 Ruud(2000)提出的起伏边界条件：

$$
\begin{aligned}
&\left\{1+\left[\frac{\partial z_0(\xi)}{\partial \xi}\right]^2\right\}B(\xi)\frac{\partial v_x}{\partial \eta}+\frac{\partial z_0(\xi)}{\partial \xi}\left\{1+\left[\frac{\partial z_0(\xi)}{\partial \xi}\right]^2\right\}B(\xi)\frac{\partial v_z}{\partial \eta} \\
&=2\frac{\partial z_0(\xi)}{\partial \xi}\frac{\partial v_x}{\partial \xi}+\left\{\left[\frac{\partial z_0(\xi)}{\partial \xi}\right]^2-1\right\}\frac{\partial v_z}{\partial \xi} \\
&\quad -\frac{\partial z_0(\xi)}{\partial \xi}\left\{1+\left[\frac{\partial z_0(\xi)}{\partial \xi}\right]^2\right\}B(\xi)\frac{\partial v_x}{\partial \eta}+\left\{1+\left[\frac{\partial z_0(\xi)}{\partial \xi}\right]^2\right\}B(\xi)\frac{\partial v_z}{\partial \eta} \\
&=-\left\{\frac{\lambda}{\lambda+2\mu}+\left[\frac{\partial z_0(\xi)}{\partial \xi}\right]^2\right\}\frac{\partial v_x}{\partial \xi}+\frac{\partial z_0(\xi)}{\partial \xi}\left\{1-\frac{\lambda}{\lambda+2\mu}\right\}\frac{\partial v_z}{\partial \xi}
\end{aligned} \tag{6-20}
$$

两种形式都是精确的自由边界条件，在地表的偏微分算子都一样，很明显不限于有限差分方法和其他离散化方法。两种情况都假定 $\mu \neq 0$ ，所以该条件不能准确用于声波情况。同时也不能用于垂直剖面，否则 $\tan\phi$ 趋于无穷大。在这些限制条件下，该方程用二阶有限差分离散时空间上绝对稳定。

通过采用高阶差分法可以提高计算精度，减少数值频散，也可减少地表地形的不规则性对体波和面波的散射。

边界条件可以写为

$$
\begin{bmatrix} \text{aa} & \text{ab} \\ \text{ba} & \text{bb} \end{bmatrix}\begin{bmatrix} \partial v_x / \partial \eta \\ \partial v_z / \partial \eta \end{bmatrix}=\begin{bmatrix} \text{ac} & \text{ad} \\ \text{bc} & \text{bd} \end{bmatrix}\begin{bmatrix} \partial v_x / \partial \xi \\ \partial v_z / \partial \xi \end{bmatrix} \tag{6-21}
$$

用二阶交错网格有限差分对式(6-21)离散：

$$
\begin{aligned}
&\begin{bmatrix} \text{aa} & \text{ab} \\ \text{ba} & \text{bb} \end{bmatrix}\frac{1}{\mathrm{d}\eta}\begin{Bmatrix} [v_x(i,j)-v_x(i,j+1)] \\ [v_z(i,j)-v_z(i,j+1)] \end{Bmatrix} \\
&=\begin{bmatrix} \text{ac} & \text{ad} \\ \text{bc} & \text{bd} \end{bmatrix}\frac{1}{\mathrm{d}\eta}\begin{Bmatrix} [v_x(i,j+1)-v_x(i-1,j+1)] \\ [v_z(i,j+1)-v_z(i-1,j+1)] \end{Bmatrix}
\end{aligned} \tag{6-22}
$$

式中，j 为起伏地表位置。$v_x(i,j+1)$ 、$v_z(i,j+1)$ 、$v_x(i-1,j+1)$ 、$v_z(i-1,j+1)$ 在前一刻时间由计算已知，由介质方程计算得到，解 $v_x(i,j)$ 、 $v_z(i,j)$ 的值就是求解速度偏微分方程的地表值：

$$
\text{aa} \equiv \left\{1+\left[\frac{\partial z_0(\xi)}{\partial \xi}\right]^2\right\}B(\xi)
$$

$$
\text{ab} \equiv \frac{\partial z_0(\xi)}{\partial \xi}\left\{1+\left[\frac{\partial z_0(\xi)}{\partial \xi}\right]^2\right\}B(\xi)
$$

$$
\begin{aligned}
&\mathrm{ac} \equiv 2\frac{\partial z_0(\xi)}{\partial \xi} \\
&\mathrm{ad} \equiv \left\{\left[\frac{\partial z_0(\xi)}{\partial \xi}\right]^2 - 1\right\} \\
&\mathrm{ba} \equiv -\frac{\partial z_0(\xi)}{\partial \xi}\left\{1+\left[\frac{\partial z_0(\xi)}{\partial \xi}\right]^2\right\}B(\xi) \\
&\mathrm{bb} \equiv \left\{1+\left[\frac{\partial z_0(\xi)}{\partial \xi}\right]^2\right\}B(\xi) \\
&\mathrm{bc} \equiv -\left\{\frac{\lambda}{\lambda+2\mu}+\left[\frac{\partial z_0(\xi)}{\partial \xi}\right]^2\right\} \\
&\mathrm{bd} \equiv \frac{\partial z_0(\xi)}{\partial \xi}\left\{1-\frac{\lambda}{\lambda+2\mu}\right\}
\end{aligned}
\tag{6-23}
$$

我们给出严密、准确的决定性方程：

$$
D = \mathrm{aa}\times\mathrm{bb} - \mathrm{ba}\times\mathrm{ab} = \left\{1+\left[\frac{\partial z_0(\xi)}{\partial \xi}\right]^2\right\}^3 B^2(\xi) > 0\forall\phi \tag{6-24}
$$

式中，ϕ为地表与水平方向的夹角；经证实 D 的最小值为$B^2(\xi)$。因此，式(6-22)绝对稳定。不管空间微分使用几阶有限差分，也不管是否使用伪谱法，瑞利表面波的数值频散误差都是一样的。因此，较小空间采样间隔会降低瑞利表面波数值频散，而与差分阶数无关。所以，考虑到成本效益，最好使用二阶有限差分。

6.2.3 模型试算

本书方法模拟水平模型效果很好，对起伏地表的模拟也很好，且处理地表灵活。为了验证效果，笔者建立起伏地表模型，该模型第一层纵波速度为 2000m/s，第二层为3000m/s，地表以上速度为零。地表高程函数为正弦函数。采样率是 400m×800m，采样间隔为 4m×4m，时间采样间隔为 0.25ms，采样点为 4001。采用中间放炮，炮点和检波点均位于地表。变换前后正弦速度模型如图 6-9 所示。

从炮记录(图 6-10)可以看出，炮记录剖面频散较小。对起伏地表模型进行模拟，若采用自由边界条件会产生能量强于直达 P 波的直达 S 波，原因是仅在近地表传播的面波能量很强，速度低于但接近直达 S 波速度，所以直达 S 波同相轴在整个炮记录剖面上是最突出的。除了直达 S 波，还可以看到地下反射界面产生的反射波到达地表产生的地表反射波，也就是常说的多次波，该波的存在影响地下反射界面的正确成像。

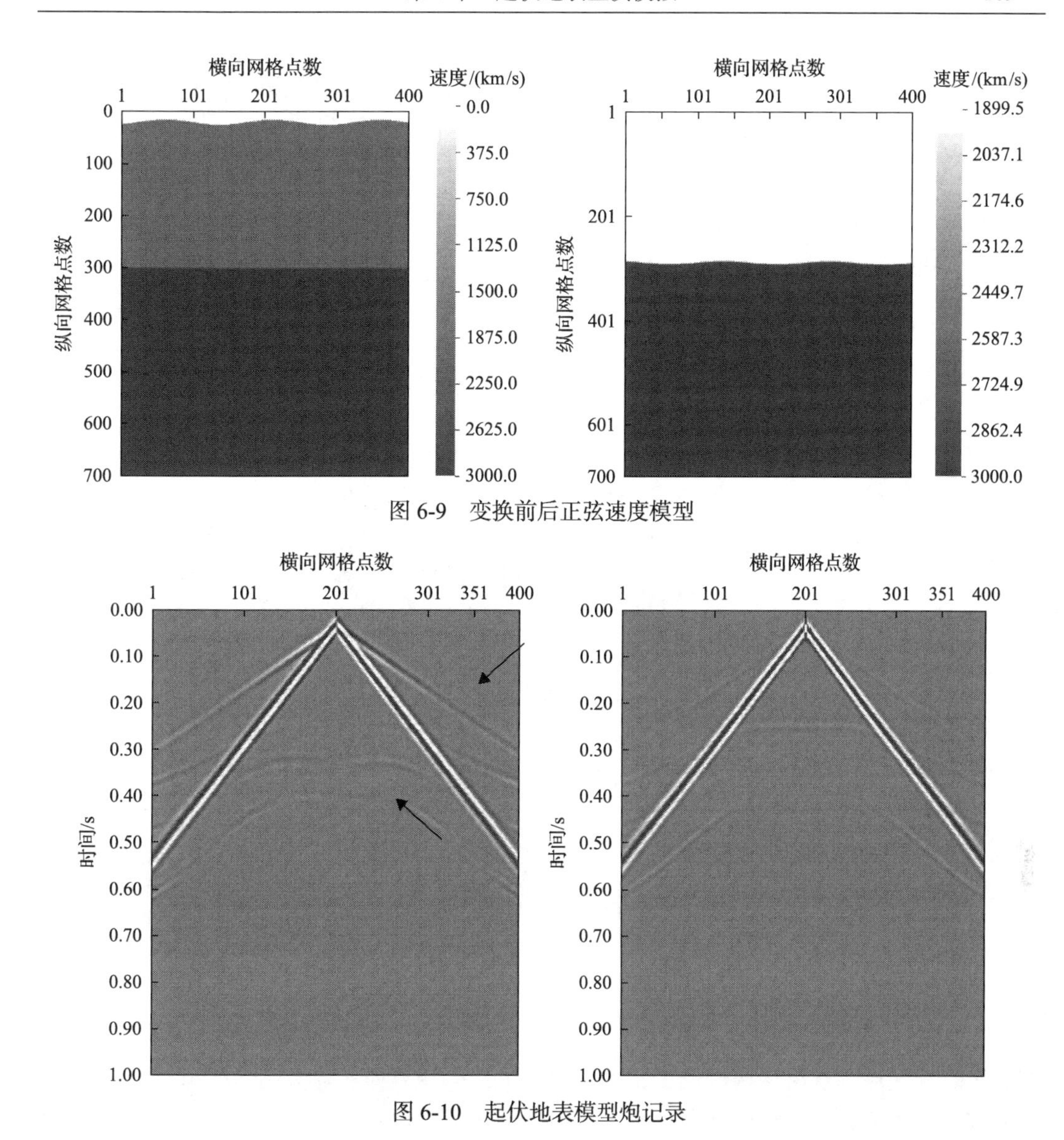

图 6-9　变换前后正弦速度模型

图 6-10　起伏地表模型炮记录

6.3　基于时空双变网格的起伏地表变坐标系正演模拟方法

6.3.1　原理

对物理空间曲网格的部分区域进行网格加密，也可以映射为对计算空间矩形网格进行网格加密，如图 6-11 所示。

通过上面的坐标变换，本书将曲网格加密的问题转换为对矩形网格进行加密的问题。图 6-12 中对加密区域和粗网格区域分别进行波场计算，对过渡区域网格点上，边界临近点无法用高阶差分算子计算，需要降阶处理。假设使用八阶差分算子进行正演模拟，那

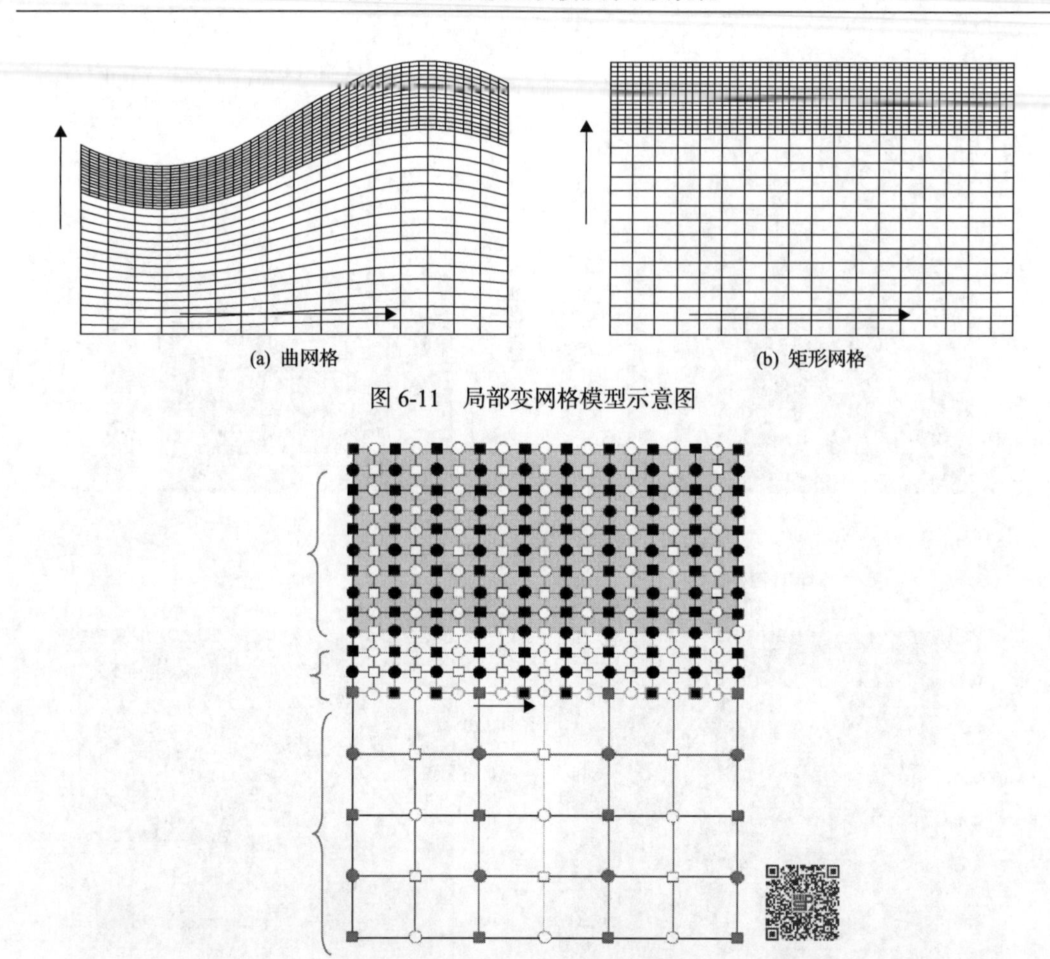

(a) 曲网格　　(b) 矩形网格

图 6-11　局部变网格模型示意图

图 6-12　空间变网格(扫码见彩图)

实心方块为正应力 τ_{xx}、τ_{zz}，空心方块为切应力 τ_{xz}，实心圆圈为质点速度 v_x，空心圆圈为质点速度 v_z，Ⅰ所示的区域为加密的区域，Ⅱ为过渡区域，Ⅲ为粗网格区域，箭头所示的区域为粗细网格的边界区域

么边界附近区域的点需要依次用二阶、四阶、六阶直至八阶精度差分算子来近似。本方法的变网格加密区域为矩形区域。对箭头所示区域中，红色网格点上的波场值由粗网格的波场值直接赋给，绿色区域的波场值需要通过插值公式进行计算，插值公式为

$$f = \frac{if_1 + (nk - i)f_2}{nk}, \quad i = 1, 2, 3, \cdots, nk \tag{6-25}$$

采用 Hayashi 等(2001)提出的九点加权(各点权值如图 6-13 所示)的方法进行粗细网格进行波场传递，将加密区域点上位于粗网格位置上的细网格波场值传递给粗网格。

如图 6-14 所示，B 区域对应的时间采样间隔是 A 区域时间采样间隔的 3 倍，并假设速度分量的初始时刻为 k–1/2，应力分量的初始时刻为 k。首先利用传统有限差分计算所有网格点 k–1/2 时刻的速度和 k 时刻的应力，然后判断地震波是否已经传到细网格区域。如果地震波尚未传入，则继续采用全局时间进行波场更替；若地震波已经传入细网格区域，则对细网格区域采用精细时间采样，对粗网格区域采用全局时间采样。

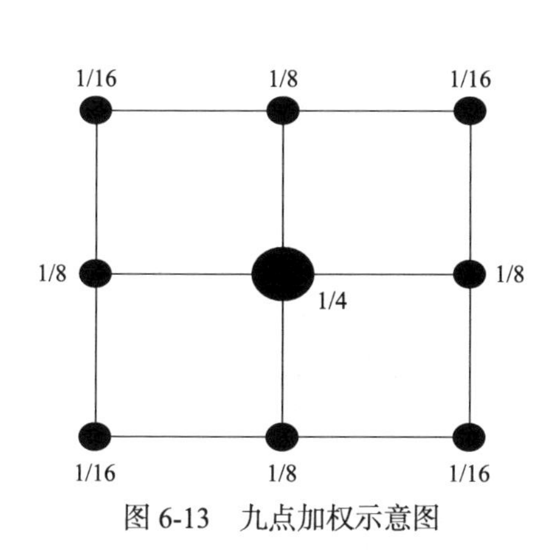

图 6-13　九点加权示意图

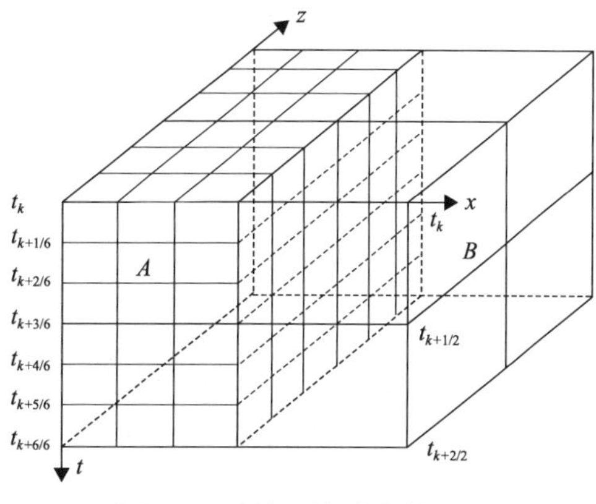

图 6-14　局部时间变化模型图

第一步，将 k–1/2 时刻粗细网格边界区域位于粗网格点上的速度值赋给细网格，将 k 时刻边界区域上位于粗网格上的应力值赋给细网格。

第二步，更新 k+1/6 时刻细网格区域内部的速度值，利用插值公式(6-25)，将 k–1/2 时刻与 k+1/2 时刻的速度值插值得到边界区域上 k+1/6 时刻的速度值。

第三步，更新 k+2/6 时刻细网格区域内部的应力值，将 k 时刻与 k+1 时刻的应力值插值得到边界区域上 k+2/6 时刻的应力值。

第四步，更新 k+3/6 时刻细网格区域内部的速度值，将 k+1/2 时刻粗细网格边界区域位于粗网格点上的速度值赋给细网格，并将 k+1/2 时刻细网格区域内部位于粗网格位置上细网格的速度值传递给粗网格。

第五步，用同样的方法更新 k+4/6 时刻的应力值、k+5/6 时刻的速度值和 k+6/6 时刻的应力值，并将 k+1 时刻细网格区域内部位于粗网格位置上的细网格的应力值传递给粗网格。

6.3.2　模型试算

1. 模型一：倾斜地表均匀模型

为了测试本书所提方法的正确性，首先对各向同性倾斜地表均匀介质模型进行试算。模型大小为 3600m×2400m，介质参数为 v_P=2500m/s，v_S=1443.4m/s，ρ=2.7g/cm^3。震源的主频为 25Hz，地表附近中间激发。横向采样点的个数为 600，纵向采样点的个数为 400。分别采用传统不变粗网格(网格间距为 6m,时间步长为 0.3ms)和本书提出的双变算法(对地表至地下 1200m 的区域进行网格加密，上半部分网格间距为 2m，时间步长为 0.1ms，下半部分网格间距为 6m，时间步长为 0.3ms)模拟地震波传播，地表采用自由边界条件。图 6-15 中从左至右依次为双变网格、传统不变网格的 540ms 波场快照和两种算法的差值。图中虚线表示自由地表的位置，实线表示粗细网格的边界。从图中能看出两种方法的差值很微小，在粗细网格的过渡区域没有产生明显的数值反射，计算它们水平分量的相对误差为 0.771%，垂直分量的相对误差为 0.563%。因为两种算法在差分阶数的边界效应、网格剖分及网格变换过程中引起的误差都是基本相同的，所以此误差主要是由粗细网格之间的插值误差引起。结果显示在引入变网格和变时间算法之后并没有带来明显的人为

散射，双变算法较为准确。

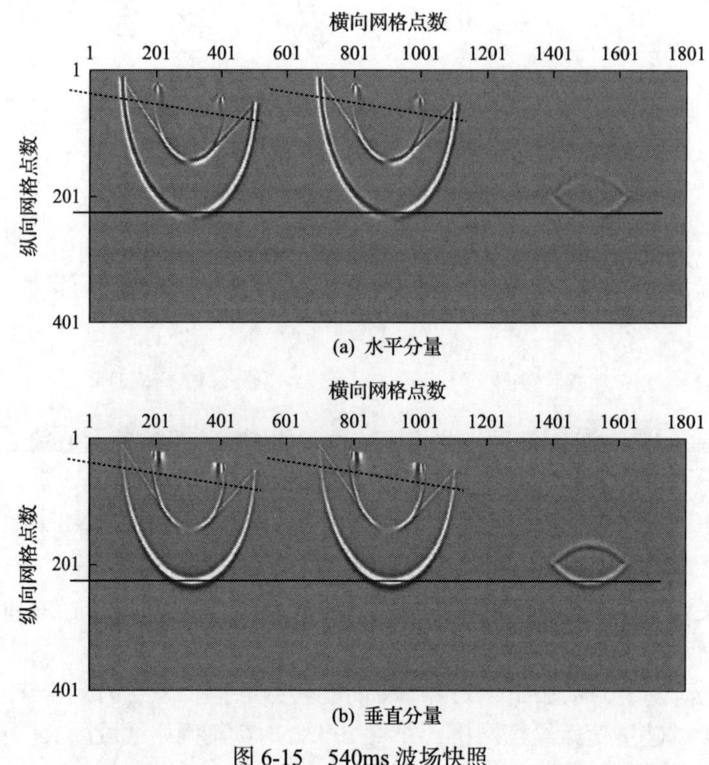

(a) 水平分量

(b) 垂直分量

图 6-15 540ms 波场快照

2. 模型二：两层平层模型

模型大小为 3000m×1200m，横向采样点数 n_x=500，纵向采样点数 n_z=200。第二层顶界面位于地表之下 180m 处。模型的介质参数如表 6-1 所示。

表 6-1 层状模型介质参数表

层	模型介质参数
上层	$v_P = 1500\text{m/s}, v_S = 866.1\text{m/s}, \rho = 1.7\text{g/cm}^3$
下层	$v_P = 2500\text{m/s}, v_S = 1443.4\text{m/s}, \rho = 2.7\text{g/cm}^3$

激发震源位于模型中部近地表的位置，激发子波主频为 25Hz，炮检距和道间距都为 6m，排列长度为 1500m。分别采用常规粗网格、常规细网格和地表进行加密的双变网格进行计算，图 6-16(a)、图 6-16(b)、图 6-16(c)分别为用三种方法生成的单炮记录，图 6-17(a)、图 6-17(b)、图 6-17(c)分别为三种方法 300ms 的波场快照。在粗网格单炮记录中箭头和波场快照中椭圆所示的区域，都可以看到严重的数值频散，而双变网格与细网格模拟结果差别很小，很好地压制了频散，说明采用双变网格算法没有降低正演模拟的精度；但与细网格相比，双变算法节省了 79.4%的时间(图 6-18)，计算效率提高约 5 倍。从模型试算的结果可以看出，本书提出的双变坐标变换法可以在保证波场模拟准确

的前提下，大大提高计算效率。

3. 模型三：起伏地表模型

模型大小为 3000m×1200m，横向采样点数 n_x=500，纵向采样点数 n_z=200。纵波震源的位置如图 6-19(a)所示，检波器位于地表，震源主频为 25Hz。表 6-2 为三种方法的网格间距与时间步长比较，表 6-3 为该模型的介质参数。由于坐标变换将地表变换为水

表 6-2　三种方法比较

模型试算方法	网格间距/m	时间步长/s
常规粗网格	固定网格间距 6×6	固定时间步长 0.6
常规细网格	固定网格间距 2×2	固定时间步长 0.2
双变网格	变网格间距，大网格 6×6，小网格 2×2	变时间步长，大时间步长 0.6，小时间步长 0.2

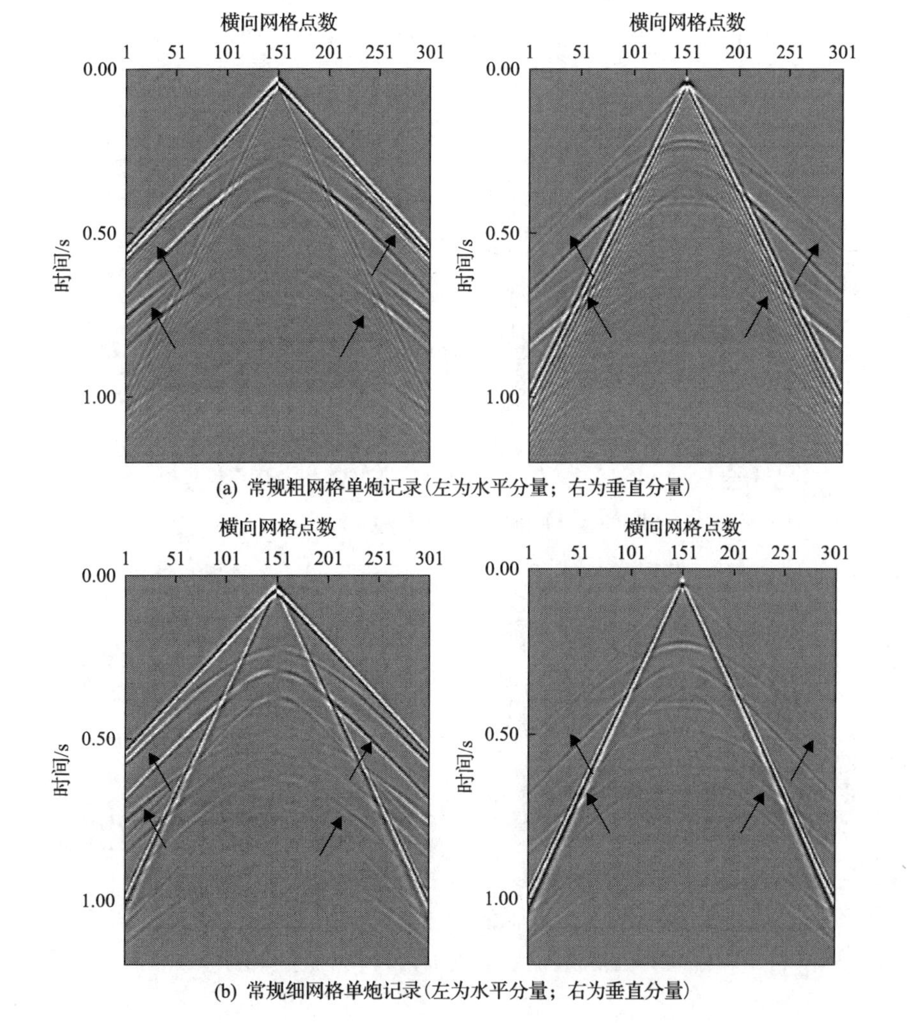

(a) 常规粗网格单炮记录(左为水平分量；右为垂直分量)

(b) 常规细网格单炮记录(左为水平分量；右为垂直分量)

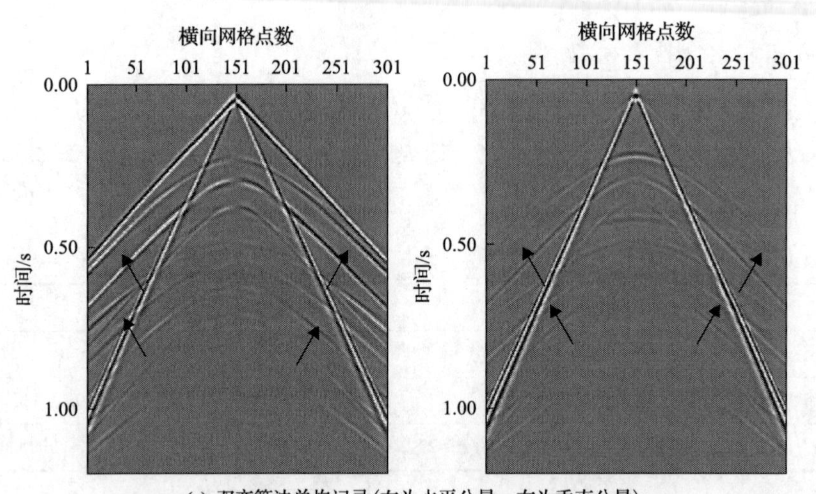

(c) 双变算法单炮记录(左为水平分量；右为垂直分量)

图 6-16　常规粗网格、常规细网格和双变算法单炮记录

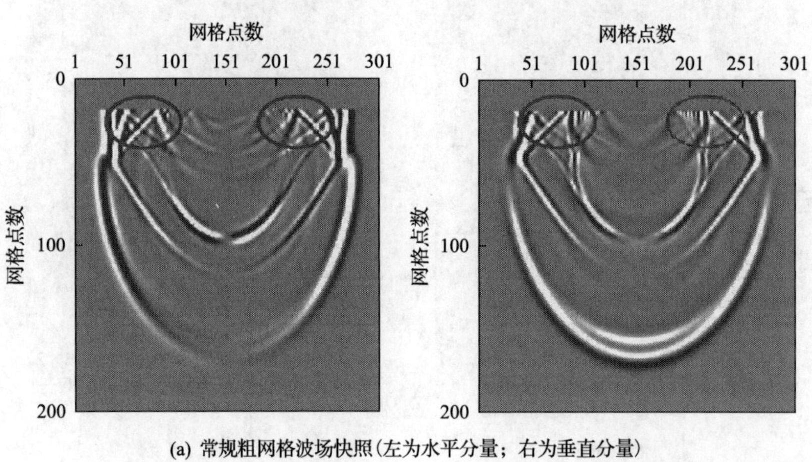

(a) 常规粗网格波场快照(左为水平分量；右为垂直分量)

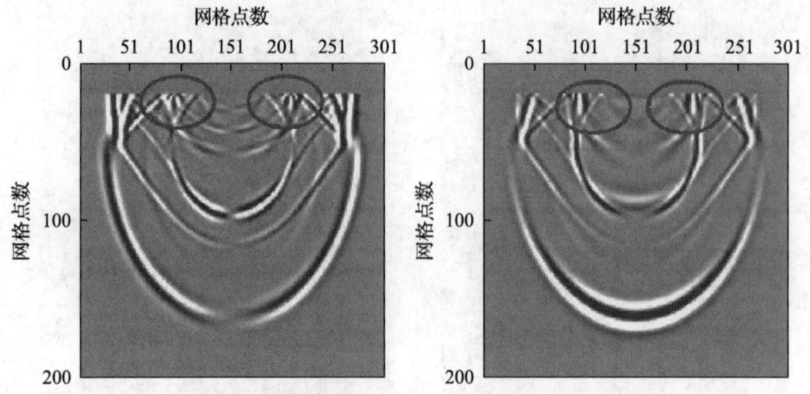

(b) 常规细网格波场快照(左为水平分量；右为垂直分量)

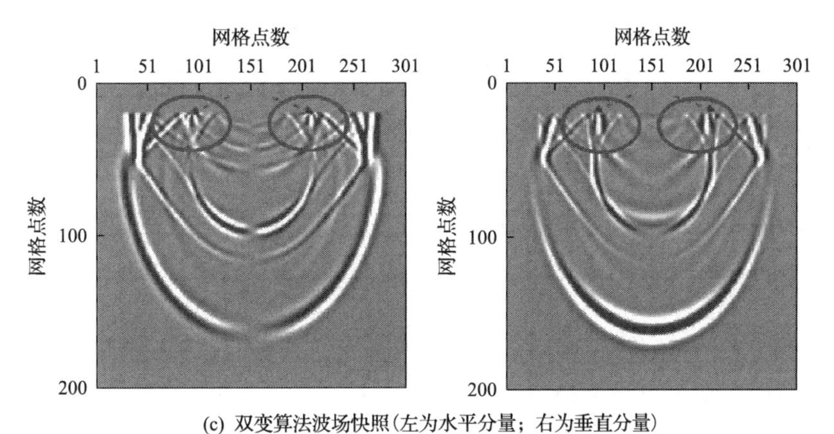

(c) 双变算法波场快照(左为水平分量；右为垂直分量)

图 6-17　常规粗网格、常规细网格和双变算法 300ms 波场快照

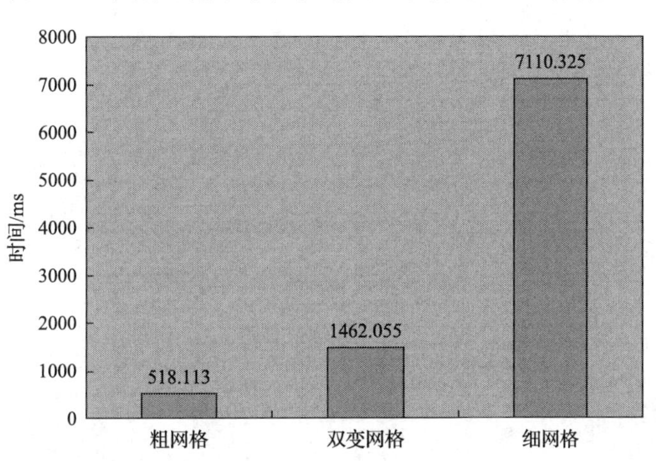

图 6-18　三种算法效率图

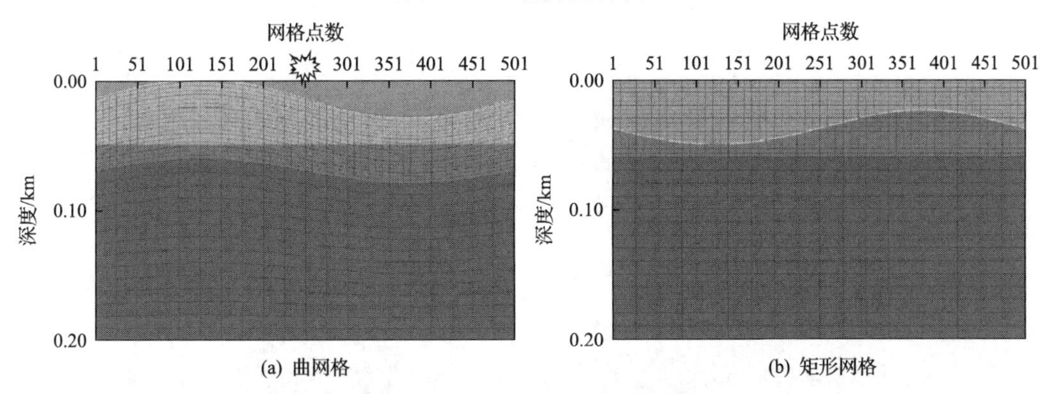

(a) 曲网格　　(b) 矩形网格

图 6-19　起伏地表模型示意图

表 6-3　起伏地表模型介质参数表

层	模型介质参数
上层	$v_P = 2000\text{m/s}$， $v_S = 1154.7\text{m/s}$， $\rho = 2.2\text{g/cm}^3$
下层	$v_P = 2500\text{m/s}$， $v_S = 1443.4\text{m/s}$， $\rho = 2.7\text{g/cm}^3$

平地表的同时，地下平层界面被相应地转换为起伏界面，模拟地震波传播过程中会产生阶梯状的“毛刺”，于是对地下界面处网格进行部分加密。图 6-19(a)为曲网格坐标系下模型的速度场及网格加密示意图；图 6-19(b)为坐标变换后的矩形网格坐标系下模型的速度场及网格加密分布，图中加密区域的网格间距为 2m，时间步长为 0.1ms，其他区域的网格间距为 6m，时间步长为 0.3ms。地表处为自由边界条件，分别采用网格间距固定为 6m、时间步长为 0.3ms 的常规交错网格算法和本书提出的双变网格算法进行试算，得到的单炮记录如图 6-20 所示。从图 6-20(a)常规网格炮记录和图 6-21(a)常规网格波场快照中箭头所示的位置可以清楚地看到由于阶梯状“毛刺”产生的散射，严重干扰反射信息，而图 6-20(b)双变算法炮记录和图 6-21(b)双变算法波场快照中散射噪音较弱，炮记录信噪比较高。

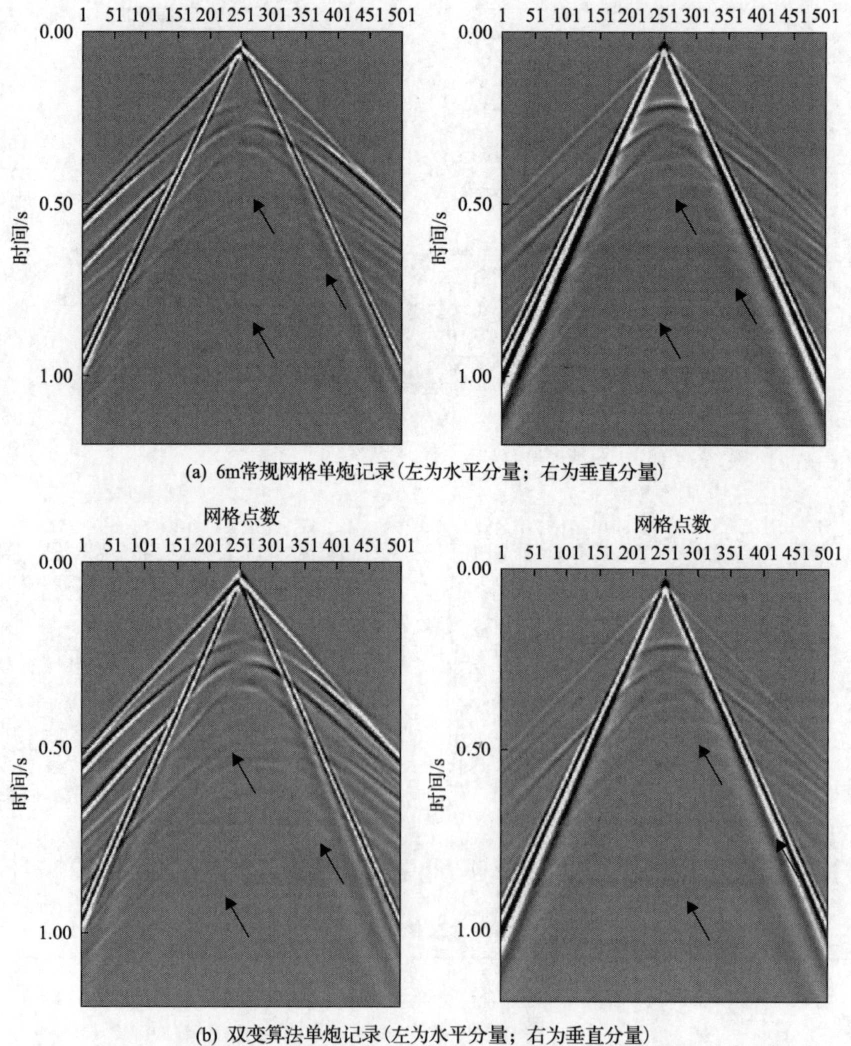

图 6-20　起伏地表模型常规网格和双变算法产生的炮记录

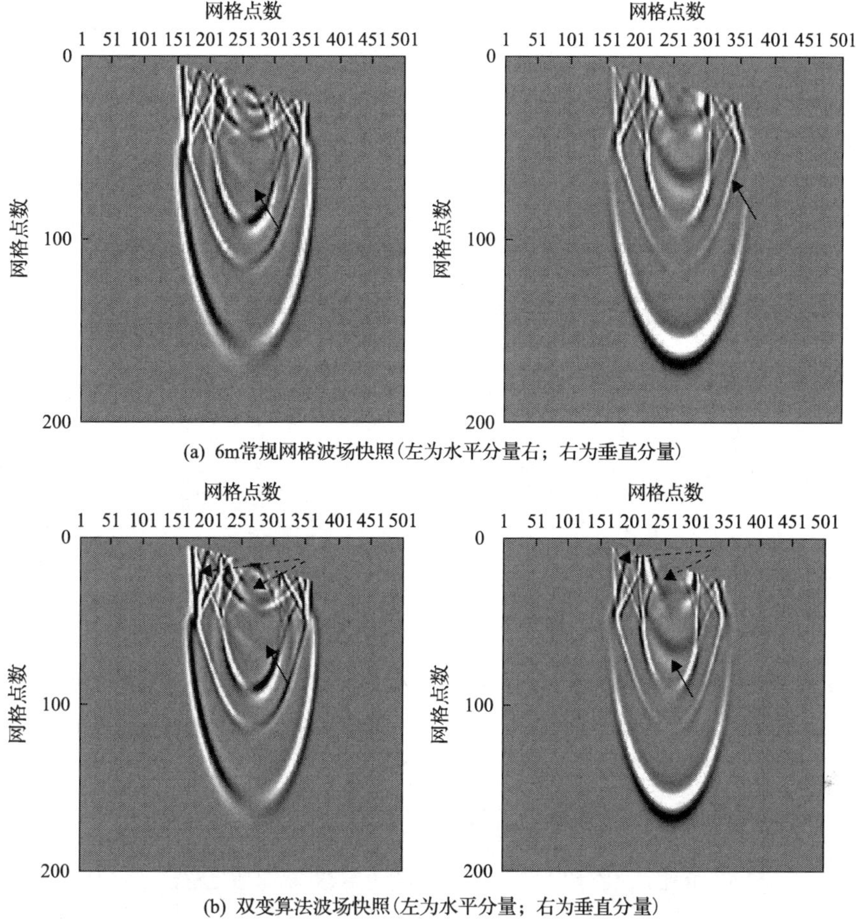

图 6-21　起伏地表模型常规网格和双变算法产生的 300ms 波场快照

6.4　分层坐标变换弹性波正演模拟方法

6.4.1　原理

传统坐标变换法将描述物理域直角坐标系下(x,z)的曲网格映射为计算域曲坐标系下(ξ,η)的正交网格。但此方法在将起伏地表变为水平地表的同时，会破坏原有的地下构造，对模拟和成像的结果造成一定的影响。本书提出的分层坐标变换法在传统坐标变换法的基础上进行改进，分别将每一层在物理域离散为曲网格，并将每一个起伏界面映射为水平界面(图 6-22)。分层坐标变换法所采用的映射函数为

$$
\begin{aligned}
x(\xi,\eta) &= \xi \\
z(\xi,\eta) &= \frac{z_{i-1}(\xi)-z_i(\xi)}{\eta_{i-1}(\xi)-\eta_i(\xi)}(\eta-\eta_i)+z_i(\xi)
\end{aligned}
\tag{6-26}
$$

式中，$z_{i-1}(\xi)$和$z_i(\xi)$分别为第i层的顶底界面的高程函数；定义最深层的深度为零，z轴

向上；$\eta_{i-1}(\xi)$和$\eta_i(\xi)$为对应的计算域第 i 层顶底界面的高程(以网格点数表征)；$\eta_{\max}$是正交网格纵轴最大值。此方法的稳定性条件为

$$\frac{z_{i-1}(\xi)-z_i(\xi)}{\eta_{i-1}(\xi)-\eta_i(\xi)}>1 \tag{6-27}$$

当i=1，$z_0(\xi)$=0，$z_1(\xi)$=0时，式(6-26)和式(6-27)变为传统坐标变换方法。

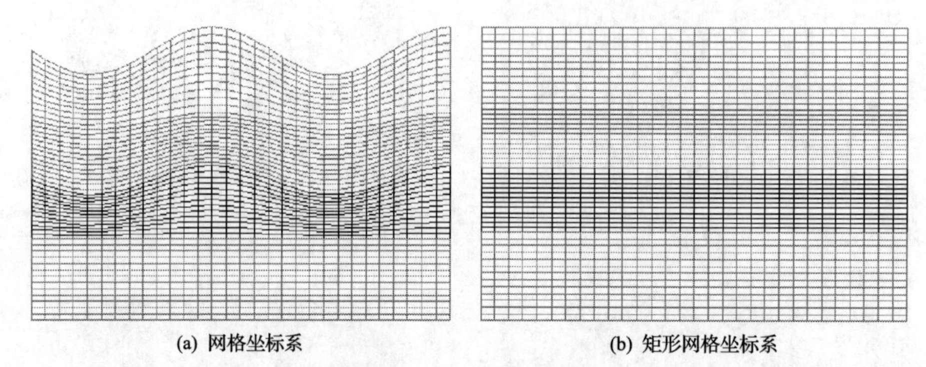

(a) 网格坐标系　　(b) 矩形网格坐标系

图 6-22　网格剖分示意图

曲网格上的参数值由实际模型插值得到。坐标变换仅仅是垂向上的拉伸或者压缩，采样点在坐标变换前后不发生变化。换句话说，曲网格上的波场值与矩形网格上的波场值是一一对应的。

当曲网格被映射为矩形网格时，已知一阶速度应力弹性波方程为

$$\begin{aligned}
&\rho\frac{\partial v_x}{\partial t}=\frac{\partial \xi}{\partial x}\frac{\partial \tau_{xx}}{\partial \xi}+\frac{\partial \eta}{\partial x}\frac{\partial \tau_{xx}}{\partial \eta}+\frac{\partial \xi}{\partial z}\frac{\partial \tau_{xz}}{\partial \xi}+\frac{\partial \eta}{\partial z}\frac{\partial \tau_{xz}}{\partial \eta}\\
&\rho\frac{\partial v_z}{\partial t}=\frac{\partial \xi}{\partial x}\frac{\partial \tau_{xz}}{\partial \xi}+\frac{\partial \eta}{\partial x}\frac{\partial \tau_{xz}}{\partial \eta}+\frac{\partial \xi}{\partial z}\frac{\partial \tau_{zz}}{\partial \xi}+\frac{\partial \eta}{\partial z}\frac{\partial \tau_{zz}}{\partial \eta}\\
&\frac{\partial \tau_{xx}}{\partial t}=(\lambda+2\mu)\left(\frac{\partial \xi}{\partial x}\frac{\partial v_x}{\partial \xi}+\frac{\partial \eta}{\partial x}\frac{\partial v_x}{\partial \eta}\right)+\lambda\left(\frac{\partial \xi}{\partial z}\frac{\partial v_z}{\partial \xi}+\frac{\partial \eta}{\partial z}\frac{\partial v_z}{\partial \eta}\right)\\
&\frac{\partial \tau_{zz}}{\partial t}=\lambda\left(\frac{\partial \xi}{\partial x}\frac{\partial v_x}{\partial \xi}+\frac{\partial \eta}{\partial x}\frac{\partial v_x}{\partial \eta}\right)+(\lambda+2\mu)\left(\frac{\partial \xi}{\partial z}\frac{\partial v_z}{\partial \xi}+\frac{\partial \eta}{\partial z}\frac{\partial v_z}{\partial \eta}\right)\\
&\frac{\partial \tau_{xz}}{\partial t}=\mu\left(\frac{\partial \xi}{\partial x}\frac{\partial v_z}{\partial \xi}+\frac{\partial \eta}{\partial x}\frac{\partial v_z}{\partial \eta}+\frac{\partial \xi}{\partial z}\frac{\partial v_x}{\partial \xi}+\frac{\partial \eta}{\partial z}\frac{\partial v_x}{\partial \eta}\right)
\end{aligned} \tag{6-28}$$

由映射方程(6-26)，可以很容易得到：

$$\begin{aligned}
&\frac{\partial \xi}{\partial x}=1\\
&\frac{\partial \xi}{\partial z}=0\\
&\frac{\partial \eta}{\partial z}=\frac{\eta_{i-1}-\eta_i}{z_{i-1}(\xi)-z_i(\xi)}
\end{aligned} \tag{6-29}$$

下面详细推导$\partial\eta/\partial x$：

$$
\begin{aligned}
\frac{\partial\eta}{\partial x}&=\frac{\partial\eta}{\partial\xi}\frac{\partial\xi}{\partial x}=\frac{\partial\eta}{\partial\xi}=\frac{\eta_{i-1}-\eta_i}{z_{i-1}(\xi)-z_i(\xi)}\frac{\partial z(\xi)}{\partial\xi}\\
&=\frac{\eta_{i-1}-\eta_i}{z_{i-1}(\xi)-z_i(\xi)}\frac{\partial[z(\xi)-z_i(\xi)]}{\partial\xi}+\frac{\eta_{i-1}-\eta_i}{z_{i-1}(\xi)-z_i(\xi)}\frac{\partial z_i(\xi)}{\partial\xi}\\
&=\frac{\eta-\eta_i}{z_{i-1}(\xi)-z_i(\xi)}\frac{\partial[z_{i-1}(\xi)-z_i(\xi)]}{\partial\xi}+\frac{\eta_{i-1}-\eta_i}{z_{i-1}(\xi)-z_i(\xi)}\frac{\partial z_i(\xi)}{\partial\xi}\\
&=\frac{\eta_{i-1}-\eta}{z_{i-1}(\xi)-z_i(\xi)}\frac{\partial z_i(\xi)}{\partial\xi}+\frac{\eta-\eta_i}{z_{i-1}(\xi)-z_i(\xi)}\frac{\partial z_{i-1}(\xi)}{\partial\xi}
\end{aligned}
\tag{6-30}
$$

弹性波逆时偏移正向和反向波场计算过程中，需要对震源波场和检波波场进行分离，因此研究弹性波波场分离非常有必要。本书推导得到分层坐标变换法计算域曲坐标系下的分离后的二维波场表达式为

$$
\begin{aligned}
U_{\mathrm{P}}=&\frac{\partial v_x}{\partial\xi}+\frac{\partial v_z}{\partial\eta}\frac{\eta_{i-1}-\eta_i}{z_{i-1}(\xi)-z_i(\xi)}+\frac{\partial v_x}{\partial\eta}\left[\frac{\eta_{i-1}-\eta}{z_{i-1}(\xi)-z_i(\xi)}\frac{\partial z_i(\xi)}{\partial\xi}\right.\\
&\left.+\frac{\eta-\eta_i}{z_{i-1}(\xi)-z_i(\xi)}\frac{\partial z_{i-1}(\xi)}{\partial\xi}\right]
\end{aligned}
\tag{6-31}
$$

$$
\begin{aligned}
U_{\mathrm{S}}=&\frac{\partial v_x}{\partial\eta}\frac{\eta_{i-1}-\eta_i}{z_{i-1}(\xi)-z_i(\xi)}-\frac{\partial v_z}{\partial\xi}-\frac{\partial v_z}{\partial\eta}\left[\frac{\eta_{i-1}-\eta}{z_{i-1}(\xi)-z_i(\xi)}\frac{\partial z_i(\xi)}{\partial\xi}\right.\\
&\left.+\frac{\eta-\eta_i}{z_{i-1}(\xi)-z_i(\xi)}\frac{\partial z_{i-1}(\xi)}{\partial\xi}\right]
\end{aligned}
\tag{6-32}
$$

在自由地表处，坐标变换波场分离的离散表达式如下所示：

$$
\begin{aligned}
\frac{\partial v_x(i,1)}{\partial\xi}&=\sum_{m=1}^{N}\frac{c_m[v_x(i+m,1)-v_x(i+m-1,1)]}{\mathrm{d}\xi}\\
\frac{\partial v_z(i,1)}{\partial\eta}&=\frac{A[v_x(i,2)-v_x(i-1,2)]+B[v_z(i,2)-v_z(i-1,2)]}{\mathrm{d}\xi}\\
\frac{\partial v_x(i,1)}{\partial\eta}&=\frac{C[v_x(i,2)-v_x(i-1,2)]+D[v_z(i,2)-v_z(i-1,2)]}{\mathrm{d}\eta}\\
\frac{\partial v_z(i,1)}{\partial\xi}&=\sum_{m=1}^{N}\frac{c_m[v_z(i+m,1)-v_z(i+m-1,1)]}{\mathrm{d}\eta}
\end{aligned}
\tag{6-33}
$$

式中，

$$
\begin{aligned}
A &= \frac{\mathrm{ba} \times \mathrm{ac} - \mathrm{aa} \times \mathrm{bc}}{\mathrm{ba} \times \mathrm{ab} - \mathrm{aa} \times \mathrm{bb}} \\
B &= \frac{\mathrm{ba} \times \mathrm{ad} - \mathrm{aa} \times \mathrm{bd}}{\mathrm{ba} \times \mathrm{ab} - \mathrm{aa} \times \mathrm{bb}} \\
C &= \frac{\mathrm{bb} \times \mathrm{ac} - \mathrm{ab} \times \mathrm{bc}}{\mathrm{bb} \times \mathrm{aa} - \mathrm{ab} \times \mathrm{ba}} \\
D &= \frac{\mathrm{bb} \times \mathrm{ad} - \mathrm{ab} \times \mathrm{bd}}{\mathrm{bb} \times \mathrm{aa} - \mathrm{ab} \times \mathrm{ba}}
\end{aligned}
\tag{6-34}
$$

6.4.2　模型试算

首先对图 6-23 所示的起伏地表层状模型进行试算。图 6-23(a)为物理域起伏地表模型速度场，速度场的大小为 4350m×2840m，起伏地表以上的速度为 0，从上至下各层的纵波速度分别为 2000m/s、3000m/s、3500m/s、4000m/s，纵横波速度比约为 1.732。横向采样点 n_x=870，纵向采样点数 n_z=568，网格间距为 5m×5m，震源地表附近中点激发，震源主频为 25Hz，检波器位于地表，道间距为 10m。时间采样步长为 0.2ms，总记录时

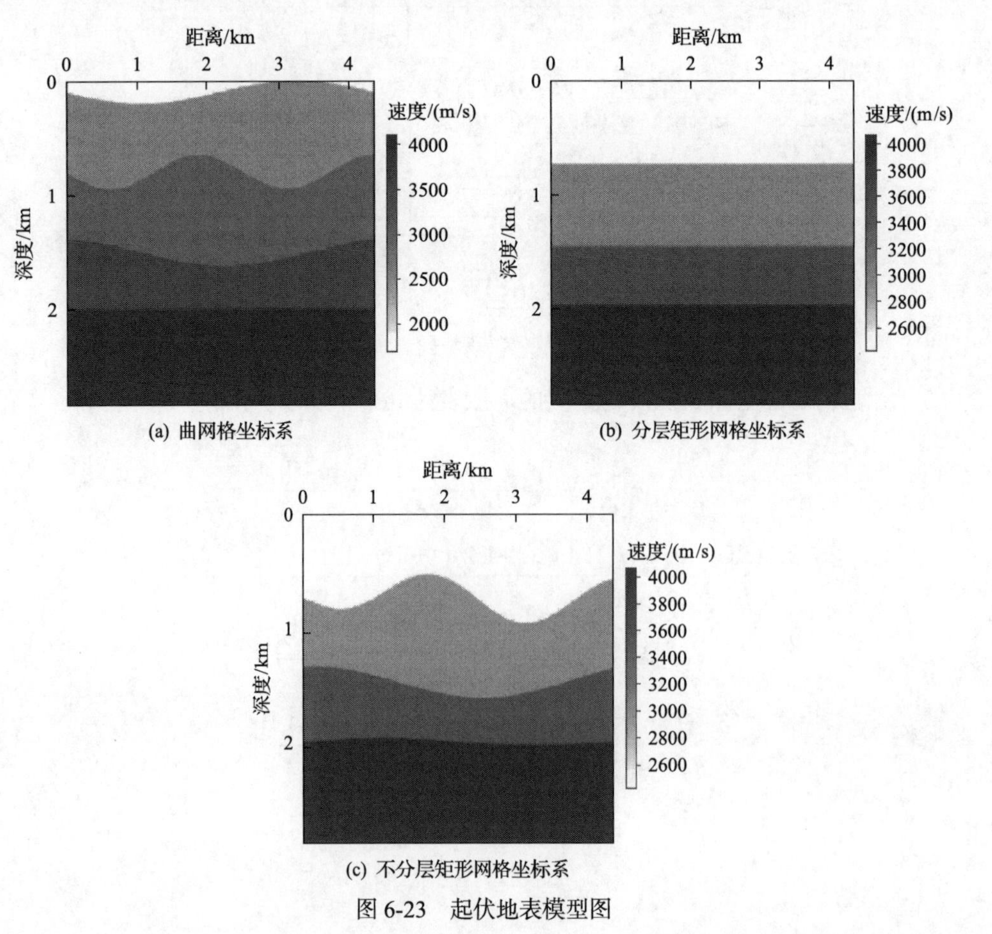

(a) 曲网格坐标系　　(b) 分层矩形网格坐标系

(c) 不分层矩形网格坐标系

图 6-23　起伏地表模型图

间为 1.5s。图 6-23(b)为采用本书提出的分层坐标变化法得到的坐标变换之后的速度场，网格离散及坐标变换示意图如图 6-24 所示。图 6-23(c)为采用传统坐标变换法对原速度场的参数进行插值计算得到坐标变换后的速度场，网格离散及坐标变换示意图如图 6-25 所示。对比图 6-24 和图 6-25 可以看出：传统坐标变换虽然可以将起伏地表映射为水平地表，但地下构造也被破坏，影响了网格离散的精度；而本书提出的分层坐标变换法通过将起伏地表和地层分别映射为水平界面，很好地适应了有限差分矩形网格剖分的特点。

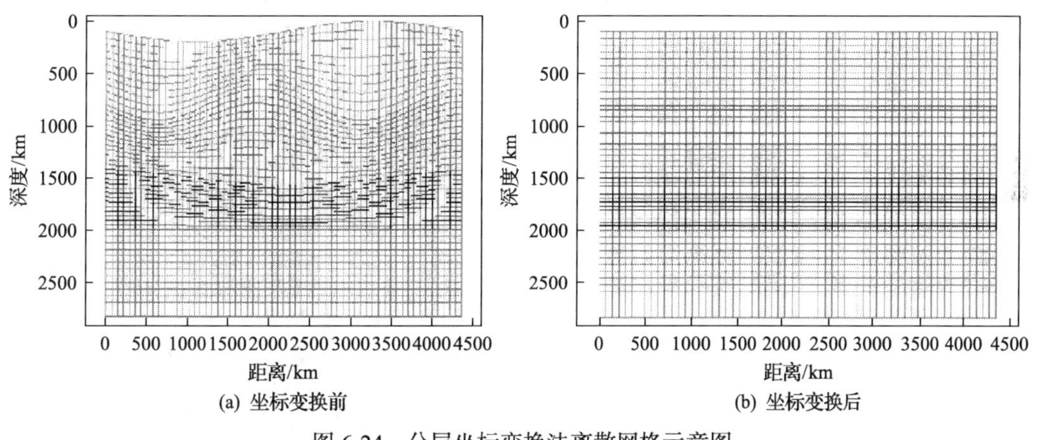

图 6-24　分层坐标变换法离散网格示意图

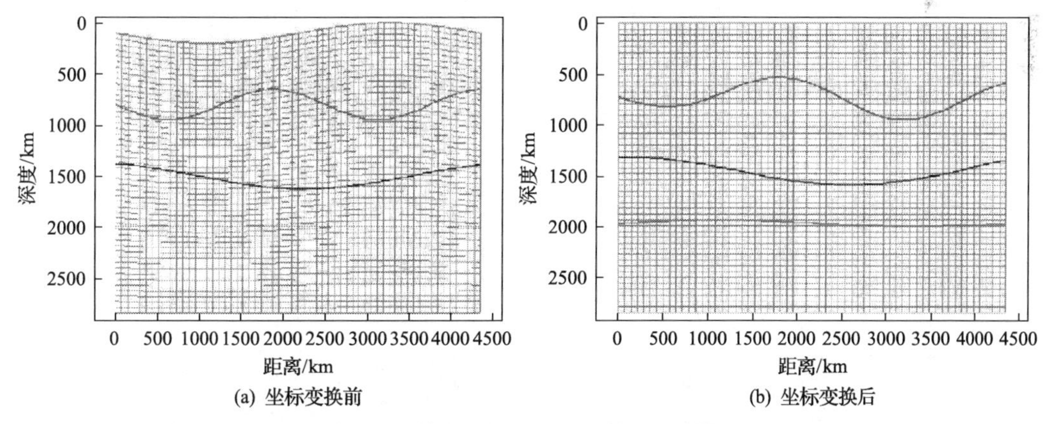

图 6-25　传统坐标变换法离散网格示意图

分别采用本书提出的分层坐标变换方法与传统坐标变换方法进行对比试算，得到分层坐标变换方法的波场快照和炮记录如图 6-26 和图 6-28 所示、传统坐标变换方法的波场快照和炮记录如图 6-27 和图 6-29 所示。将图 6-26、图 6-27 所示的波场快照和图 6-28、图 6-29 所示的炮记录进行对比可以看出，无论是传统坐标变换方法还是本书提出的分层坐标变换方法都能较好地处理起伏地表，入射波、反射波、转换波、面波等都可以清楚地被模拟出来，因此坐标变换法对于处理起伏地表具有更好的效果。但本书提出的分层坐标变换方法除了在处理起伏地表方面有较好的效果外，相比传统坐标变换法，地下起伏地层的模拟也更精确、反射同相轴清晰，没有传统矩形网格阶梯状“毛刺”造成的虚假反射。

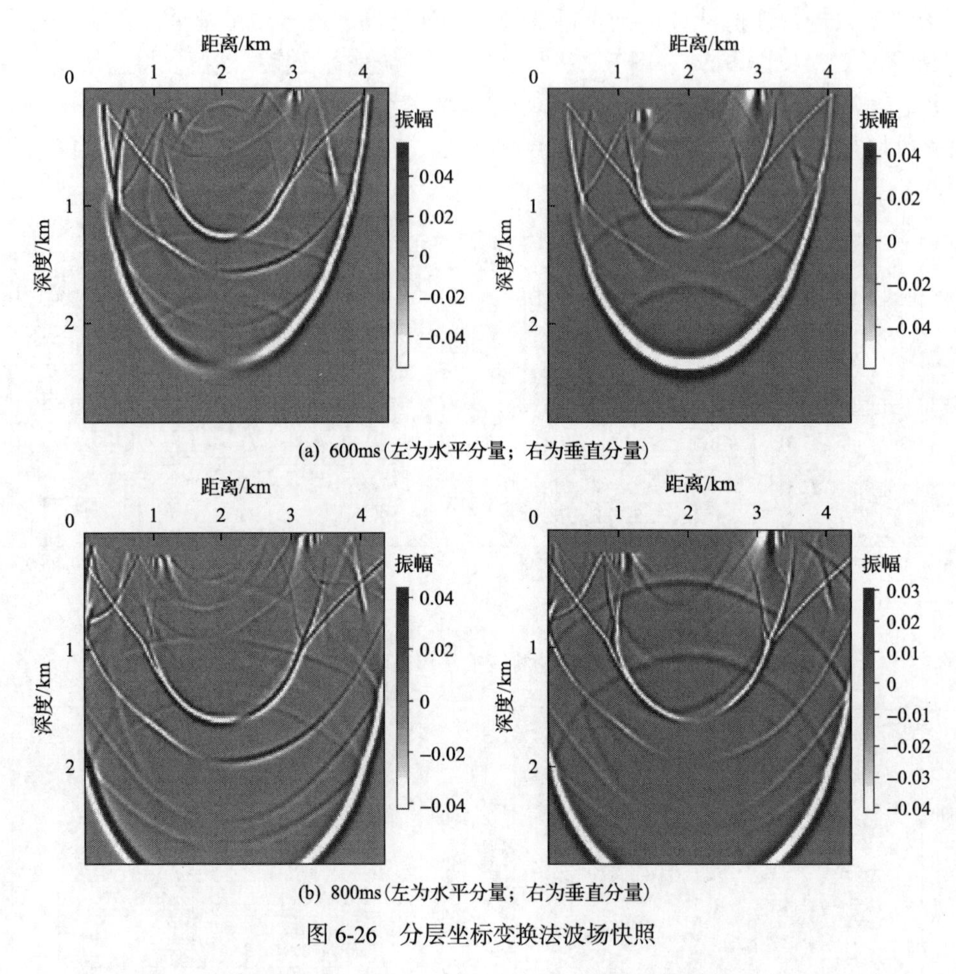

(a) 600ms(左为水平分量；右为垂直分量)

(b) 800ms(左为水平分量；右为垂直分量)

图 6-26　分层坐标变换法波场快照

距离/km

深度/km

振幅

(a) 600ms(左为水平分量；右为垂直分量)

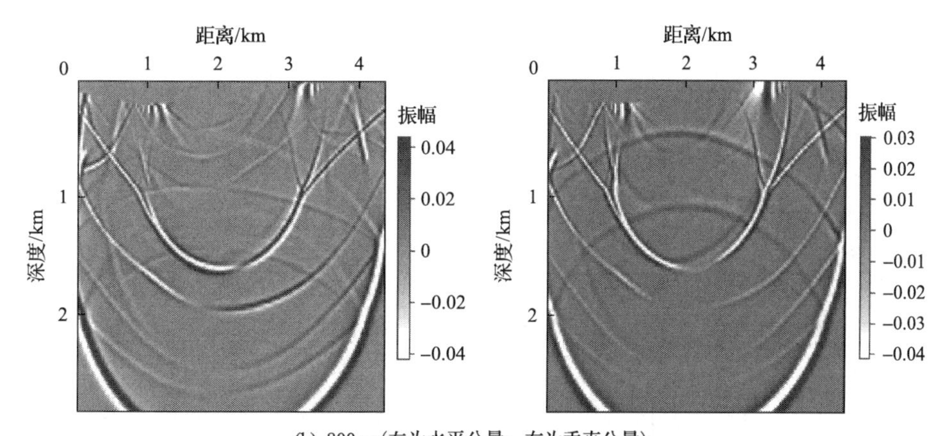

(b) 800ms（左为水平分量；右为垂直分量）

图 6-27　传统坐标变换法波场快照

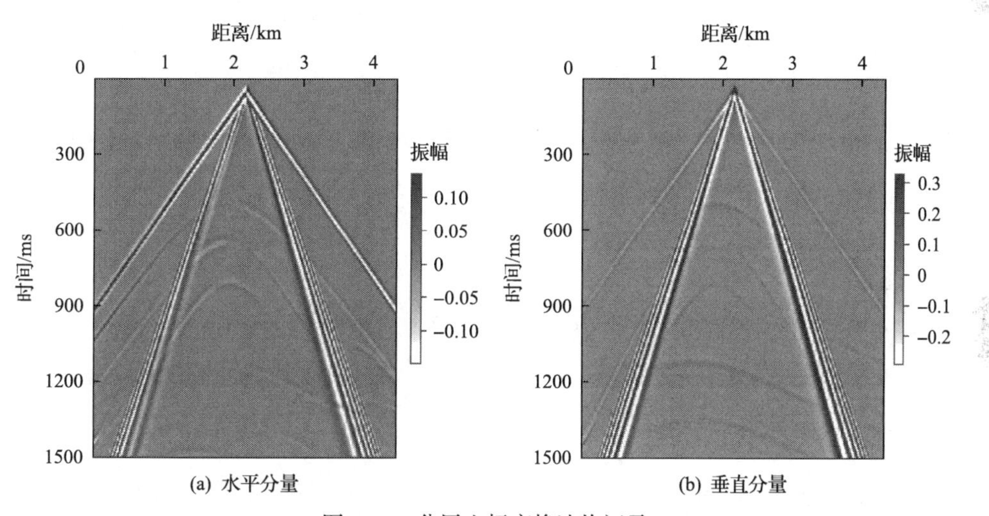

(a) 水平分量　　(b) 垂直分量

图 6-28　分层坐标变换法炮记录

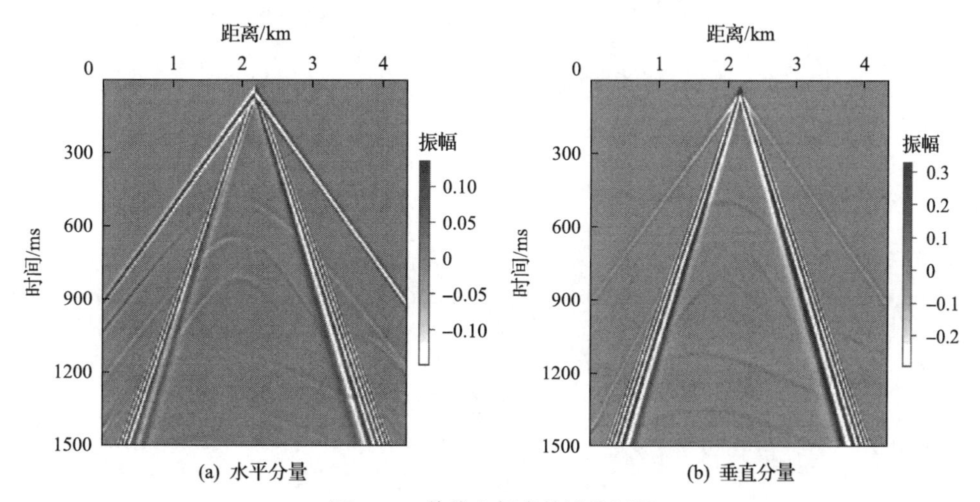

(a) 水平分量　　(b) 垂直分量

图 6-29　传统坐标变换法炮记录

从图 6-29 采用本书提出的分层坐标变换法得到的炮记录可以看出：顶边界采用自由边界时，虽然采用的是纵波震源，但是由于自由边界的存在，炮记录中出现了直达 S 波(震源在地表发生反射产生的转换波)和还有面波，炮记录中面波与直达 S 波几乎重叠，使直达 S 波同相轴较粗，不易被看到。除了这两种波，地下反射层产生的反射波传播到自由地表发生反射，产生地表反射波和地表转换波。

为了更好地对比分析本书提出的分层坐标变换方法的优越性，笔者对分层坐标变换法和传统坐标变换法得到的炮记录分别抽取了第 120 道波形，得到波形图 6-30。图中各种波形如下：直达 P 波、面波和直达 S 波、第一层的反射 P 波、第二层反射 P 波、第三层反射 P 波、第一层转换 PS 波、第二层转换 PS 波。放大虚框所示的区域得图 6-31，本书提出的分层坐标变换法没有矩形网格剖分引起的虚假反射。通过波形图的对比可以看出本书提出的分层坐标变换方法对起伏地表和地下起伏地层的模拟都有很高的精度。

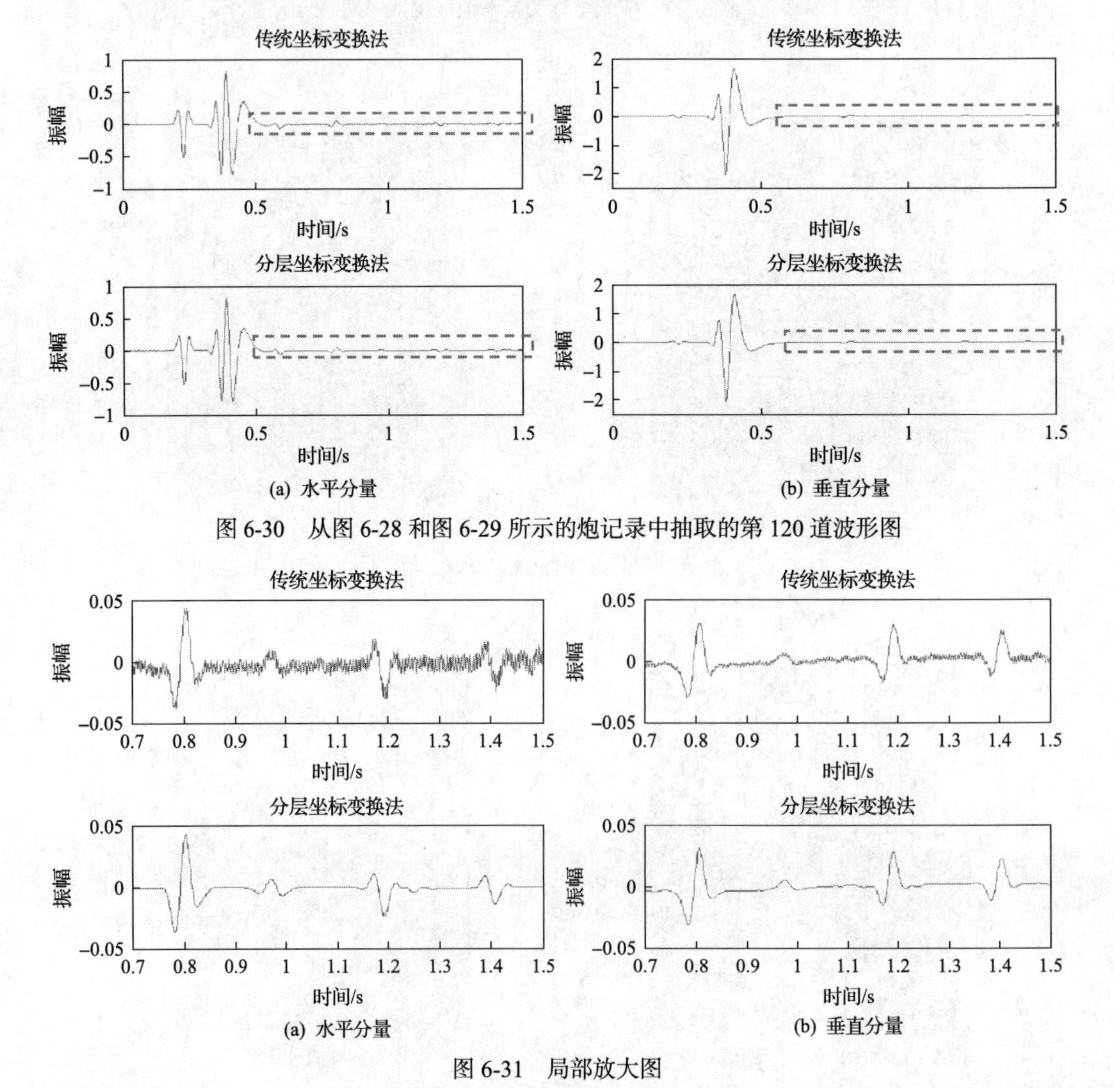

图 6-30　从图 6-28 和图 6-29 所示的炮记录中抽取的第 120 道波形图

图 6-31　局部放大图

图 6-32 为采用本书提出的分层坐标变换起伏自由地表边界条件得到的波场分离快照图，从图中可以看到，纵横波被完全清晰地分离开来，包括入射波、反射波及地表反射波和转换波。

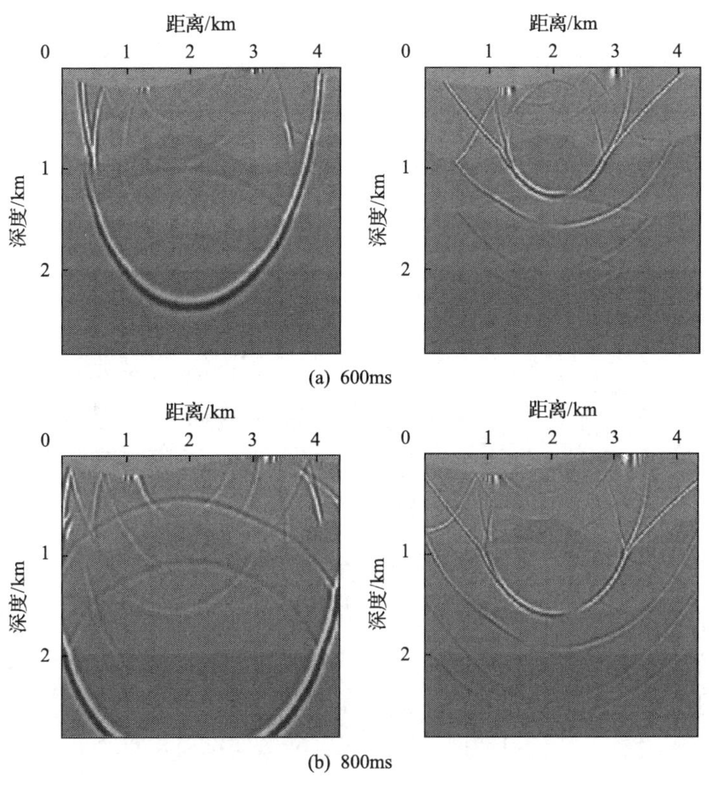

图 6-32　分层坐标变换法波场分离快照

(a)、(b)中左边为 P 波，右为 S 波

6.5　贴体网格起伏地表正演模拟

上述变坐标系方法仅是针对垂向网格变换，横向网格间距仍然保持恒定，因而要求起伏地表高程起伏平缓，不能大于 90°。贴体网格是一种可处理任意起伏地形的有效方法。

6.5.1　贴体网格

贴体坐标是一种与物理平面的形状一致的曲线坐标。多用于流体力学。在其数值模拟中经常用有限差分来模拟，就是把区域离散，在离散的网格点上用差商代替偏导数进行数值求解。但物理区域常常是不规则的矩形区域所以需要进行变换，把非规则的区域变换为规则区域。贴体网格生成过程实质上就是一个坐标变换的过程，将非规则的物理计算区域变换成规则的计算区域。变换后规则的计算区域进行网格离散，那么反变换后，就是物理平面上与物理边界重合的非规则网格(图 6-33)。

在平面问题中，设变换后的贴体坐标系是曲线坐标(ξ,η)，原物理区域坐标(x,y)。则变换关系为

$$\begin{cases}\xi=\xi(x,y)\\ \eta=\eta(x,y)\end{cases} \tag{6-35}$$

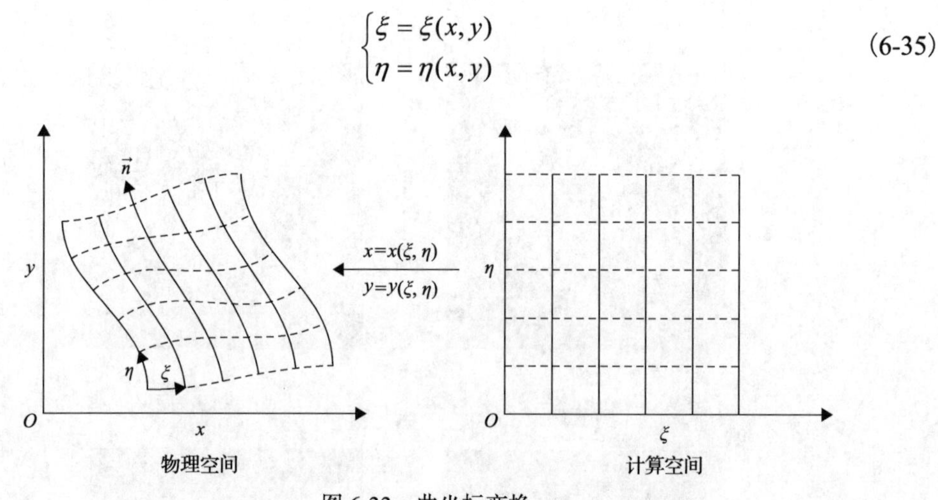

图 6-33　曲坐标变换

生成网格的方法主要有三种：代数方法、保角变换、微分方程。代数方法是一种比较简单的方法，式(6-35)可以用代数表达式表示就是代数方法；式(6-35)如果不可以用代数表达式表示，而是微分方程表示，则是微分方程方法。微分方程可以处理不规则边界，通用性较强，所以应用也是最广泛的。保角变换优点在于生成的网格比较光滑，但是适用范围的局限性较大，且只适用二维问题，所以实际应用很少。

1. 代数方法

代数方法实际上是一种插值方法，是利用已经知的道边界值来进行中间插值进而产生网格。代数方法需要知道物理区域的形状，再用插值公式，选择适合的数学表达式来进行坐标变换。

代数方法的核心是插值函数，具体做法是，给出一个特定的曲线坐标函数就是插值函数，其中有待定系数，然后由边界上给定的一些坐标值来确定待定系数的值。待定系数得到了，网格也就得到了。常用的插值方法有拉格朗日(Lagrange)插值、埃尔米特(Hermite)插值、样条(spline)插值。采用的插值函数的形式不同，那么代数方法也就不同。多维网格插值需要多方向插值。比如，广义超限插值法就是在每个方向都单独采用多项式插值。

2. 保角变换

保角变换是依靠复变函数中的解析变换来进行的，所以利用保角变换得到正交的坐标。但是，保角变换只能应用在二维问题。

保角变换生成的网格满足光滑和正交，将物理平面(x,y)和计算平面(ξ,η)分别用复数Z和ζ表示：

$$\begin{aligned} Z &= x + \mathrm{i}y \\ \zeta &= \xi + \mathrm{i}\eta = \xi(x,y) + \mathrm{i}\eta(x,y) = \zeta(Z) \end{aligned} \tag{6-36}$$

式中，i 是虚数单位。则从(x,y)到(ξ,η)的变换应该满足柯西-黎曼(Cauchy-Riemann)条件：

$$\frac{\partial \xi}{\partial x} = \frac{\partial \eta}{\partial y}, \frac{\partial \xi}{\partial y} = -\frac{\partial \eta}{\partial x} \tag{6-37}$$

因此，这个坐标变换得到的网格是正交的。

3. 微分方程

利用微分方程生成贴体网格是一种比较常见的方法，这种方法的基本思想是微分方程解析性质，使用微分方程来进行坐标变换，生成的网格更光滑。网格生成方法可分为双曲型、抛物型、椭圆型，常用的是椭圆型。

6.5.2　二维正交曲网格的生成

采用曲网格进行地震波数值模拟，是为了消除经常用到的规则网格在边界阶梯离散后产生的虚假散射。曲网格可分为非正交和正交网格(Thompson 方法)两种。非正交网格极易生成，但是却很难应用边界条件，并且在非正交网格下计算精度也被降低。正交网格的生成比较困难，但是却有效地改进了非正交网格的缺点。因此应用也是比较广泛的。

正交网格是基于泊松方程实现的，变换方程为

$$\begin{cases} \xi_{xx} + \xi_{yy} = P(x,y) \\ \eta_{xx} + \eta_{yy} = Q(x,y) \end{cases} \tag{6-38}$$

式中，$P(x,y)$、$Q(x,y)$是调节因子，称为源项，其目的是调节网格形状和网格的疏密度。

图 6-34 中边界上的网格点是固定的，如果P、Q都等于零(此时泊松方程也就退化为拉普拉斯方程)网格自身就是偏微分方程的解。在$P=0$和$Q>0$时，所有的网格线向η增大的方向移动[图 6-34(b)]；在$P=0$和$Q<0$时，所有网格线向η减小的方向移动[图 6-34(c)]；在图上可以看出在ξ方向没有任何变化。可以得知，源项P影响ξ方向。同理可知，源项Q影响η方向。综上所述，源项能够控制物理区域的网格点的密度，并且可以调节网格点的正交性及分布，因此在网格生成过程中要选取合适的源项来达到想要的网格分布。

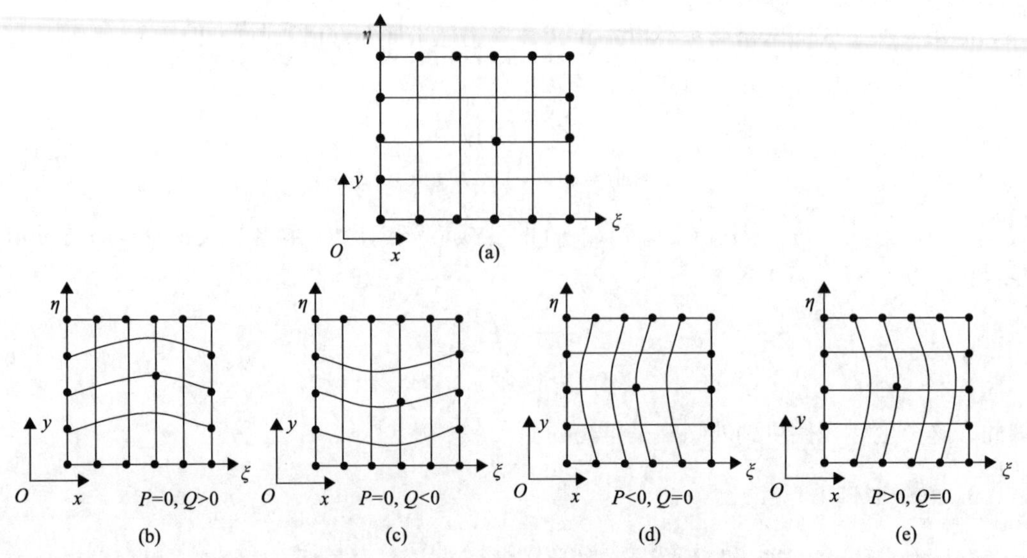

图 6-34　不同 P、Q 值时物理域的网格分布

1. 源项选取方法

对于源项的选择有很多形式，下面主要介绍一下边界处满足正交的生成方式。

1) T&M 方法

坐标系和网格需要同物理边界一致，这点很重要，因为边界对计算精度有很大影响。Thompson(1985)等人提出了一般的边界拟合方法，在这个方法中物理域的计算直角坐标系 (x, y) 的网格点是椭圆偏微分方程的解。方程在规则计算域 (ξ,η) 由规则的矩形网格进行求解。TTM(Thompson、Thames、Mastin)方法(Thompson 等，1974)是以非均匀的拉普拉斯方程[式(6-38)]生成的网格。

上述方程[式(6-38)]转化到曲坐标系下，得到椭圆拟线性方程：

$$\begin{cases}\alpha x_{\xi\xi} - 2\beta x_{\xi\eta} + \gamma x_{\eta\eta} = -J^2(Px_{\xi} + Qx_{\eta}) \\ \alpha y_{\xi\xi} - 2\beta y_{\xi\eta} + \gamma y_{\eta\eta} = -J^2(Py_{\xi} + Qy_{\eta})\end{cases} \tag{6-39}$$

式中，$\alpha = x_{\eta}^2 + y_{\eta}^2$；$\gamma = x_{\xi}^2 + y_{\xi}^2$；$\beta = x_{\xi}x_{\eta} + y_{\xi}y_{\eta}$；$J = \dfrac{\partial(x, y)}{\partial(\xi,\eta)} = x_{\xi}y_{\eta} - x_{\eta}y_{\xi}$。

方程式(6-39)在规则的矩形区域求解。

通过选择合适的 P、Q 的形式可以得到边界网格正交：

$$\begin{cases}P = \phi(\xi,\eta)(\xi_x^2 + \xi_y^2) \\ Q = \psi(\xi,\eta)(\eta_x^2 + \eta_y^2)\end{cases} \tag{6-40}$$

把 P、Q 代入式(6-39)则化为

$$\begin{cases}\alpha(x_{\xi\xi}+\phi x_{\xi})-2\beta x_{\xi\eta}+\gamma(x_{\eta\eta}+\psi x_{\eta})=0\\ \alpha(y_{\xi\xi}+\phi y_{\xi})-2\beta y_{\xi\eta}+\gamma(y_{\eta\eta}+\psi y_{\eta})=0\end{cases} \tag{6-41}$$

可以很容易证明，如果参数ϕ、ψ局部为常量，在计算域在边界给定一组值，那么可以确定满足式(6-41)的参数值。方程中定义边界值的参数ϕ、ψ可以通过给式(6-41)加上两个先验约束得到。

经过一系列运算可以得到的ϕ、ψ函数形式：

$$\phi=-\frac{x_{\xi}x_{\xi\xi}+y_{\xi}y_{\xi\xi}}{x_{\xi}^2+y_{\xi}^2},\ \psi=-\frac{x_{\eta}x_{\eta\eta}+y_{\eta}y_{\eta\eta}}{x_{\eta}^2+y_{\eta}^2} \tag{6-42}$$

这种方法可以在边界满足正交的网格，但是由于 P、Q 函数中的参数都不可调，所以生成的网格是直接由边界网格点控制内部网格点。为了解决这个问题，随后又有不少学者提出了其他的形式：如 Sorenson 方法(Steger and Sorenson, 1979)通过迭代源项来不断地修正，进而使边界节点正交；Hilgenstock(1988)提出了一种方法，通过网格线与边界线的夹角和距离来控制源项。

2) 由势流理论得到的形式

$$\begin{cases}P=-\dfrac{\partial}{\partial\xi}(\ln k)/\gamma\\ Q=-\dfrac{\partial}{\partial\eta}(\ln k)/\alpha\end{cases} \tag{6-43}$$

式中，$k=\sqrt{\dfrac{\gamma}{\alpha}}$，这个形式是通过移动边界来调节边界的正交性。后来又陆续有学者对此方法进行改进，刘玉玲和魏文礼(2002)基于势流理论里面的势线与流线是正交的，得出一个新的调节因子。

$$\begin{cases}P=-\dfrac{\partial\xi}{\partial x}\dfrac{\partial}{\partial x}(\ln k)-\dfrac{\partial\xi}{\partial y}\dfrac{\partial}{\partial y}(\ln k)\\ Q=-\dfrac{\partial\eta}{\partial x}\dfrac{\partial}{\partial x}\left(\ln\dfrac{1}{k}\right)-\dfrac{\partial\eta}{\partial y}\dfrac{\partial}{\partial y}\left(\ln\dfrac{1}{k}\right)\end{cases} \tag{6-44}$$

2. 网格生成算法

1) Hilgenstock 算法

以三维网格生成为例：

$$\begin{cases}\xi_{xx}+\xi_{yy}+\xi_{zz}=P\\ \eta_{xx}+\eta_{yy}+\eta_{zz}=Q\\ \zeta_{xx}+\zeta_{yy}+\zeta_{zz}=R\end{cases} \tag{6-45}$$

式中，P、Q、R 是源项。源项 P、Q、R 生成所需的网格是未知的，所以需要迭代得出：

$$\begin{cases} P^{n+1} = P^n + \Delta P \\ Q^{n+1} = Q^n + \Delta Q \\ R^{n+1} = R^n + \Delta R \end{cases} \tag{6-46}$$

式中，n 是迭代次数；P^1、Q^1、R^1 初值设为 0；ΔP、ΔQ、ΔR 依靠边界来确定；对于边界 $\zeta = \text{const}$；P、Q 控制网格线之间的角度；R 决定距离。

表 6-4　源项 P、Q、R 对三维网格的影响

源项	$\xi = \text{const}$	$\eta = \text{const}$	$\zeta = \text{const}$
P	距离	角度（在 ξ 方向）	角度
Q	角度	距离（在 η 方向）	角度
R	角度	角度（在 ζ 方向）	距离

角度 α 由点乘积确定：

$$\alpha = \arccos\left(\frac{(\overrightarrow{T_\zeta}\overrightarrow{T_\eta})}{|T_\zeta||T_\eta|}\right) \tag{6-47}$$

式中，T_ζ、T_η 是切线。需要的角度 α_{req}（一般为 90°）：

$$\Delta Q = -\arctan\left(\frac{\alpha_{\text{req}} - \alpha}{\alpha_{\text{req}}}\right) \tag{6-48}$$

方程式(6-46)中的 arctan 没有几何意义，只是为了防止 ΔQ 值溢出。在 $(\alpha_{\text{req}} - \alpha)$ 趋于零的时候，ΔQ 也趋于零，同样可得到 ΔP：

$$\alpha = \arccos\left(\frac{(\overrightarrow{T_\xi}\overrightarrow{T_\zeta})}{|T_\xi||T_\zeta|}\right) \tag{6-49}$$

$$\Delta P = -\arctan\left(\frac{\alpha_{\text{req}} - \alpha}{\alpha_{\text{req}}}\right) \tag{6-50}$$

在平面 $\zeta = \text{const}$ 上边界节点和在 ζ 方向上邻近的网格点：

$$\text{dis} = \sqrt{\Delta x^2 + \Delta y^2 + \Delta z^2} \tag{6-51}$$

那么可以得到源项 R 的表达式：

$$\Delta R = +\arctan\left(\frac{\mathrm{dis}_{\mathrm{req}} - \mathrm{dis}}{\mathrm{dis}_{\mathrm{req}}}\right) \tag{6-52}$$

ξ边界面上：

$$\begin{cases} P^{n+1} = P^n \pm \arctan\left(\dfrac{\mathrm{dis}_{\mathrm{req}} - \mathrm{dis}}{\mathrm{dis}_{\mathrm{req}}}\right)\Bigg|_{\xi=\mathrm{const}} \\ Q^{n+1} = Q^n \pm \arctan\left(\dfrac{\alpha_{\mathrm{req}} - \alpha}{\alpha_{\mathrm{req}}}\right)\Bigg|_{\eta=\mathrm{const}} \\ R^{n+1} = R^n \pm \arctan\left(\dfrac{\beta_{\mathrm{req}} - \beta}{\beta_{\mathrm{req}}}\right)\Bigg|_{\zeta=\mathrm{const}} \end{cases} \tag{6-53a}$$

η边界面：

$$\begin{cases} P^{n+1} = P^n \pm \arctan\left(\dfrac{\alpha_{\mathrm{req}} - \alpha}{\alpha_{\mathrm{req}}}\right)\Bigg|_{\xi=\mathrm{const}} \\ Q^{n+1} = Q^n \pm \arctan\left(\dfrac{\mathrm{dis}_{\mathrm{req}} - \mathrm{dis}}{\mathrm{dis}_{\mathrm{req}}}\right)\Bigg|_{\eta=\mathrm{const}} \\ R^{n+1} = R^n \pm \arctan\left(\dfrac{\beta_{\mathrm{req}} - \beta}{\beta_{\mathrm{req}}}\right)\Bigg|_{\zeta=\mathrm{const}} \end{cases} \tag{6-53b}$$

ζ 边界面：

$$\begin{cases} P^{n+1} = P^n \pm \arctan\left(\dfrac{\alpha_{\mathrm{req}} - \alpha}{\alpha_{\mathrm{req}}}\right)\Bigg|_{\xi=\mathrm{const}} \\ Q^{n+1} = Q^n \pm \arctan\left(\dfrac{\beta_{\mathrm{req}} - \beta}{\beta_{\mathrm{req}}}\right)\Bigg|_{\eta=\mathrm{const}} \\ R^{n+1} = R^n \pm \arctan\left(\dfrac{\mathrm{dis}_{\mathrm{req}} - \mathrm{dis}}{\mathrm{dis}_{\mathrm{req}}}\right)\Bigg|_{\zeta=\mathrm{const}} \end{cases} \tag{6-53c}$$

每个计算方向ξ、η、ζ都是从 1 到最大值，方程式(6-53a)和式(6-53c)中“+”是在ξ、η、ζ在趋于 1 时，下面的“−”对应着最大值。

在确定ΔP、ΔQ、ΔR后，那么在边界处P、Q、R的值也就确定了，此方法在

流体力学中经常使用。在此基础上张正科和庄逢甘(1997)也提出了两种 Hilgenstock 方法。

(1) Hilgenstock-1 方法。

将方程式(6-35)变换在计算域，即式(6-35)的逆变换方程：

$$\alpha(r_{\xi\xi}+\varphi r_{\xi})+\gamma(r_{\eta\eta}+\psi r_{\eta})-2\beta r_{\xi\eta}=0 \tag{6-54}$$

式中，$\varphi = {J^2 P}/{\alpha}$；$\psi = {J^2 Q}/{\gamma}$；$\alpha=\left|r_{\eta}\right|=x_{\eta}^2+y_{\eta}^2$；$\beta=\left|r_{\xi}\right|=x_{\xi}^2+y_{\xi}^2$；$\gamma=r_{\eta}r_{\xi}=x_{\xi}x_{\eta}+y_{\xi}y_{\eta}$；$J=\dfrac{\partial(x,y)}{\partial(\xi,\eta)}$。

源项 P、Q 对 ξ、η 有牵拉作用，并且 P、Q 大于零是向 ξ、η 增大方向移动的，所以这个方法就是利用这个特点，来得到所期望的网格。

Hilgenstock-1 是用边界和网格线之间夹角的期望值和实际值之间的差值，来修正网格线的位置，在 ξ 为常数的边界上来修正 ψ 值，在 η 为常数的边界上来修正 φ 值，在 $\xi=\xi_{\max}$ 的边界上对 ψ 修正：

$$\begin{cases}\psi^{(n+1)}=\psi^{(n)}+\sigma\tan h(\theta_{\text{req}}-\theta)\\ \theta=\arccos((x_{\xi}x_{\eta}+y_{\xi}y_{\eta})/[(x_{\xi}^2+y_{\xi}^2)(x_{\eta}^2+y_{\eta}^2)]\end{cases} \tag{6-55}$$

式中，θ 是边界与网格线之间的夹角。以此类推其余边界也做相同的修正。源项修正后通过插值得到内部的网格点上，求解方程式(6-54)迭代收敛，循环此过程直到满足边界正交的要求。

(2) Hilgenstock-2 方法。

采用的椭圆方程为

$$\begin{cases}\xi_{xx}\xi_{yy}=\boldsymbol{g}^{11}P\\ \eta_{xx}\eta_{yy}=\boldsymbol{g}^{22}Q\end{cases} \tag{6-56}$$

其逆变换即在计算域形式为

$$\boldsymbol{g}_{22}(r_{\xi\xi}+Pr_{\xi})+\boldsymbol{g}_{11}(r_{\eta\eta}+Qr_{\eta})-2\boldsymbol{g}_{12}r_{\xi\eta}=0 \tag{6-57}$$

式中，$\boldsymbol{g}_{ij}$ 是曲线坐标系下的协变张量，$\boldsymbol{g}^{ij}$ 是逆变张量：

$$\boldsymbol{g}^{11}=\frac{\boldsymbol{g}_{22}}{\boldsymbol{g}},\boldsymbol{g}^{22}=\frac{\boldsymbol{g}_{11}}{\boldsymbol{g}},\boldsymbol{g}^{12}=-\frac{\boldsymbol{g}_{21}}{\boldsymbol{g}}=-\frac{\boldsymbol{g}_{12}}{\boldsymbol{g}}$$

$$\boldsymbol{g}_{11}=r_{\xi}r_{\xi},\boldsymbol{g}_{22}=r_{\eta}r_{\eta},\boldsymbol{g}_{12}=r_{\xi}r,\boldsymbol{g}=\left[\frac{\partial(x,y)}{\partial(\xi,\eta)}\right]^2$$

Hilgenstock-2 方法是利用边界与网格线之间夹角的期望值和实际值之间的差和两者

之间的距离来修正源项。同 Hilgenstock-1 方法的不同在于同时修正两个源项。以 $\eta = \eta_{\max}$ 为例：

$$
\begin{aligned}
P^{(n+1)} &= P^{(n)} + \sigma_1 \tanh(\theta_{\text{req}} - \theta) \\
Q^{(n+1)} &= Q^{(n)} - \sigma_2 \tanh(d_{\text{req}} - d)
\end{aligned} \tag{6-58}
$$

式中，d 为边界与靠近边界的网格之间的实际距离；d_{req} 为期望值。源项修正后线性插值得到内部网格点上的源项值，求解方程式(6-57)。循环此过程，一直到生成满足正交性和间距要求的网格。

2) 网格生成算法

传统的 Hilgenstock 方法(Hilgenstock, 1988)和张正科的方法(张正科和庄逢甘, 1997)在边界曲率比较大的时，为了尽量使边界正交，则容易使内部的网格点产生畸变，这样使网格的光滑性降低，从而影响网格生成的质量。但是据 Thompson 等(1985)和 Komatitsch 等(1996)的研究可知，影响数值模拟的误差因素中正交性并不是最关键因素，而是生成的网格是否平滑才是最重要的因素，为了解决这个这一缺陷，很多学者做了大量的研究。蒋丽丽和孙建国(2008)采用代数方法结合 Hilgenstock 方法(Hilgenstock，1988)来生成网格。本书应用另一种方式对 Hilgenstock 进行改进，在方程式(6-35)中 P、Q 在正交网格的生成中起着决定性作用，源项 P、Q 控制着内部网格点的正交性，如果它在维持正交性和光滑性的局部平衡作用太大，那么可以引入调节因子 r_P 、r_Q 来降低 P、Q 的作用。

$$
\begin{cases}
\alpha x_{\xi\xi} - 2\beta x_{\xi\eta} + \gamma x_{\eta\eta} + J^2[(1-r_P)Px_\xi + (1-r_Q)Qx_\eta] = 0 \\
\alpha y_{\xi\xi} - 2\beta y_{\xi\eta} + \gamma y_{\eta\eta} + J^2[(1-r_P)Py_\xi + (1-r_Q)Qy_\eta] = 0
\end{cases} \tag{6-59}
$$

式中，$r_P \in [0,1]$ 是 ξ 方向的控制因子；$r_Q \in [0,1]$ 是 η 方向的控制因子，作用是调整内部网格点的平滑性。

对比式(6-36)和式(6-59)可以得知控制因子有融合共形映射(保角映射)和正交映射的作用。当 P 和 Q 取 1 时，式(6-59)退化为共性变换用的拉普拉斯方程；当 P 和 Q 取 0 时，式(6-59)变为在正交网格中使用的泊松方程。

由式(6-59)可知在计算时需要计算行列式 J，所以用 φ、ψ 代替 P、Q。这样不但避免了计算行列式，且 φ、ψ 数量级要比 P、Q 小 1，也可保证计算过程更稳定。所以 φ、ψ 具有和源项 P、Q 相同的作用，即在 φ 取正值时等 ξ 坐标线向 ξ 增大的方向移动，ψ 取正值时等 η 坐标线向 η 增大的方向移动。由此可以看出，φ 不但能够控制上下边界与 η 线之间的角度，而且可以控制上下边界和 η 线之间的距离；ψ 不但能够控制左右边界与 ξ 线之间的角度，而且可以控制上下边界和 ξ 线之间的距离。通常来说，在进行起伏地表数值模拟时，只有自由边界是起伏的，其余边界一般都选择直线边界。因此，在直线边界很容易实现正交，一般不会出现网格间距过大的问题，在这三个边界上直接用 φ、ψ 控制角度即可，但是在自由边界处，需要用 φ 控制网格线与边界的角度，也要用 ψ 控制 η 线与边界的距离。

采用蒋丽丽(2010)的方法：在上边界（$\eta=\eta_{\max}$）用φ调整正交性，用ψ调整边界与第一层之间的间距：

$$\varphi_{\mathrm{up}}^{n+1}=\varphi_{\mathrm{up}}^{n}-\sigma\tan h(\theta_{\mathrm{req}}-\theta_{\mathrm{act}}) \tag{6-60}$$

$$\psi_{\mathrm{up}}^{n+1}=\psi_{\mathrm{up}}^{n}-\sigma\tan h(d_{\mathrm{req}}-d_{\mathrm{act}}) \tag{6-61}$$

在下边界（$\eta=\eta_{\min}$），用φ调整正交性：

$$\varphi_{\mathrm{down}}^{n+1}=\varphi_{\mathrm{down}}^{n}+\sigma\tan h(\theta_{\mathrm{req}}-\theta_{\mathrm{act}}) \tag{6-62}$$

在左边界（$\xi=\xi_{\min}$）用ψ来调整正交性：

$$\psi_{\mathrm{left}}^{n+1}=\psi_{\mathrm{left}}^{n}-\sigma\tan h(\theta_{\mathrm{req}}-\theta_{\mathrm{act}}) \tag{6-63}$$

在右边界（$\xi=\xi_{\max}$）用ψ来调整正交性：

$$\psi_{\mathrm{right}}^{n+1}=\psi_{\mathrm{right}}^{n}+\sigma\tan h(\theta_{\mathrm{req}}-\theta_{\mathrm{act}}) \tag{6-64}$$

式(6-60)～式(6-64)中，σ为衰减因子，一般取 0.1；n 表示第 n 次迭代；θ_{req}为想要得到的角度，一般取直角；θ_{act}为网格线与边界的实际夹角；d_{req}为边界线与第一层网格线之间的期望距离，一般取 1。

$$\theta=\arccos\left(\frac{x_\xi x_\eta+y_\xi y_\eta}{\sqrt{x_\xi^2+y_\xi^2}\sqrt{x_\eta^2+y_\eta^2}}\right) \tag{6-65}$$

得到边界上的φ、ψ值后就可以通过插值的方法来获得内部网格点的值，其中，φ内部网格点的值通过上下两个边界的值得到：

$$\varphi(\xi,\eta)=\varphi_{\mathrm{up}}+(\varphi_{\mathrm{down}}-\varphi_{\mathrm{up}})\frac{\eta-\eta_{\min}}{\eta_{\max}-\eta_{\min}} \tag{6-66}$$

ψ内部网格点上的值通过上下左右四个边界上的值插值得到：

$$\psi(\xi,\eta)=\varepsilon_1 f_{24}(\psi_{\mathrm{up}},\psi_{\mathrm{down}})+\varepsilon_2 f_{13}(\psi_{\mathrm{left}},\psi_{\mathrm{right}}) \tag{6-67}$$

式中，ε_1、ε_2的和是 1；f_{13}、f_{24}是插值函数，是线性的，其表达式为

$$f_{24}=\psi_{\mathrm{up}}+(\psi_{\mathrm{down}}-\psi_{\mathrm{up}})\frac{\eta-\eta_{\min}}{\eta_{\max}-\eta_{\min}} \tag{6-68}$$

$$f_{13}=\psi_{\mathrm{left}}+(\psi_{\mathrm{right}}-\psi_{\mathrm{left}})\frac{\xi-\xi_{\min}}{\xi_{\max}-\xi_{\min}} \tag{6-69}$$

在地表的起伏幅度不大时，按照上面的步骤得到的源项一般都可以确保内部网格点

的正交性，而且生成的网格也是光滑的。但是在地表的起伏幅度较大时，一般一味保证地表的正交性往往会造成内部网格点发生畸形，所以在地表起伏幅度很大时候式(6-59)中引入 r_P 、 r_Q 来确保光滑性，防止内部网格点发生畸变。

3)生成网格的方程离散求解

用泊松方程建立曲网格后，需要求解泊松方程，但因为所求的物理区域不规则，那就是意味着要在不规则的物理区域内进行泊松方程的离散求解。这样会对网格生成带来很大的难题，为了解决此问题，先把泊松方程反变换到计算区域，用逆变换方程来求解物理区域内的网格节点的坐标位置，其逆变换方程就是式(6-38)。在求解中常用式子如下：

$$\begin{cases}\alpha(x_{\xi\xi}+\varphi x_{\xi})+\gamma(x_{\eta\eta}+\psi x_{\eta})-2\beta x_{\xi\eta}=0\\ \alpha(y_{\xi\xi}+\varphi y_{\xi})+\gamma(y_{\eta\eta}+\psi y_{\eta})-2\beta y_{\xi\eta}=0\end{cases} \tag{6-70}$$

式(6-70)是个偏微分方程，要求解这个偏微分方程需要对这个偏微分方程进行离散求解，一般情况下采用中心差分来离散这个方程，即

$$x_{\xi}=\frac{x_{i+1,j}-x_{i,j-1}}{2\Delta\xi},x_{\eta}=\frac{x_{i,j+1}-x_{i,j-1}}{2\Delta\eta}$$

$$x_{\xi\eta}=\frac{x_{i+1,j+1}-x_{i+1,j-1}+x_{i-1,j-1}-x_{i-1,j+1}}{4\Delta\xi\Delta\eta}$$

$$x_{\xi}=\frac{x_{i-1,j}-2x_{i,j}+x_{i+1,j}}{(\Delta\xi)^2},x_{\eta}=\frac{x_{i,j-1}-2x_{i,j}+x_{i,j+1}}{(\Delta\eta)^2}$$

$$y_{\xi}=\frac{y_{i+1,j}-y_{i-1,j}}{2\Delta\xi},y_{\eta}=\frac{y_{i,j+1}-y_{i,j-1}}{2\Delta\eta}$$

$$y_{\xi\eta}=\frac{y_{i+1,j+1}-y_{i+1,j-1}+y_{i-1,j-1}-y_{i-1,j+1}}{4\Delta\xi\Delta\eta}$$

$$y_{\xi}=\frac{y_{i-1,j}-2y_{i,j}+y_{i+1,j}}{(\Delta\xi)^2},x_{\eta}=\frac{y_{i,j-1}-2y_{i,j}+y_{i,j+1}}{(\Delta\eta)^2}$$

在计算平面上网格划分是均匀的，一般 $\Delta\xi$ 、 $\Delta\eta$ 取 1，用差分离散形式代入方程，整理得到偏微分方程的离散形式：

$$\begin{cases}x_{i,j}^{n+1}=\left[\dfrac{\alpha_{i,j}(x_{i-1,j}+x_{i+1,j})+\gamma_{i,j}(x_{i,j-1}+x_{i,j+1})-2\beta_{i,j}(x_{\xi\eta})_{i,j}+\alpha_{i,j}x_{\xi}\varphi_{i.j}+\gamma_{i,j}x_{\eta}\psi_{i,j}}{2(\alpha+\gamma)}\right]^n\\ y_{i,j}^{n+1}=\left[\dfrac{\alpha_{i,j}(y_{i-1,j}+y_{i+1,j})+\gamma_{i,j}(y_{i,j-1}+y_{i,j+1})-2\beta_{i,j}(y_{\xi\eta})_{i,j}+\alpha_{i,j}y_{\xi}\varphi_{i.j}+\gamma_{i,j}y_{\eta}\psi_{i,j}}{2(\alpha+\gamma)}\right]^n\end{cases} \tag{6-71}$$

4) 网格生成的步骤

网格生成的具体步骤如下。

(1)首先需要确定边界上网格点的坐标值，边界上网格点的坐标值根据物理模型的边界得来，而边界上的一些物理参数就是这些边界网格点上的物理参数。

(2)在第一步中得到了边界上网格点的坐标值，内部网格点的初值可以通过线性插值获得。

(3)计算出边界点上的角度θ_{actual}和距离d，通过方程式(6-60)～式(6-64)修正φ、ψ，调整正交性。

(4)用方程式(6-66)～式(6-69)来计算内部点上的φ、ψ值。

(5)根据方程式(6-71)迭代求解内部的网格点上的坐标值。

(6)重复上述过程，直到边界上的角度基本满足正交为止。

6.5.3　数值模拟

下面以几个典型的模型来验证网格生成的质量。

1. 山峰模型

高斯山峰(图 6-35)：网格数为 50×50，水平方向为 1000m，垂直方向为 500m，山峰高度为 150m，起伏地表的函数形式为$y=150\exp^{-(x-26)^2/9^2}$，从图上可以看出在边界处网格基本满足正交性。

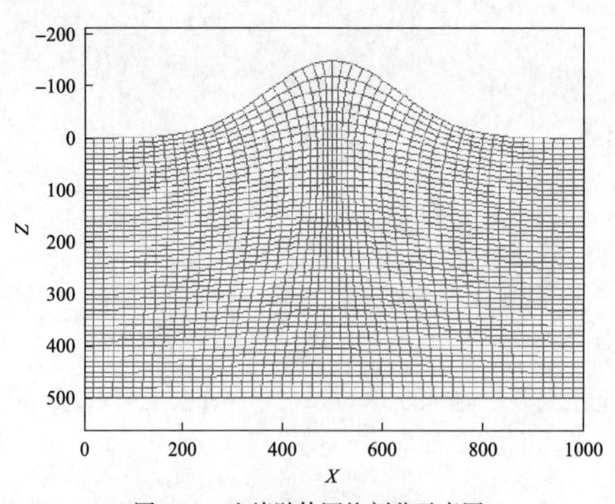

图 6-35　山峰贴体网格剖分示意图

2. 山谷模型

高斯山谷(图 6-36)：网格数为 50×50，水平方向为 1000m，垂直方向为 700m，山峰高度为 150m，起伏地表的函数形式为$y=150\exp^{-(x-26)^2/6^2}$，从图上可以看出在边界处网格基本满足正交性。

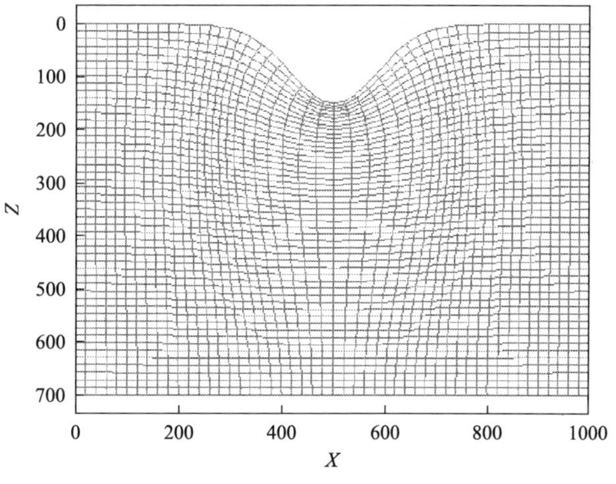

图 6-36　山谷贴体网格生成示意图

3. 山峰山谷模型

高斯山峰山谷(图 6-37)：网格数为 50×50，水平方向距离为 1250m，深度为 800m，山峰高度为 120m，山谷的深度 120m，地表函数为 $y=120\exp^{-(x-21)^2/9^2}-120\exp^{-(x-35)^2/9^2}$，从图中看出，在边界处基本满足正交。

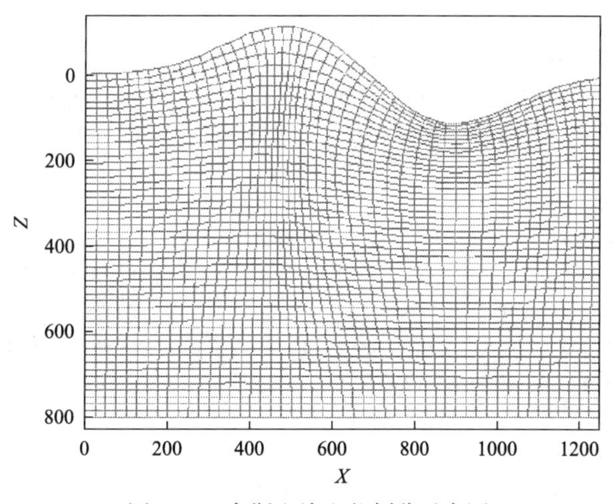

图 6-37　高斯山峰山谷剖分示意图

4. 双曲模型

双曲模型(图 6-38)：网格数为 60×50，水平方向距离为 900m，深度为 600m，模型的地表函数 $y=40\sin\left(\dfrac{2\pi}{T}x\right)$，其中 T 取 360，相对高差为 80m，从图中看出，在边界处基本满足正交。

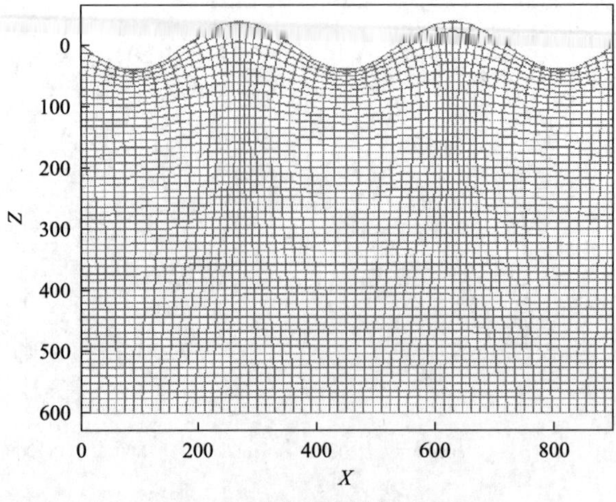

图 6-38　双曲模型剖分示意图

参考文献

黄自萍. 2004. 弹性波传播数值模拟的区域分裂法. 地球物理学报, 47(6): 1094-1100.

蒋丽丽. 2010. 面向地质条件的贴体网格生成技术. 长春: 吉林大学博士学位论文.

刘玉玲, 魏文礼. 2002. 边界处正交的曲线网格生成技术合理调节因子选取的研究. 计算力学学报, 19(2): 195-197.

裴正林. 2004. 任意起伏地表弹性波方程交错网格高阶有限差分法数值模拟. 石油地球物理勘探, 39(6): 629-634.

孙建国, 蒋丽丽. 2009. 用于起伏地表条件下地球物理场数值模拟的正交曲网格生成技术. 石油地球物理勘探, (04): 494-500.

王秀明, 张海澜. 2004. 用于具有不规则起伏自由表面的介质中弹性波模拟的有限差分算法. 中国科学: G 辑, 34(5): 481-493.

张正科, 庄逢甘. 1997. 网格间距及正交性控制在翼-身-尾组合体三维绕流中的研究. 计算物理, 14(2): 247-252.

Fornberg B. 1988. The pseudospectral method: Accurate representation of interfaces in elastic wave calculations. Geophysics, 53(5): 625-637.

Hayashi K, Burns D R, Toksöz M N. 2001. Discontinuous-grid finite-difference seismic modeling including surface topography. Bulletin of the Seismological Society of America, 91(6): 1750-1764.

Hestholm S O, Ruud B. 2000. 2D finite-difference viscoelastic wave modelling including surface topography. Geophysical Prospecting, 48(2): 341-373.26: 2140-2144.

Hilgenstock A. 1988. A fast method for the elliptic generation of three-dimensional grids with full boundary control. Numerical Grid Generation in Computational Fluid Mechanics, 88: 137-146.

Komatitsch D, Countel F, Mora P. 1996. Tensorial formulation of the wave equation for modelling curved interfaces. Geophysical Journal International, 127(1): 156-168.

Levander A R. 1988. Fourth-order finite-difference P-SV seismograms. Geophysics, 53(11): 1425-1436.

Moczo P, Bystricky E, Kristek J, et al. 1997. Hybrid modeling of P-SV seismic motion at inhomogeneous viscoelastic topographic structures. Bulletin of the Seismological Society of America, 87(5): 1305-1323.

Robertsson J O A. 1996. A numerical free-surface condition for elastic/viscoelastic finite-difference modeling in the presence of topography. SEG Technical Program Expanded Abstracts, 15: 1921-1934.

Steger J L, Sorenson R L. 1979. Automatic mesh-point clustering near a boundary in grid generation with elliptic partial differential equations. Journal of Computational Physics, 33(3): 405-410.

Thompson J F. 1985. A survey of dynamically-adaptive grids in the numerical solution of partial differential equations. Applied Numerical Mathematics 1, 1: 3-27.

Thompson J F, Thames F C, Mastin C W. 1974. Automatic numerical generation of body-fitted curvilinear coordinate system for field containing any number of arbitrary two-dimensional bodies. Journal of Computational Physics, 15(3): 299-319.

第7章　高斯束正演模拟

7.1　高斯射线束正演方法理论推导

7.1.1　二维高斯射线束表达式

根据Červený和Pšenčík(1983)的文章，二维高斯射线束表达式是二维弹性波动方程[式(7-1)]集中于射线附近的高频渐进时间调和解，该解在频率域具有如式(7-2)中的表达形式：

$$\frac{\partial^2 u}{\partial x^2}+\frac{\partial^2 u}{\partial z^2}=\frac{1}{v^2}\frac{\partial^2 u}{\partial t^2} \tag{7-1}$$

式中，u为位移；v为速度；x、z分别为水平和垂直坐标。

$$U(s,n,\omega,t)=A(s)\mathrm{e}^{-\mathrm{i}\omega[t-\tau(s)]+\frac{\mathrm{i}\omega}{2v}K(s)n^2-\frac{n^2}{L^2(s)}} \tag{7-2}$$

式(7-2)中各参数意义如下。

(1)s为从震源S_0沿中心射线到所研究点$P(s,n)$在中心射线投影的距离；n为P点到中心射线的垂直距离(图7-1)。

(2)$U(s,n,\omega,t)$为$P(s,n)$点位移,即由于地震波影响所引起该点偏离平衡位置的距离,可为纵波或横波的位移，在本书中指的都是纵波位移。

(3)t为时间参量，在编写程序时指的是观测时间；ω为圆频率，即$\omega=2\pi f$；式中$\mathrm{i}\omega t$在频率域的物理意义是相位，在时间域中指的是时间延迟。

(4) $\tau(s)=\int_{s_0}^{s}1/[v(s)]\mathrm{d}s$表示波沿中心射线的传播时间，$v(s)$为中心射线上的速度值，$\mathrm{i}\omega\tau(s)$时间域表示波到达的时间延迟量，在频率域表示相位滞后量。

(5)$K(s)$为射线的相前曲率，表达式为$K(s)=v(s)\mathrm{Re}[p(s)/q(s)]$，主要反映波前面的几何形状。

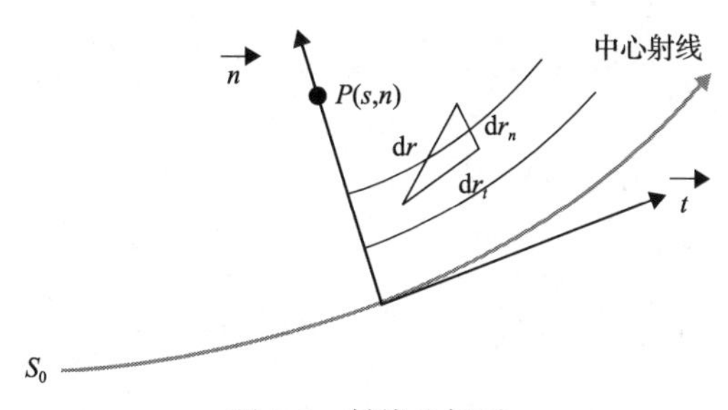

图7-1　射线坐标系

(6) $L(s)$ 为射线的有效半径宽度，表达式为 $L(s)=\left\{\frac{\omega}{2}\mathrm{Im}[p(s)/q(s)]\right\}^{-\frac{1}{2}}$，主要反映中心射线能量对地面接收点位移量的贡献范围大小(图 7-2)，在距中心射线 $L(s)$ 以外的接收点处近似认为此中心射线没有贡献。

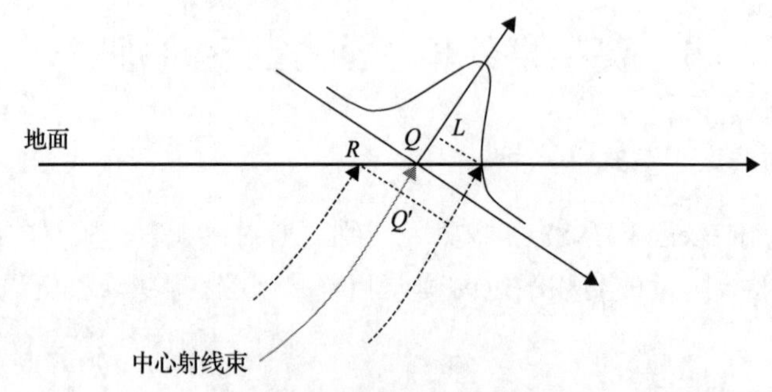

图 7-2　高斯射线束示意图

(7) $p(s)$ 和 $q(s)$ 为地震波随射线路径传播而变化的两复值函数，并满足如下的关系式：

$$\begin{cases}\dfrac{\partial q}{\partial s}=v(s)p(s)\\[2mm]\dfrac{\partial p}{\partial s}=-v^2(s)\dfrac{\partial v(s)}{\partial n^2}q\end{cases}\tag{7-3}$$

从物理意义上讲，$q(s)$ 相当于复值几何扩展，而 $p(s)=\frac{\partial p_n}{\partial r}$，其中 p_n 为射线参数 $p_i=\frac{\sin\theta_i}{v_i}$ 在 n 方向上的分量，参量 r 对应着每一条射线，为射线的初射角或弧长。

式(7-2)中还可以得出射线上的 $p(s)$、$q(s)$ 值应满足下列条件。

A. $p(s)$、$q(s)$ 取值应使沿整条射线的高斯射线束处处正则(具有有限振幅)，即

$$q(s)\neq 0\text{，使 }A(s)\nrightarrow\infty\tag{7-4}$$

B. 保证高斯射线束的集中性(射线有效宽半径是有限的实数)，即

$$\mathrm{Im}\left[\frac{p(s)}{q(s)}\right]>0\tag{7-5}$$

当 $p(s)=0$ 时，$L(s)\to\infty$，振幅不随 n 增而衰减，称为无限宽的高斯束，此方法称为旁轴射线法；当 $n=0$ 时，$A(s,n)=A(s)$，即能量全部集中于中心射线上，此方法即为普通射线法。

(8) $A(s)$ 是沿中心射线地震波的位移幅值。对于层状介质，假定射线从炮点 s_0 出发，经 M 个任意界面的反射-透射后，检波点 R 处接收到的中心射线振幅表达式为

$$A(R)=A(s_0)\left[\frac{\rho(s_0)v(s_0)q(s_0)}{\rho(R)v(R)q(R)}\right]^{1/2}\prod_{i=1}^{M}R_i\prod_{i=1}^{M}\left[\frac{\rho'(s)v'(s)}{\rho(s)v(s)}\right]^{1/2}\prod_{i=1}^{M}\left(\frac{\sin\beta_i}{\sin\alpha_i}\right)^{1/2}\tag{7-6}$$

式中，s 为射线路径上的任意点；R_i 为界面反射-透射系数；ρ 为介质密度；v 为传播速度；符号 “′” 表示生成射线一侧的量值；α_i 和 β_i 分别是入射射线和生成射线与界面上反射-透射点处切线的夹角，如图 7-3 所示。

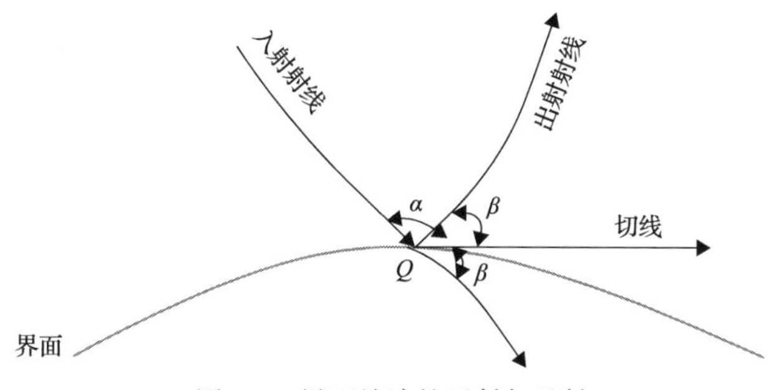

图 7-3　界面处波的反射与透射

从式(7-2)还可以看出，位移 U 随距中心射线距离 n 的增大而成指数衰减，其振幅的分布呈钟形(图 7-2、图 7-4)，即高斯型分布，这也是高斯射线束名称的由来。另外，还可以看出位移 U 的相位除了与射线路径 s 有关，还与 n 有关，在中心射线上，延时为 $\tau(s)=\int_{s_0}^{s} 1/[v(s)]\mathrm{d}s$，离开中心射线，延时 $\tau(s)$ 便与 n 和 $K(s)$ 有关。

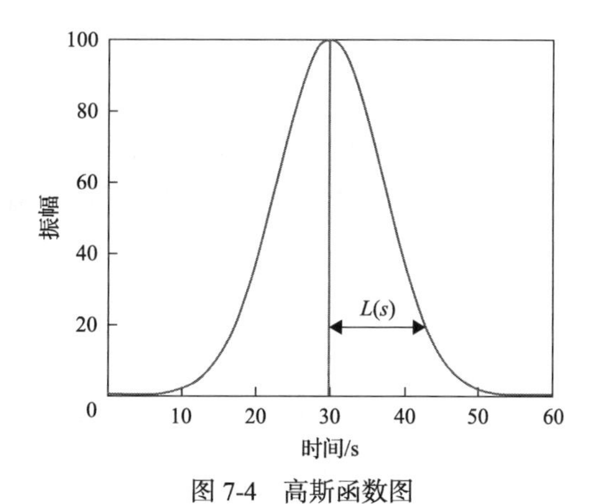

图 7-4　高斯函数图

7.1.2　运动学射线追踪

高斯射线束是波动方程沿中心射线附近的高频近似渐进解，它依赖于中心射线，即依赖于波的传播路径，所以必须要做射线追踪。

运动学射线追踪方法很多，常用的是求解程函方程的射线追踪方法。波动方程在满足波长足够小(频率足够高)、界面变化不剧烈的条件时可以近似为程函方程：

$$\frac{\partial^2\tau}{\partial x^2}+\frac{\partial^2\tau}{\partial y^2}+\frac{\partial^2\tau}{\partial z^2}=\frac{1}{v^2} \tag{7-7}$$

式中，x、y、z 为直角坐标系下空间坐标；τ 为旅行时；v 为地震波传播速度。

用特征曲线法，可把式(7-7)化为相应的常微分方程组：

$$
\begin{cases}
\dfrac{\mathrm{d}x}{\mathrm{d}\tau}=v^2P_x \\
\dfrac{\mathrm{d}y}{\mathrm{d}\tau}=v^2P_y \\
\dfrac{\mathrm{d}z}{\mathrm{d}\tau}=v^2P_z \\
\dfrac{\mathrm{d}P_x}{\mathrm{d}\tau}=-\dfrac{1}{v}\dfrac{\partial v}{\partial x} \\
\dfrac{\mathrm{d}P_y}{\mathrm{d}\tau}=-\dfrac{1}{v}\dfrac{\partial v}{\partial y} \\
\dfrac{\mathrm{d}P_z}{\mathrm{d}\tau}=-\dfrac{1}{v}\dfrac{\partial v}{\partial z}
\end{cases}
\tag{7-8}
$$

式中，P_x、P_y、P_z为慢度矢量$\boldsymbol{P}$在直角坐标系下x、y、z方向上的分量，即

$$
\begin{cases}
P_x=\dfrac{1}{v}\cos\alpha \\
P_y=\dfrac{1}{v}\cos\beta \\
P_z=\dfrac{1}{v}\cos\gamma
\end{cases}
\tag{7-9}
$$

其中，$\cos\alpha$、$\cos\beta$、$\cos\gamma$为射线在x、y、z坐标轴上对应的方向余弦。

若设i'为射线切线与z轴的夹角，j'为射线的方向角(在xy平面上的投影与x轴的夹角)，如图7-5所示，则有

$$
\begin{cases}
P_x=\dfrac{1}{v}\sin i'\cos j' \\
P_y=\dfrac{1}{v}\sin i'\sin j' \\
P_z=\dfrac{1}{v}\cos j'
\end{cases}
\tag{7-10}
$$

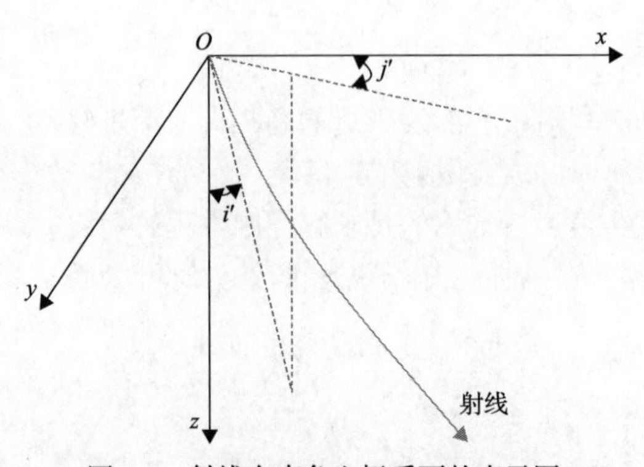

图7-5 射线在直角坐标系下的表示图

由式(7-8)和式(7-10)得

$$
\begin{cases}
\dfrac{\mathrm{d}x}{\mathrm{d}\tau} = v\sin i'\cos j' \\
\dfrac{\mathrm{d}y}{\mathrm{d}\tau} = v\sin i'\sin j' \\
\dfrac{\mathrm{d}z}{\mathrm{d}\tau} = v\cos i' \\
\dfrac{\mathrm{d}i}{\mathrm{d}\tau} = -\cos i'(v_x\cos j' + v_y\sin j') + v_z\sin i' \\
\dfrac{\mathrm{d}j}{\mathrm{d}\tau} = \dfrac{1}{\sin i'}(v_x\sin j' - v_y\cos j')
\end{cases}
\tag{7-11}
$$

在二维介质中，v 与 y 轴无关，并假设初始射线在 y 轴方向无分量，则式(7-11)可化为

$$
\begin{cases}
\dfrac{\mathrm{d}x}{\mathrm{d}\tau} = v\sin i' \\
\dfrac{\mathrm{d}z}{\mathrm{d}\tau} = v\cos i' \\
\dfrac{\mathrm{d}i}{\mathrm{d}\tau} = -v_x\cos i' + v_z\sin i'
\end{cases}
\tag{7-12}
$$

式(7-11)和式(7-12)是一阶常微分方程组，可用龙格-库塔法来求解，这样就可以得到射线路径上各点的坐标值。

以上所述方法为一般的射线追踪方法，不仅适用于均匀介质，也适用于复杂非均匀介质。而在本书中，所设计模型中地层内部为均匀各向同性，因此可采用直射线相交法来实现射线追踪。如图 7-6 所示，各反射界面的分布函数已知，炮点的坐标和出射角已知，即射线的函数表达式已知。当按一定角度步长打出一条射线后，根据界面函数和射

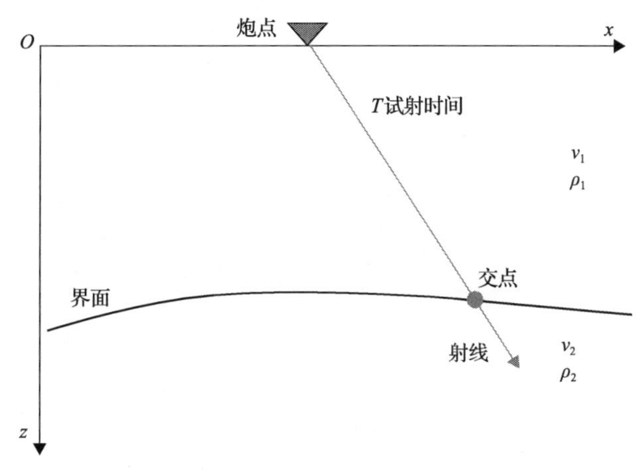

图 7-6　直射线相交法示意图

线函数关系可以求出两者交点的坐标，然后判断交点是否在我们所设计模型的有效范围内。如果再记录此交点坐标，然后利用折射定律(斯涅尔定律)求反射或透射角，求出生成射线方程，进一步利用上述方法求与其他界面的交点，直到求出整条射线路径的所有控制点坐标，最后把各控制点坐标输出到存储器中，利用相应的成图软件显示出射线路径。

7.1.3　动力学射线追踪

经过运动学追踪，就有了中心射线，在此基础上可以进行高斯射线束的动力学射线追踪，即求得 p、q 的函数值。函数 $p(s)$ 、$q(s)$ 在高斯射线束中起着非常重要的作用，它们决定了高斯射线束能量的分布状态，也表征沿射线传播方向的高频地震波场动力学特征，也正是因为这一点，才使高斯射线束正演方法优于一般的射线正演方法。

在二维射线坐标系下，根据 $\mathrm{d}s = \alpha \mathrm{d}\tau$ 可将式(7-3)化为

$$\begin{cases} \dfrac{\partial q}{\partial \tau} = v^2 p \\ \dfrac{\partial p}{\partial \tau} = -\dfrac{q}{v}\dfrac{\partial v}{\partial n^2} \end{cases} \tag{7-13}$$

在二维直角坐标系下，由

$$\begin{cases} \dfrac{\partial v}{\partial s} = \dfrac{\partial v}{\partial x}\dfrac{\partial x}{\partial s} + \dfrac{\partial v}{\partial z}\dfrac{\partial z}{\partial s} = \dfrac{\partial v}{\partial x}\sin i' + \dfrac{\partial v}{\partial z}\cos i' \\ \dfrac{\partial v}{\partial n} = \dfrac{\partial v}{\partial x}\dfrac{\partial x}{\partial n} + \dfrac{\partial v}{\partial z}\dfrac{\partial z}{\partial n} = \dfrac{\partial v}{\partial x}\cos i' - \dfrac{\partial v}{\partial z}\sin i' \\ \dfrac{\partial^2 v}{\partial n^2} = \dfrac{\partial^2 v}{\partial x^2}\cos^2 i' - 2\dfrac{\partial^2 v}{\partial x \partial z}\sin i' \cos i' + \dfrac{\partial^2 v}{\partial z^2}\sin^2 i' \end{cases} \tag{7-14}$$

可得到式(7-13)在直角坐标系下的表达式：

$$\begin{cases} \dfrac{\partial q}{\partial \tau} = v^2 p \\ \dfrac{\partial q}{\partial \tau} = -\dfrac{q}{v}\left(\dfrac{\partial^2 v}{\partial x^2}\cos^2 i' + \dfrac{\partial^2 v}{\partial x \partial z}\cos i' \sin i' + \dfrac{\partial^2 v}{\partial z^2}\sin^2 i'\right) \end{cases} \tag{7-15}$$

选取两组互相独立的初始条件：

$$\begin{bmatrix} p_1^{(0)} & p_2^{(0)} \\ q_1^{(0)} & q_2^{(0)} \end{bmatrix} = \begin{bmatrix} 0 & \dfrac{1}{v(s_0)} \\ 1 & 0 \end{bmatrix} \tag{7-16}$$

另外，又满足以下的边界条件(Červený and Pšenčík，1983)：

$$\begin{cases} \bar{q} = q(s)\sin\beta / \sin\alpha \\ \bar{p} = \left[p(s)\sin\partial - q(s)S_1 / \sin\alpha\right] / \sin\beta \end{cases} \tag{7-17}$$

式中，“$^{-}$”表示生成射线一侧的量值；α 、β 的意义如图 7-3 所示，且

$$\begin{cases} S_1 = 2v^{-1}\cos\alpha(K_2\sin\alpha - \bar{K}_2\sin\beta) + 2D_{\mathrm{n}}R + v^{-2}\left(\dfrac{\partial v}{\partial n} - \dfrac{\partial \bar{v}}{\partial n}\right)\cos^2\alpha \\ R = v^{-1}\sin\alpha - \bar{v}^{-1}\sin\beta \\ K_2 = \left(\dfrac{\partial v}{\partial n}\right)^{-1} \\ \bar{K}_2 = v^{-1}\dfrac{\partial \bar{v}}{\partial n} \end{cases} \tag{7-18}$$

式中，D_{n} 为界面曲率。

利用龙格-库塔法对一阶微分方程组[式(7-15)]进行求解，可得到线性独立的两组解：

$$\begin{bmatrix} p_1(x,y) & p_2(x,y) \\ q_1(x,y) & q_2(x,y) \end{bmatrix} \tag{7-19}$$

从而可以求得复数解：

$$\begin{cases} p(x,z) = \varepsilon p_1(x,z) + p_2(x,z) \\ q(x,z) = \varepsilon q_1(x,z) + q_2(x,z) \end{cases} \tag{7-20}$$

式中，ε 对高斯射线束具有重要的意义，它决定了射线束的半宽度 $L(s)$ 和射线束波前曲率。在此采用 Weber(1988)文章中对 ε 的探讨值，即

$$\begin{cases} \varepsilon = \varepsilon_1 + \varepsilon_2\mathrm{i} \\ \varepsilon_1 = 0 \\ \varepsilon_2 = -\left|q_2{}^{(R)} - q_1{}^{(R)}\right| \end{cases} \tag{7-21}$$

式中，i 为复数单位，即 $\mathrm{i} = \sqrt{-1}$；R 为检波点，这种选择使射线束在终点具有最小的半宽度，对计算有利。

7.1.4　高斯射线束合成地震记录

利用高斯射线束理论计算地震波场时，可分为三步：①做运动学追踪；②做动力学追踪；③对检波点处附近的中心射线能量的贡献进行加权叠加，求得波场值。射线追踪常用解由程函方程化来的微分方程组来实现，动力学追踪常用解式(7-3)的方程组来实现，二者的具体方程组的求解都使用龙格-库塔算法。

由于各中心射线附近的频率域位移幅值都可以计算出来，那么在接受点处的位移可由各射线束在接收点处的分量叠加而成。因为弹性波动方程是线性的，所以按如下形式叠加的表达式也应该满足波动方程：

$$U(R,\omega)=\int_0^{2\pi}\phi(\varphi)u_{\varphi}(s,n,\omega)\mathrm{d}\varphi \tag{7-22}$$

式中，u_{φ}表示初始角为φ的高斯射线束位移；(s,n)为在射线坐标系中接收点的坐标；$\phi(\varphi)$为与入射角有关的权函数。根据 Červený 等(1982)的文章可知：

$$\phi(\varphi)=-\frac{\mathrm{i}}{4\pi}\left(\frac{\varepsilon}{v_0}\right)^{1/2} \tag{7-23}$$

式中，v_0为震源处的速度；$\phi(\varphi)$已知后，可利用式(7-22)求出介质中任一点的波场。

合成地震记录常用高斯波包法求取，引入震源函数$f(t)$，则其频谱为

$$F(\omega)=\int_0^{\infty}f(t)e^{-\mathrm{i}\omega t}\mathrm{d}t \tag{7-24}$$

为了保证高斯射线束的高频近似性，$f(t)$往往为高频函数。用 $U(R,t)$表示时间域中的波场，利用傅里叶变换，可以得到：

$$\begin{aligned}U(R,t)&=\frac{1}{\pi}\mathrm{Re}\int_0^{\infty}(-\mathrm{i}\omega)^{1/2}F(\omega)u(R,\omega)\mathrm{d}\omega\\&=\frac{1}{\pi}\mathrm{Re}\int_0^{\infty}(-\mathrm{i}\omega)^{1/2}F(\omega)\int_0^{2\pi}\phi(\varphi)u_{\varphi}(R,\omega)\,\mathrm{d}\varphi\mathrm{d}\omega\end{aligned} \tag{7-25}$$

式中，$u(R,\omega)$为入射角为φ的高斯射线束，且

$$u(R,\omega)=A(R)\exp\left\{-\mathrm{i}\omega\left[t-\tau(R)-\frac{K(Q)}{2v(Q)}n^2\right]-\frac{n^2}{L^2(Q)}\right\} \tag{7-26}$$

其中，Q 为中心射线到达地面的位置。如图 7-7 所示，如果做以下近似：

$$\begin{cases}A(R)\approx A(Q)\\ \tau(R)\approx\tau(Q)-\dfrac{\overline{QQ'}}{v(Q)}\\ n=\overline{RQ'}\\ \theta=\tau(Q)-\dfrac{\overline{QQ'}}{v(Q)}+\dfrac{K(Q)}{2v(Q)}n^2\\ G=\dfrac{1}{\omega}\dfrac{n^2}{L(Q)}\end{cases} \tag{7-27}$$

所以有

$$u_\alpha(R,\omega) = A(Q)\exp(\mathrm{i}\omega\theta - \omega G)\exp(-\mathrm{i}\omega\tau) \tag{7-28}$$

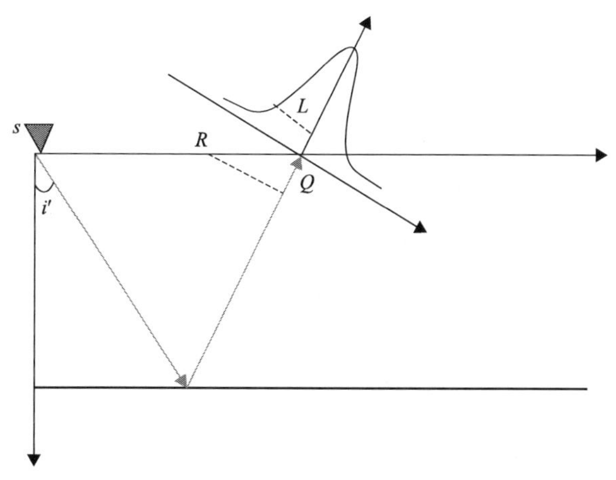

图 7-7　水平状地层高斯射线束示意图

s 为震源

由式(7-24)～式(7-27)可得

$$U(R,t) = \frac{1}{\pi}\mathrm{Re}\int_0^{\infty}(-\mathrm{i}\omega)^{1/2}F(\omega)\int_0^{2\tau}\phi A\exp(-\omega G)\exp[-\mathrm{i}\omega(t-\theta)]\,\mathrm{d}\varphi\mathrm{d}\omega \tag{7-29}$$

令

$$g = \frac{1}{\pi}\mathrm{Re}\left\{\phi\int_0^{\infty}(-\mathrm{i}\omega)^{1/2}F(\omega)\exp(-\omega G)\exp[-\mathrm{i}\omega(t-\theta)]\mathrm{d}\omega\right\} \tag{7-30}$$

可得

$$U(R,t) = \int_0^{2\pi} g\mathrm{d}\varphi \tag{7-31}$$

式中，g 为波包，由于 $f(t)$ 是高频函数，所以 g 为高频的波包。

把式(7-31)离散后可写成以下形式：

$$U(R,t) = \sum_{\varphi_0}^{\varphi_N} g(R,\varphi)\Delta\varphi \tag{7-32}$$

式中，$\varphi_0 \to \varphi_N$ 为对检波点处波场有贡献的射线角度；$\Delta\varphi$ 为射线角度间隔。式(7-32)表示波包从震源以不同角度发出，这些波包沿射线传播并与射线紧密相连，它们随着射线的传播连续改变其特性，介质中任意一点的波场均是这些波包复合叠加的结果。

子波往往选用 Gabor 子波，其表达式如下：

$$f(t) = \exp[-(2\pi f_{\mathrm{m}} t/\gamma)]^2\cos(2\pi f_{\mathrm{m}} + \nu) \tag{7-33}$$

式中，f_m 为子波主频，γ 为控制子波包络宽度的参数；ν 为控制子波相位的参数，此子波也称 Puzyrev 子波或高斯包络子波。根据 Červený 和 Pšenčík(1983)的文章，可知波包 g 的近似解析表达式：

$$g(R,\varphi)=(2\pi f_m)^{1/2}\left|A\phi\right|\exp\{-[2\pi f_m(t-\theta)/\gamma]^2+(2\pi f_m G/\gamma)-2\pi f_m G\}$$
$$\times\cos[2\pi f^*(t-\theta)+\nu+\frac{\pi}{4}-\arg(\phi A)] \tag{7-34}$$

式中，$f^*=f_m(1-4\pi f_m G/\gamma^2)$，为高斯波包的主频。式(7-34)是一个近似表达式，当 $\frac{2\pi f_m G}{\gamma^2}\ll 1$ 才成立。

7.1.5 二维均匀介质线性界面高斯射线束合成记录各参数求取

1. 射线路径控制点求法

高斯射线束的合成一般需要运动学射线追踪、动力学射线追踪和波场叠加三步。二维均匀介质具有无 y 分量函数值，速度、密度等物理参数在层内不随位置和方向的不同而发生变化，因此对于这种介质中利用高斯射线束理论来实现地震记录的合成具有较简单的算法，下面具体介绍各参数的计算方法和地震记录合成的实现方法。

为了便于说明，以水平层状介质模型为例，如图 7-8 所示：由于速度在同一地层内是不变的，在层内射线不发生偏折，这样就可以利用直射线相交法，在此介绍程序实现方法。

(1)设有 N 个反射界面，则射线和界面交点个数为 $2N+1$ 个，设各交点横坐标为 $X(k)$，纵坐标为 $Z(k)$，k 取值为 1～$2N+1$。

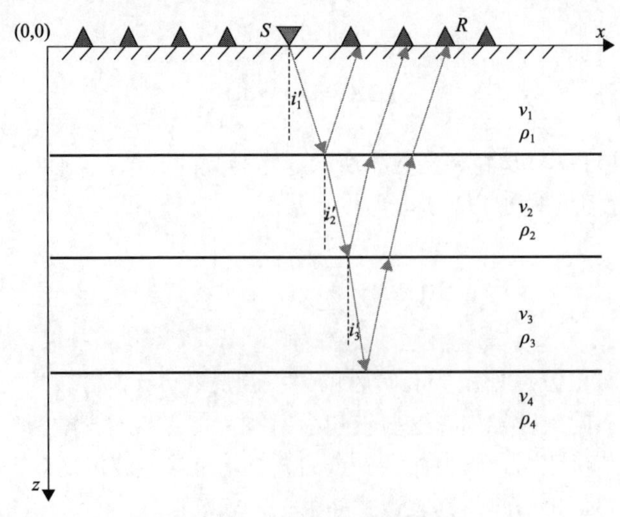

图 7-8 水平层状射线路径

(2) 假如初始入射角为 i_1'，则射线方程为

$$x=(z-z_1)\tan i_1' + x_1 \tag{7-35}$$

式中，(x_1,z_1) 为炮点坐标，并令 $\begin{cases} X(1)=x_1 \\ Z(1)=z_1 \end{cases}$；$i_1'$ 范围取为 –89°～89°。

由于反射界面为水平的，其方程为

$$z=z_2 \tag{7-36}$$

式中，z_2 为第一个界面的深度。

由界面方程和射线方程可以计算两者交点，即求解方程组：

$$\begin{cases} x=(z-z_1)\tan i_1' + x_1 \\ z=z_2 \end{cases} \tag{7-37}$$

可求得交点 (x,z)，并把其写入数组，即令

$$\begin{cases} X(2)=x \\ Z(2)=z \end{cases} \tag{7-38}$$

利用折射定律求得在界面的反射角或透射角，作为下一段射线的出射角，再重复以上的步骤，求得每一个交点的坐标，这样就完成了运动学射线追踪。

上面只是说明了水平地层的追踪方法，若地层是倾斜界面，界面方程就变为

$$x=(z-z_0)\tan J + x_0 \tag{7-39}$$

式中，J 为界面倾角；(x_0, z_0) 为炮点正下方界面的坐标（图 7-9）。对于倾斜地层利用折射定律求反射角、透射角不像水平界面地层那么简单，反射角求取分两种情况，透射角求取分四种情况。

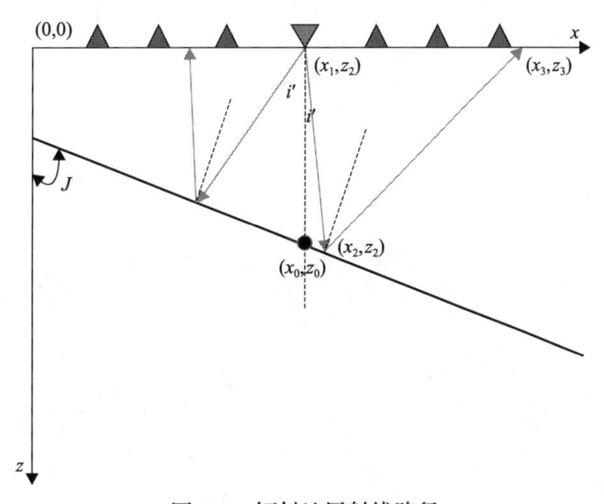

图 7-9　倾斜地层射线路径

1) 反射角求取

(1) 当 $|\mathrm{in}\_i'| < 90°$ 时，如图 7-10 所示：反射角为

$$\mathrm{out}\_i' = 2J - \mathrm{in}\_i' \tag{7-40}$$

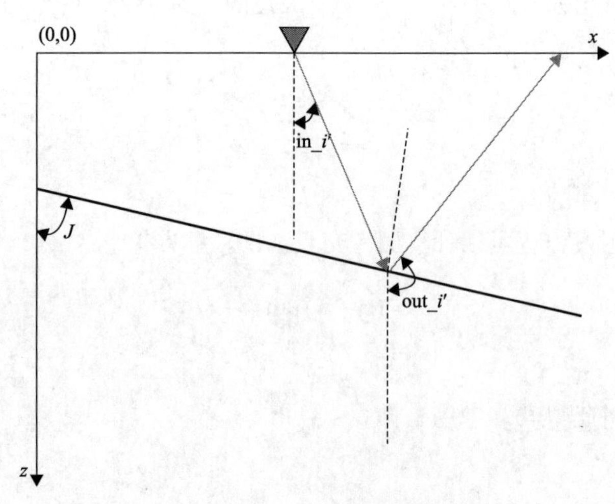

图 7-10　$|\mathrm{in}\_i'| < 90°$ 时反射角示意图

(2) 当 $|\mathrm{in}\_i'| > 90°$ 时，如图 7-11 所示：反射角为

$$\mathrm{out}\_i' = \mathrm{in}\_i' - 2J \tag{7-41}$$

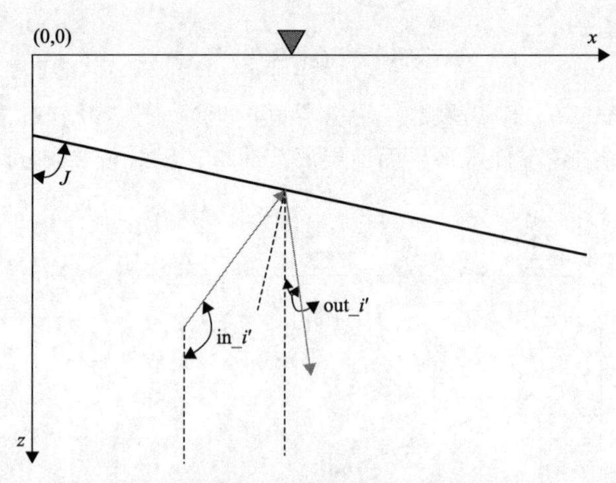

图 7-11　$|\mathrm{in}\_i'| > 90°$ 时反射角示意图

2) 透射角的求取

当 $J > 0$ 且 $|\mathrm{in}\_i'| < 90°$ 时，如图 7-12 所示：透射角为

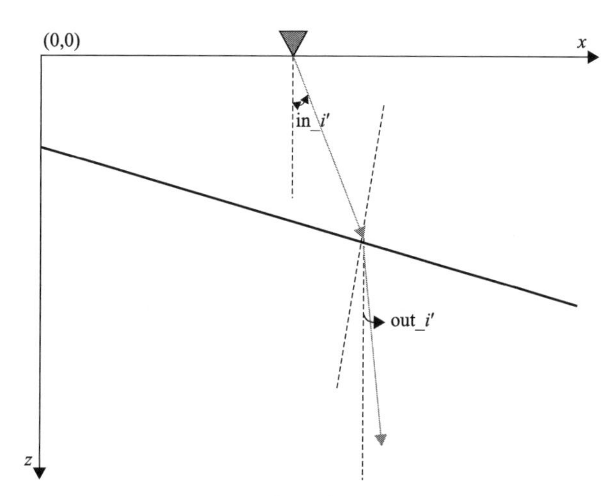

图 7-12　$J>0$ 且 $|\mathrm{in\_}i'|<90°$ 透射角示意图

$$\mathrm{out\_}i' = J - 90° - \arcsin\left[\frac{v_2}{v_1}\sin(J-90-\mathrm{in\_}i')\right]180/\pi \tag{7-42}$$

式中，v_2 为生成射线一侧的速度值；v_1 为入射射线一侧的速度值。

当 $J>0$ 且 $|\mathrm{in\_}i'|>90°$ 时，如图 7-13 所示：透射角为

$$\mathrm{out\_}i' = J + 90° - \arcsin\left[\frac{v_2}{v_1}\sin(J+90-\mathrm{in\_}i')\right]180/\pi \tag{7-43}$$

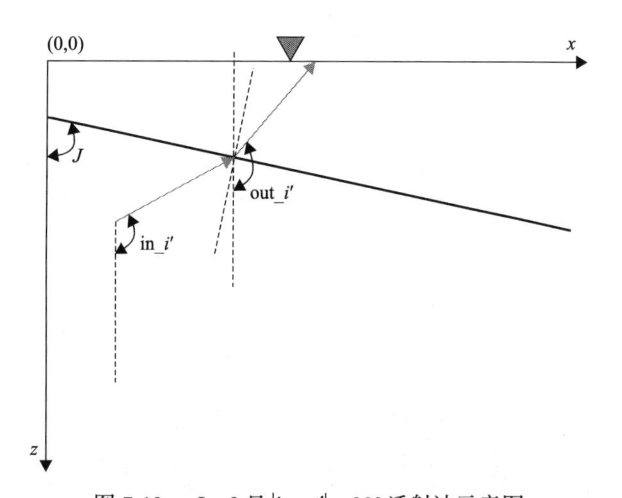

图 7-13　$J>0$ 且 $|\mathrm{in\_}i'|>90°$ 透射波示意图

当 $J<0$ 且 $|\mathrm{in\_}i'|<90°$ 时，如图 7-14 所示：透射角为

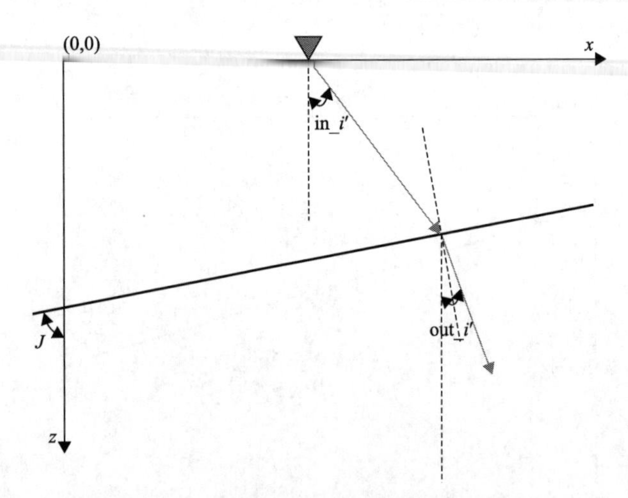

图 7-14　$J<0$ 且 $|\text{in\_}i'|<90°$ 透射波示意图

$$\text{out\_}i' = J + 90° - \arcsin\left[\frac{v_2}{v_1}\sin(J + 90 - \text{in\_}i')\right]180/\pi \tag{7-44}$$

当 $J<0$ 且 $|\text{in\_}i'|>90°$ 时，如图 7-15 所示，透射角为

$$\text{out\_}i' = J - 90° - \arcsin\left[\frac{v_2}{v_1}\sin(J - 90 - \text{in\_}i')\right]180/\pi \tag{7-45}$$

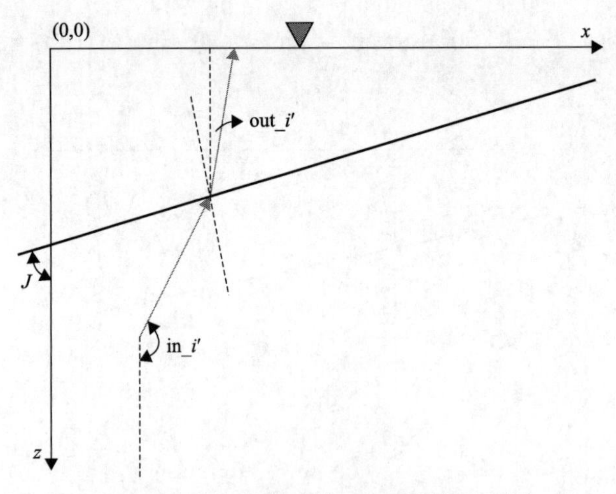

图 7-15　$J<0$ 且 $|\text{in\_}i'|>90°$ 透射角示意图

2. p、q 值的求取

做完运动学射线追踪，就可以沿中心射线进行动力学追踪，主要是求检波点处 p、q 的值。在二维均匀介质同一个层内中，速度是不随位置发生变化，则

$$\frac{\partial^2 v}{\partial n^2}=0 \tag{7-46}$$

故式(7-13)可以化为

$$\begin{cases}\dfrac{\partial q}{\partial \tau}=v^2 p\\ \dfrac{\partial p}{\partial \tau}=0\end{cases} \tag{7-47}$$

解此一阶常微分方程得

$$\begin{cases}p(\tau)=C_1\\ q(\tau)=\int v^2 p\mathrm{d}\tau + C_2\end{cases} \tag{7-48}$$

式中，C_1 和 C_2 为任意常数；结合初始条件式(7-16)可求得

$$\begin{bmatrix}p_1(\tau) & p_2(\tau)\\ q_1(\tau) & q_2(\tau)\end{bmatrix}=\begin{bmatrix}0 & \dfrac{1}{v(l)}\\ 1 & \displaystyle\int\frac{v^2(\tau)}{v(l)}\mathrm{d}\tau\end{bmatrix} \tag{7-49}$$

式中，$v(l)$ 为炮点处速度值；另外，由于在线性边界上，界面曲率为 0，结合边界条件式(7-17)可知检波点处 p、q 值为

$$\begin{bmatrix}p_1(R) & p_2(R)\\ q_1(R) & q_2(R)\end{bmatrix}=\begin{bmatrix}0 & \dfrac{1}{v_1}\\ 1 & \displaystyle\sum_{j=1}^{M}\frac{v(j)^2\tau(j)}{v(l)}\end{bmatrix} \tag{7-50}$$

式中，$v(j)$ 为第 j 段射线传播的速度；$\tau(j)$ 为相应的时间；M 为一条射线上的总段数。

由式(7-21)和式(7-50)可知：

$$\varepsilon=-\sum_{j=1}^{M}\frac{v(j)^2\tau(j)}{v(l)}\mathrm{i} \tag{7-51}$$

故有

$$\begin{cases}p(R)=\varepsilon p_1+p_2=\dfrac{1}{v(l)}\\ q(R)=\varepsilon q_1+q_2=-\displaystyle\sum_{j=1}^{M}\frac{v(j)^2\tau(j)}{v(l)}\mathrm{i}+\sum_{j=1}^{M}\frac{v(j)^2\tau(j)}{v(l)}\end{cases} \tag{7-52}$$

3. 高斯波包法合成地震记录

在做完运动学和动力学射线追踪后，再进行地震记录的合成，在此采用 Gabor 子波，并利用 Červený 和 Pšenčík 在 1983 年提出的波包近似解析表达式[式(7-13)]来进行合成地震记录，下面对式中各参数在二维均匀介质中的计算方法做详细介绍。

1) Gabor 子波中 f_m、γ、ν 的选取

Gabor 子波表达式为

$$f(t)=\exp[-(2\pi f_m t/\gamma)]\cos(2\pi f_m t+\nu) \tag{7-53}$$

不同参数的子波波形图如图 7-16 所示，对应的地震记录如图 7-17 所示：

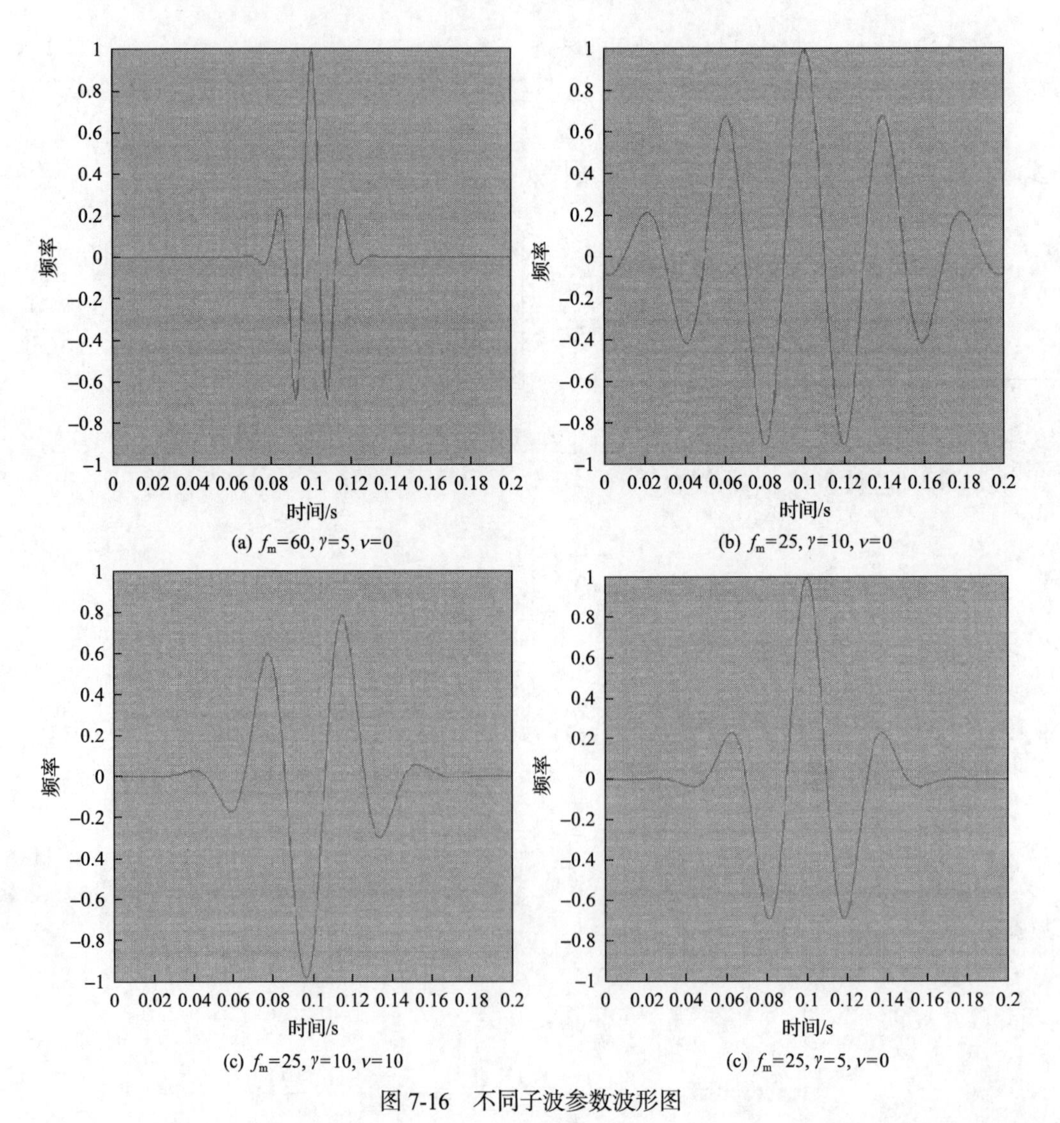

(a) f_m=60, γ=5, ν=0

(b) f_m=25, γ=10, ν=0

(c) f_m=25, γ=10, ν=10

(c) f_m=25, γ=5, ν=0

图 7-16　不同子波参数波形图

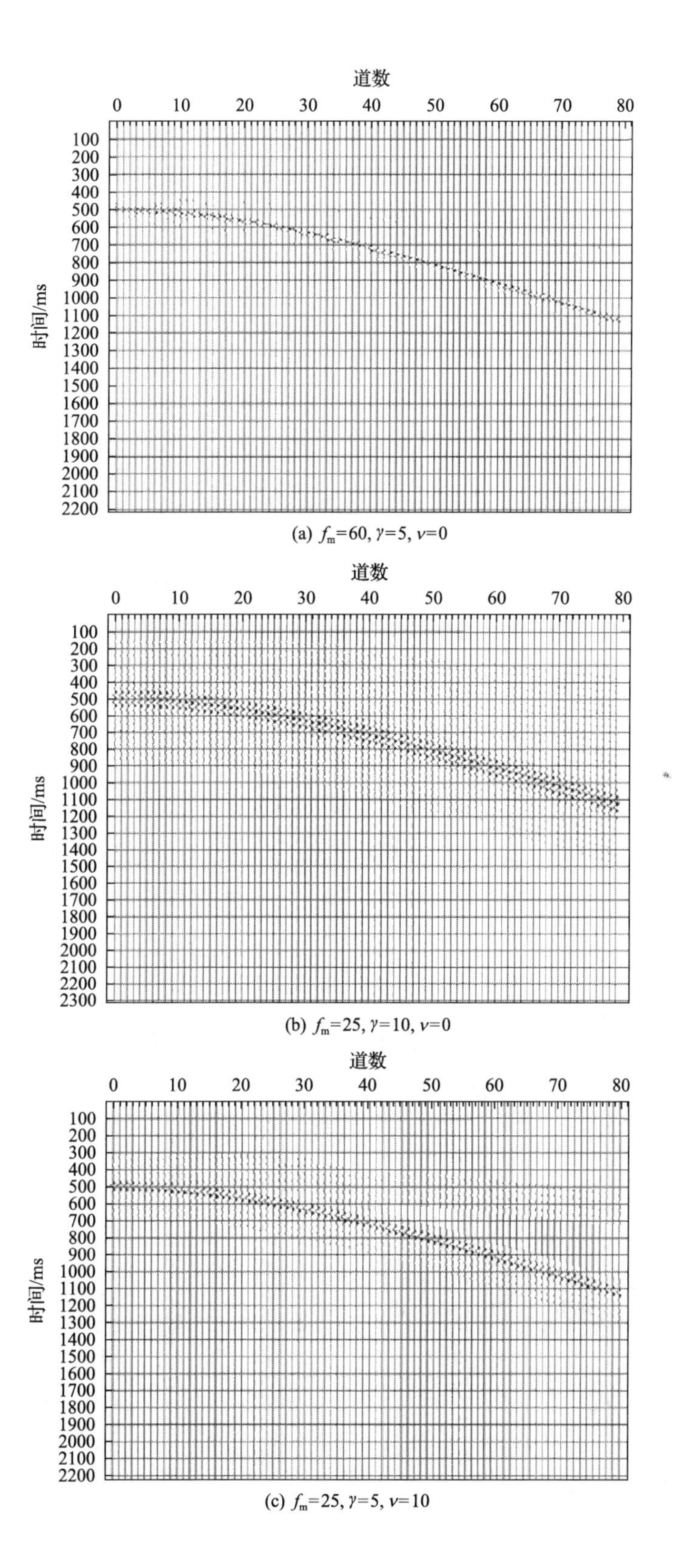

(a) f_m=60, γ=5, ν=0

(b) f_m=25, γ=10, ν=0

(c) f_m=25, γ=5, ν=10

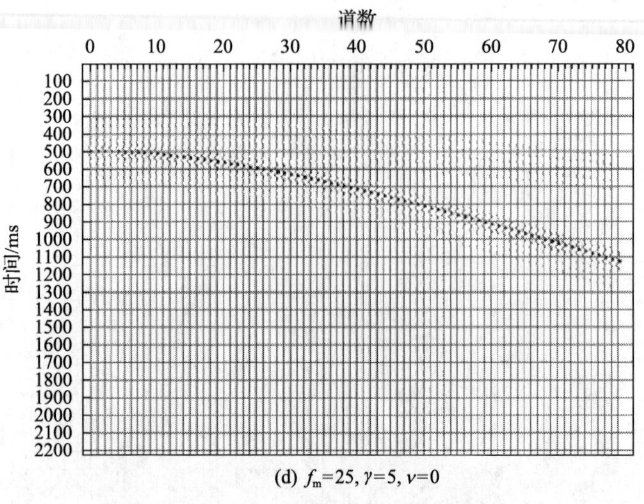

(d) f_m=25, γ=5, ν=0

图 7-17　不同子波参数对应的地震记录

(1) f_m 为子波主频。对比图 7-16 和图 7-17 中的(a)和(d)，在 γ、ν 相等时，f_m 越大，子波频率越高，延续时间越短，地震记录的分辨率越高；但是当频率较高时会造成相邻几道连续性好，但在整个同相轴中分成几段，如图 7-18 所示。

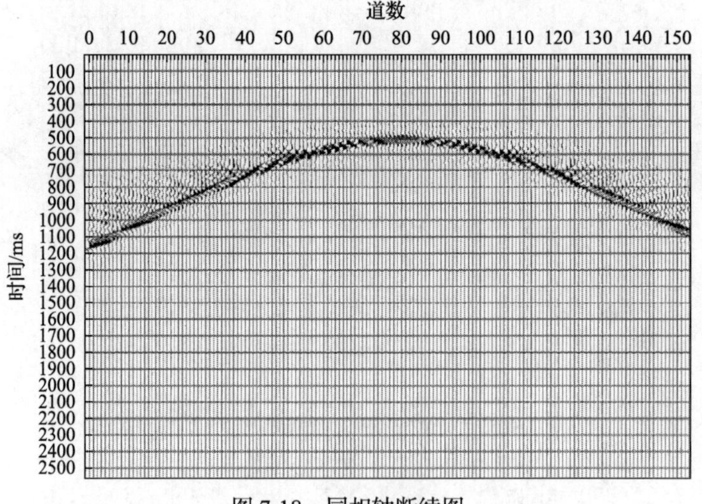

图 7-18　同相轴断续图

(2) γ 决定子波的宽度，对比图 7-16 和图 7-17(b)和(d)可知：当 f_m、ν 一定时，γ 越大子波的相位越多，延续时间越长，地震记录分辨率越低。

(3) ν 决定子波的相位，对比图 7-16 和图 7-17(a)和(c)可知：当 ν=0 时，子波为零相位，当 ν=10 时，子波为混合相位；对比图 7-16 和图 7-17(c)和(d)可知：零相位子波地震记录中同相轴中比混合相位地震记录中同相轴细一些，分辨率高一些。

综合(1)、(2)、(3)可知，为了得到良好的地震记录，需要合理地选择 f_m、γ、ν 的值，并要它们互相匹配。一般来说，零相位、高频、小 γ 值子波获得的地震记录分辨率较高。根据多次对比不同参数的子波波形和合成的地震记录，在程序实现中笔者选择了

$f_m=25$，$\gamma=5$，$\nu=0$。

2) 有效半宽度 L 的求取

根据 7.1 节二维高斯射线束表达式各参数的定义可知，在检波点 R 处有效半宽度为

$$L=\left\{\frac{\omega}{2}\mathrm{Im}\left[\frac{p(R)}{q(R)}\right]\right\}^{-1/2} \tag{7-54}$$

又 $\omega=2\pi f_m$，再结合式(7-52)可得

$$\begin{aligned}L&=\left\{\pi f_m\cdot\mathrm{Im}\left[\frac{1/v(l)}{\sum_{j=1}^{M}\frac{v(j)^2\tau(j)}{v(l)}\mathrm{i}+\sum_{j=1}^{M}\frac{v(j)^2\tau(j)}{v(l)}}\right]\right\}^{-1/2}\\&=\left\{\pi f_m\cdot\mathrm{Im}\left[\frac{1/v(l)}{-s\sum_{j=1}^{M}\frac{v(j)}{v(l)}\mathrm{i}+s\sum_{j=1}^{M}\frac{v(j)}{v(1)}}\right]\right\}^{-1/2}\\&=\frac{1}{\sqrt{\frac{\pi f_m}{v(l)}\left[\frac{1}{2s\sum_{j=1}^{M}\frac{v(j)}{v(l)}}\right]}}\end{aligned} \tag{7-55}$$

式中，s 为射线路径的长度。从式(7-55)可以看出：有效半宽度与频率、地层的速度和传播时间或传播路径有关；频率越高，有效半宽度越小；传播时间或传播路径越大，有效半宽度越大；深层速度与表层速度差别越大，有效半宽度越大，合成时叠加范围越大，在一定程度上补偿了深层的弱反射。

3) 相前曲率 K 的求取

按照定义，在检波点 R 处 K 的表达式为

$$K(R)=v(R)\cdot\mathrm{Re}\left[\frac{p(R)}{q(R)}\right] \tag{7-56}$$

又 $v(R)=v(l)$，结合式(7-52)可知：

$$\begin{aligned}K(R)&=v(l)\cdot\mathrm{Re}\left[\frac{1/v(l)}{-\sum_{j=1}^{M}\frac{v(j)^2\tau(j)}{v(l)}\mathrm{i}+\sum_{j=1}^{M}\frac{v(j)^2\tau(j)}{v(l)}}\right]\\&=v(l)\cdot\mathrm{Re}\left[\frac{1/v(l)}{-s\sum_{j=1}^{M}\frac{v(j)}{v(l)}\mathrm{i}+s\sum_{j=1}^{M}\frac{v(j)}{v(l)}}\right]\\&=\frac{1}{s\sum_{i=1}^{M}\frac{v(j)}{v(l)}}\end{aligned} \tag{7-57}$$

从式(7-57)可以看出：传播路径越远，曲率越小；当$s \to \infty$时，$K \to 0$，这样由震源发出的球面波就可以近似看成平面波了。

4)叠加权系数ϕ的求取

由式(7-23)和式(7-51)可知：

$$\begin{aligned}\phi &= -\frac{\mathrm{i}}{4\pi}\left[\frac{-\sum\limits_{\bar{j}=1}^{M}\frac{v(\bar{j})^2\tau(\bar{j})}{v(l)}\mathrm{i}}{v(l)}\right]^{1/2} \\ &= \frac{\sum\limits_{\bar{j}=1}^{M}\frac{v(\bar{j})^2\tau(\bar{j})}{v(l)}}{4\sqrt{2}\pi v(l)}(-1-\mathrm{i})\end{aligned} \tag{7-58}$$

则

$$|\phi| = \frac{\sum\limits_{i=1}^{M}v(\bar{j})^2\tau(\bar{j})}{4\pi v(l)^2} \tag{7-59}$$

式中，i为虚数单位；$\bar{j}$为一条射线的第j段。从式(7-58)可以看出：随出射角度的增大，射线路径也增大，这样传播时间也相应增大；又权系数与传播时间呈正相关关系，那么ϕ对因地层吸收、球面扩散等因素引起振幅的衰减有一定的补偿作用；另外，随$v(\bar{j})$的增大，ϕ也相应增大，这样叠加权系数对深层能量也有一定的补偿作用。

5)波场位移相位因子虚部θ、实部G的求取

由式(7-27)可知检波点处θ为

$$\theta = \tau(R) - \frac{|x_R - x(2N+1)|\sin\mathrm{ii}}{v(l)} + \frac{K(R)}{2v(l)}[|x_R - x(2N+1)|\cos\mathrm{ii}]^2 \tag{7-60}$$

$$G = \frac{(|x_R - x(2N+1)|\cos\mathrm{ii})^2}{2\pi f_{\mathrm{m}} L^2(R)} \tag{7-61}$$

式中，ii为射线出射地面的出射角；x_R为检波点横坐标；$x(2N+1)$为射线出射在地面的横坐标，如图7-19。

6)振幅A的求取

由式(7-6)可知二维均匀介质中，检波点处振幅表达式为

$$\begin{aligned}A(R) &= A_0\left[\frac{\rho(l)v(l)1}{\rho(l)v(l)q(R)}\right]^{1/2}\prod_{i=1}^{M}R_i\prod_{i=1}^{M}\left[\frac{\overline{\rho}(R)\overline{v}(R)}{\rho(R)v(R)}\right]\prod_{i=1}^{M}\left(\frac{\sin\beta_i}{\sin\alpha_i}\right) \\ &= A_0\left[\frac{1}{q(R)}\right]^{1/2}\prod_{i=1}^{M}R_i\prod_{i=1}^{M}\left[\frac{\overline{\rho}(R)\overline{v}(R)}{\rho(R)v(R)}\right]\prod_{i=1}^{M}\left(\frac{\sin\beta_i}{\sin\alpha_i}\right)\end{aligned} \tag{7-62}$$

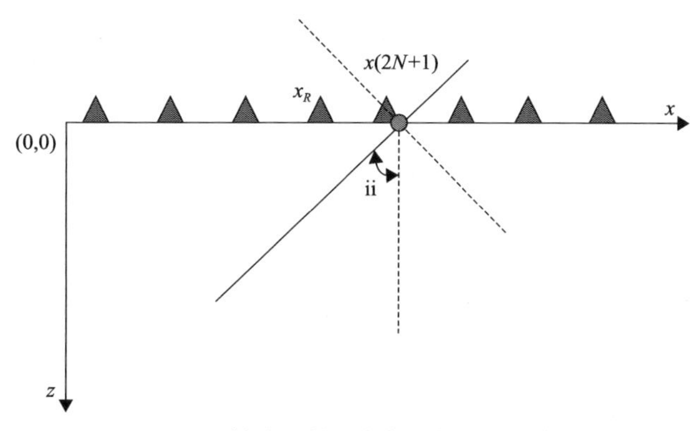

图 7-19　射线出射地表角度与坐标示意图

由于在二维多层均匀介质中，射线所穿过介质的物理参数(速度、密度)是对称的，故有

$$\begin{cases}\prod_{i=1}^{M}\left[\dfrac{\bar{\rho}(R)\bar{v}(R)}{\rho(R)v(R)}\right]=1\\ \prod_{i=1}^{M}\left(\dfrac{\sin\beta_i}{\sin\alpha_i}\right)=1\end{cases} \tag{7-63}$$

所以式(7-62)可化为

$$A(R)=A_0\left[\frac{1}{q(R)}\right]^{1/2}\prod_{i=1}^{M}R_i \tag{7-64}$$

式(7-62)～式(7-64)中，A_0为炮点振幅值，可设为 1；R_i为第 i 个界面的反射、透射系数；α_i、β_i如图 7-3 所示。从式(7-62)可知，振幅主要考虑了炮点和检波点物理性质差异、反射和透射影响、入射和出射角度影响等因素，但由于二维均匀介质的一些特殊性使振幅只受炮点和检波点物理性质差异、反射和透射能量损失的影响。

7) 高斯波包 g 的求取

根据式(7-34)，可知检波点出的高斯波包 g 为

$$\begin{aligned}g(R)=&(2\pi f_{\rm m})^{1/2}\left|\phi A(R)\right|\exp\left\{-[2\pi f_{\rm m}(t-\theta)/\gamma]^2+(2\pi f_{\rm m}G/\gamma)^2-2\pi f_{\rm m}G\right\}\\ &\times\cos[2\pi f_{\rm m}(1-4\pi f_{\rm m}G/\gamma^2)(t-\theta)+\nu+\frac{\pi}{4}-\arg(\phi A)]\end{aligned} \tag{7-65}$$

由于$\arg(\phi A)=\dfrac{\pi}{4}$，式(7-65)可化为

$$\begin{aligned}g(R,\varphi)=&(2\pi f_{\rm m})^{1/2}\left|\phi A(R)\right|\exp\left\{-[2\pi f_{\rm m}(t-\theta)/\gamma]^2+(2\pi f_{\rm m}G/\gamma)^2-2\pi f_{\rm m}G\right\}\\ &\times\cos[2\pi f_{\rm m}(1-4\pi f_{\rm m}G/\gamma^2)(t-\theta)+\nu]\end{aligned} \tag{7-66}$$

式(7-66)为波包最终表达式，把相应参数代进去就可以计算出某一道(R 处)、某一个时间点(t 时刻)和某一个角度φ的位移振幅值，再经过式(7-32)把各个角度上的有效振幅值叠加起来，就可以得到某一道、某一个时间点上的位移振幅 $U(R,t)$；从第一道到最后一道，从第一个采样点到最后一个采样点按照上述的方法，以此求出 $U(R,t)$，也就计算出了一个二维地震剖面各点数据，然后用相应的软件显示就可看到地震剖面了。

7.2　高斯射线束算法实现及实例分析

7.2.1　高斯射线束算法实现

根据高斯射线束理论，笔者用 Fortran 语言编写了 Gauss Beam Synthesis 程序，该程序可以对二维均匀介质线性界面模型进行地震记录的合成。图 7-20 是该程序的流程图，中间部分为主程序流程图，左侧为运动学追踪子程序流程图，右侧为动力学追踪及合成地震记录子程序流程图。此程序的核心在于射线追踪和合成地震记录，这两部分子程序编写的重点在于几个嵌套在一起的循环。射线追踪部分为两重循环，外层循环是界面循环，内层循环是角循环；合成记录部分为四层循环，第一层为道循环，第二层为时间参

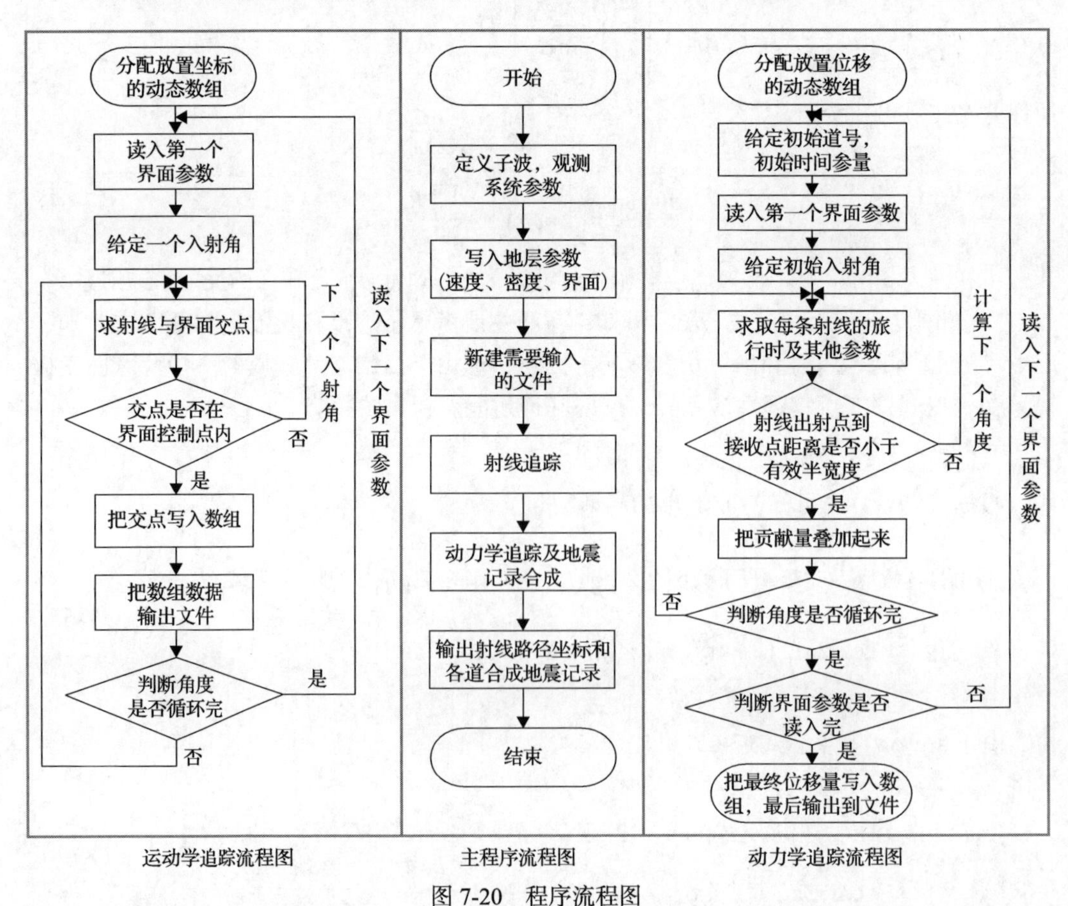

图 7-20　程序流程图

量循环，第三层为层循环，第四层为角循环。在求射线路径各控制点时，主要涉及解界面方程和射线方程联立的方程组、求反射和透射角等问题；在合成记录时主要是求解相应的参数和每条射线在检波点处的分量，然后在有效半宽内把各分量叠加。该程序最终输出的是射线路径各控制点的横、纵坐标和地震剖面上各点振幅值，为了得到射线路径图和地震剖面图还需用专门编写的软件成图。

7.2.2　模型实例分析

实际的计算表明高斯射线束法数值模拟是有效的，不需要费时的两点间的射线追踪，这就使运动学追踪部分的计算速度比普通射线法要快。另外，利用高斯射线束法合成的地震记录，可以明显看出地震波的动力学特征，这使计算精度比普通射线法要高，与波动方程效果相差不大，但计算速度比波动方程法快得多。下面我们通过模型实例来具体分析高斯射线束正演方法的特点。

1. 水平层状模型

此模型为一个两层水平界面模型，这两层介质速度、密度参数及观测系统参数见表7-1，在地震勘探中，所假设的最基本模型就是水平层状模型，并且在构造简单的地区此模型基本与地下地质结构相符合，因此用此模型来测试编写程序的有效性具有一定的理论和实际意义。

表7-1　水平层状模型观测参数及地层参数

观测系统参数					
炮点坐标/m	最大炮检距/m	道间距/m	观测时间/s	采样间隔/ms	观测方式
(2000,0)	2200	25	4	4	中间放炮，两边接收

地层参数			
地层序号	速度/(m/s)	密度/(g/cm^3)	厚度/m
1	2000	2.3	1500
2	2500	2.4	1000

从图7-21(a)可以看出：射线从–90°～90°打出，±90°打出的射线沿地面传播，形成直达波[图7-21(a)地表附近的水平红线]；其他角度的射线向下传播，遇到第一个界面发生了反射和透射，反射波回到地表被检波器接收到，形成第一层的反射波；透射波继续向下传播，遇到第二个界面再次发生反射和透射，反射波传播到地表就形成了第二层的反射波，透射波继续向下传播，由于没遇到反射界面，此部分能量就损失掉了。从地表接受情况来看，水平层状地层射线追踪不存在射线覆盖不到的阴影区域，所以，对于此种简单模型用普通的射线方法，也可以获得良好的正演效果，如图7-21(c)，可以进行构造方面的正演研究。

对比图7-21(b)、图7-21(c)和图7-21(d)，可以看出炮集记录有以下特点。

直达波的时距曲线(三个炮集记录中同相轴①)为过炮点的直线，反射波的时距曲线为双曲线，并且在同一地震道上直达波比反射波到达时间早；对于同一条反射波同相轴，零炮检距处的地震道上旅行时最小，随炮检距的增大，旅行时逐渐增大。对比两条反射波同相轴可知，反射界面越深，反射波时距曲线的曲率越小。这是由于深度越大，反射界面以上地层的均方根速度越大，相应的正常时差就越小，因此，同相轴就越平缓，曲率就越小。

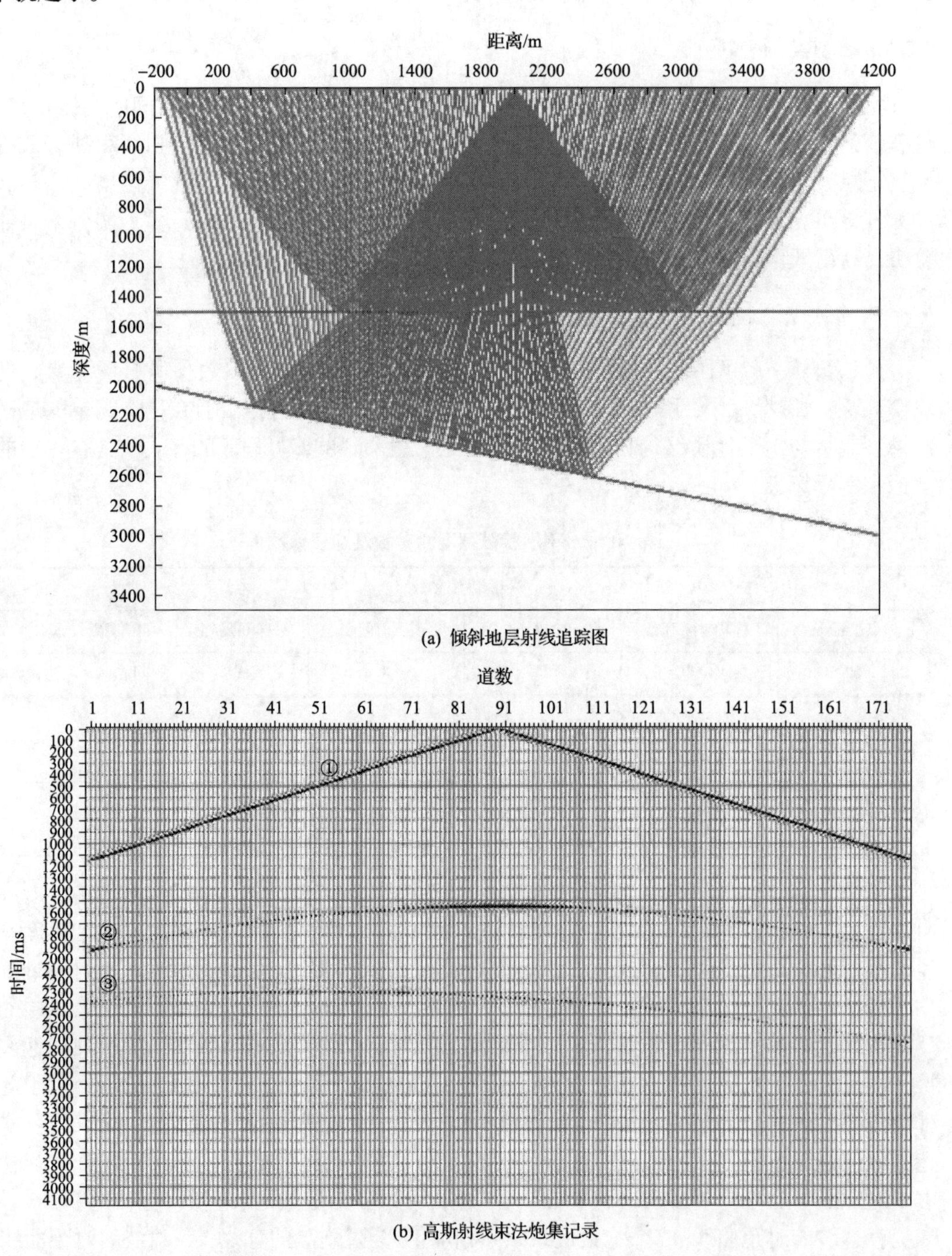

(a) 倾斜地层射线追踪图

(b) 高斯射线束法炮集记录

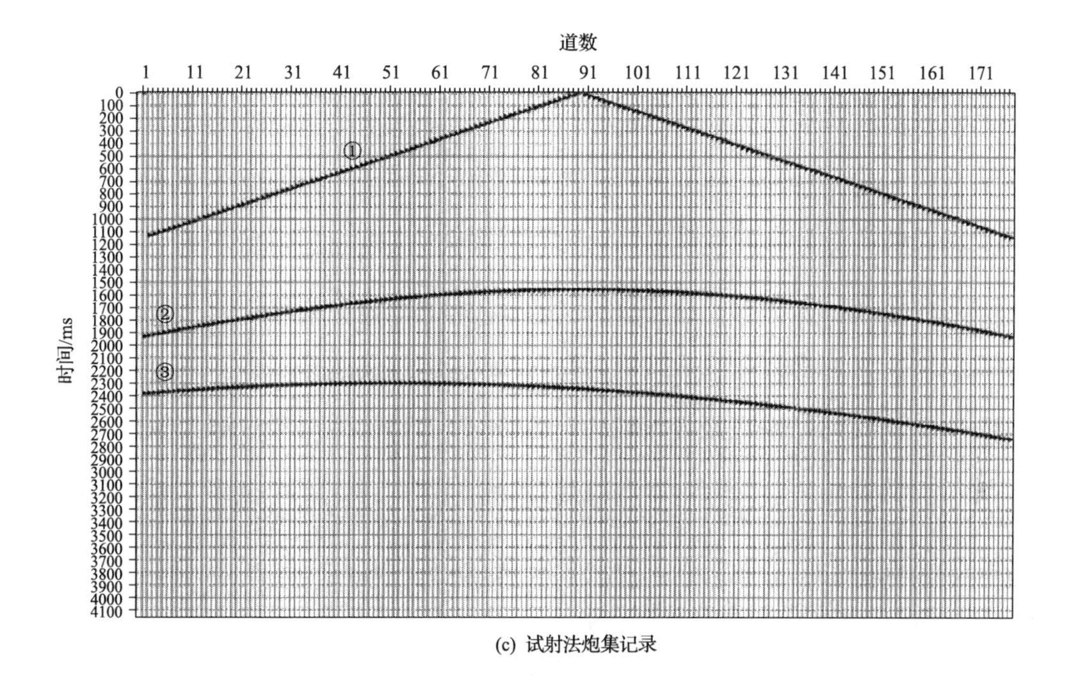

(c) 试射法炮集记录

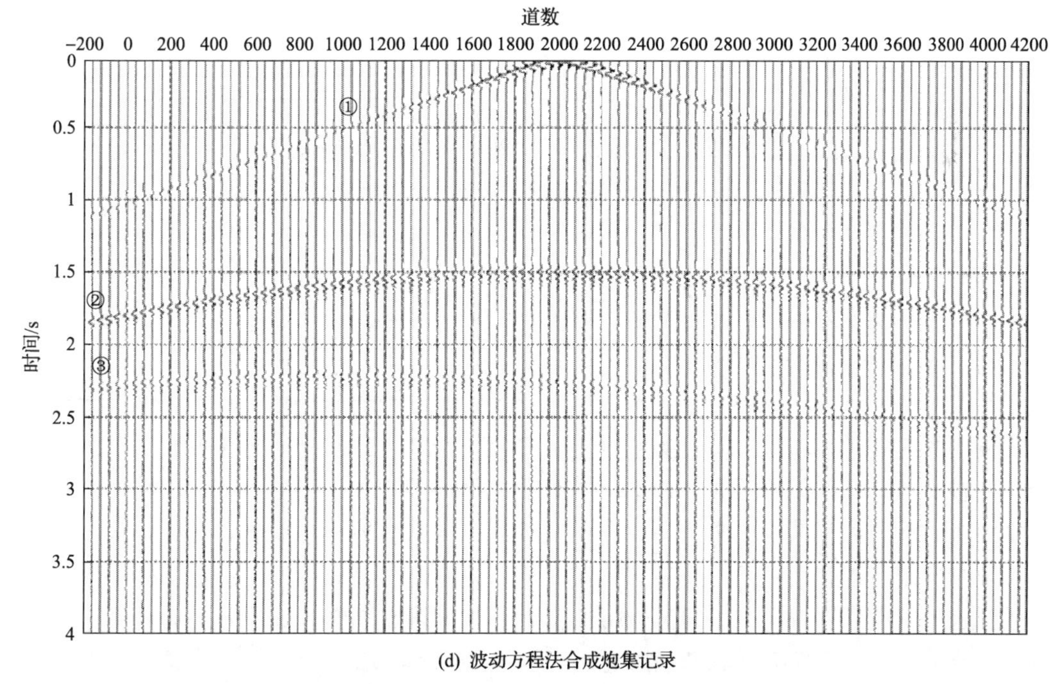

(d) 波动方程法合成炮集记录

图 7-21　运动学追踪图与炮集记录

高斯射线束法合成的地震记录体现了一定的地震波动力学特征，和波动方程法合成记录相似。如图 7-21(b)和 7-21(d)所示，各波能量有一定差异，其中直达波的能量最强，明显高于两个反射界面的能量，这是因为直达波没有经过任何的反射、折射等能量衰减作用，而反射波经过了界面的反射、透射、球面扩散、地层吸收等能量的衰减作用。对比两个反射界面的振幅可知，反射同相轴的能量随界面深度的增大而减小，这主要是因为界面越深、传播的射线路径越长、衰减的能量越多、振幅就越小；对于同一同相轴，零炮检距附近能量较强，随炮检距增大，反射能量逐渐减弱，这也是由于炮检距越大、反射路径越长、能量衰减越多造成的。由此可以看出，高斯射线束正演方法不仅考虑了不同深度上能量的变化，还考虑了不同入射角射线能量的差异，所以，此方法可以在一定程度上体现地震波的动力学特征。而用试射法得到的合成记录，如图 7-21(c)所示，各波同相轴的振幅一样，不能体现地震波传播的动力学特征，这是普通射线法的一大缺点。

地震波的运动学特征一般反映地下地质情况的构造特征，如地层的产状、位置、规模等；而动力学特征可以反映地层的岩性、物性、含流体性等，如岩石的速度、密度、孔隙度、含油气性等；从②中的分析可知普通射线法正演可以模拟一些地下构造或地层产生地震波的形状及分布情况，可用于地下构造空间位置和产状识别的研究；高斯射线束法可以和波动方程法一样，较精确地模拟不同岩性、不同物性、甚至含不同流体地层的地震响应，可用于储层识别、含油气性研究等工作。

2. 倾斜地层模型

此模型为一个水平层下置一个倾斜地层，观测参数和 8.2.1 观测参数一样，地层参数见表 7-2，倾斜地层模型虽然结构简单，但在实际地质情况中，确实存在因不均匀沉积或构造运动形成的倾斜地层或断面，因此，用此模型对所编程序进行测试具有一定的实际地质意义。

表 7-2　倾斜地层模型地层参数

层序号	速度/(m/s)	密度/(g/cm^3)	炮点处地层铅直厚度/m	倾角/(°)
1	2000	2.3	1500	0
2	2500	2.4	1000	12.8

分析图 7-22 可知：倾斜地层模型中射线路径不再关于炮点对称，在下倾方向射线路径长，在上倾方向射线路径短；相应地在炮集记录同相轴③上表现为上倾一侧时间短，下倾一侧时间长，整条同相轴为不对称的双曲线，双曲线顶点在炮点的上倾一侧。从地表接收情况来看，和水平地层模型一样倾斜地层的射线追踪图上，也不存射线覆盖不到的阴影区域，所以用普通的射线法也可以对此模型进行反映构造情况的正演研究。

在能量方面，高斯束法和波动方程法正演结果基本相似，如图 7-22(c)和图 7-22(d)所示，倾斜地层对应的同相轴③的振幅最强处不再是炮点正下方，而是在炮点上倾一侧，这是因为垂直到达倾斜界面上的射线与倾斜界面的交点在炮点上倾方向一侧，此条射线传播路径最短，对应的传播时间最小、能量衰减最小、振幅最大；但是试射法得到的地震记录，如图 7-22(c)，各同相轴振幅一样，不能体现能量的衰减变化，所以不能进行岩性、地层属性的研究。

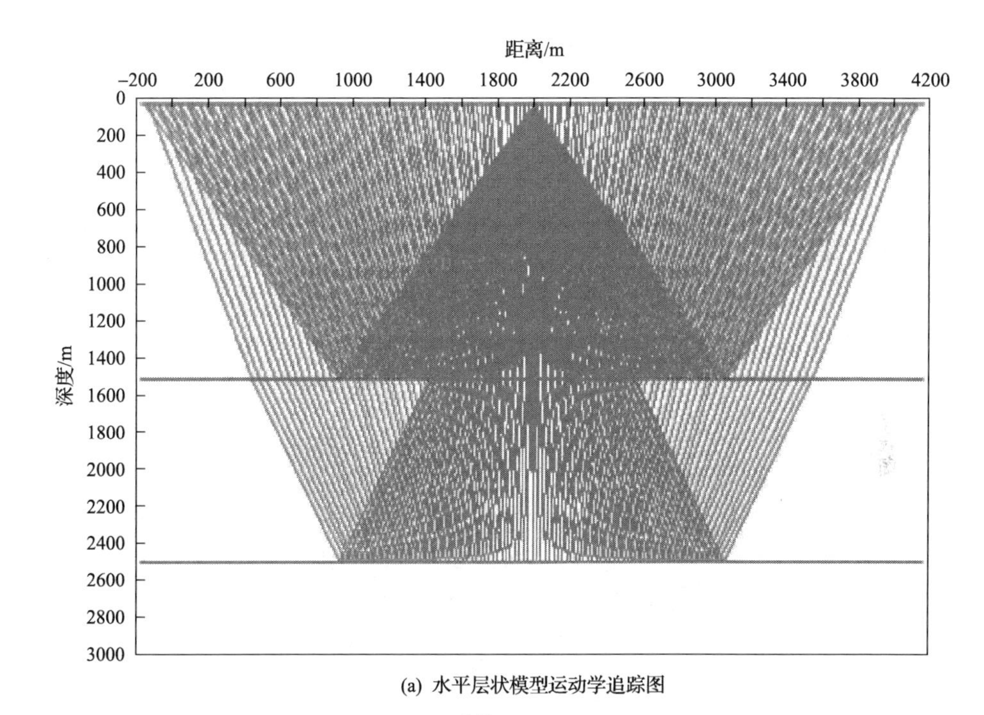

(a) 水平层状模型运动学追踪图

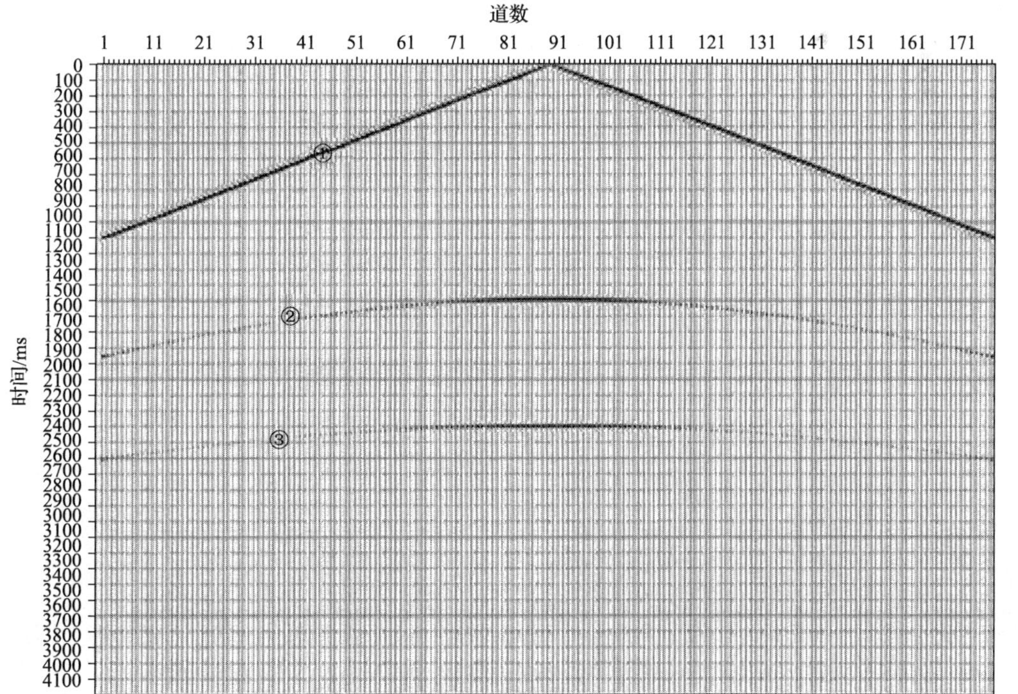

(b) 水平层状高斯射线束法炮集记录

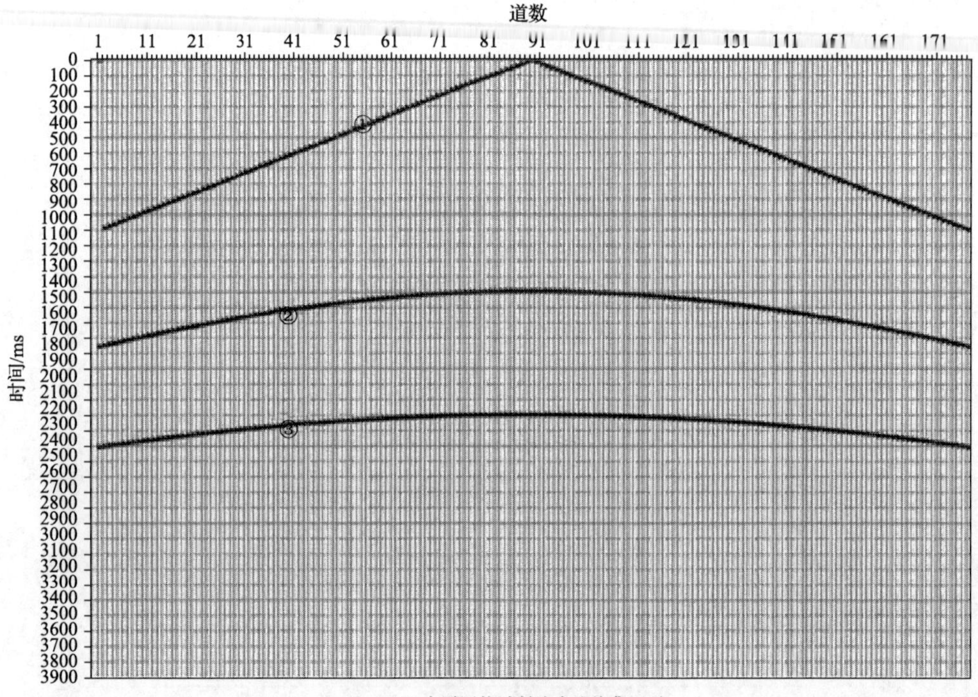

(c) 水平层状试射法合成炮集记录

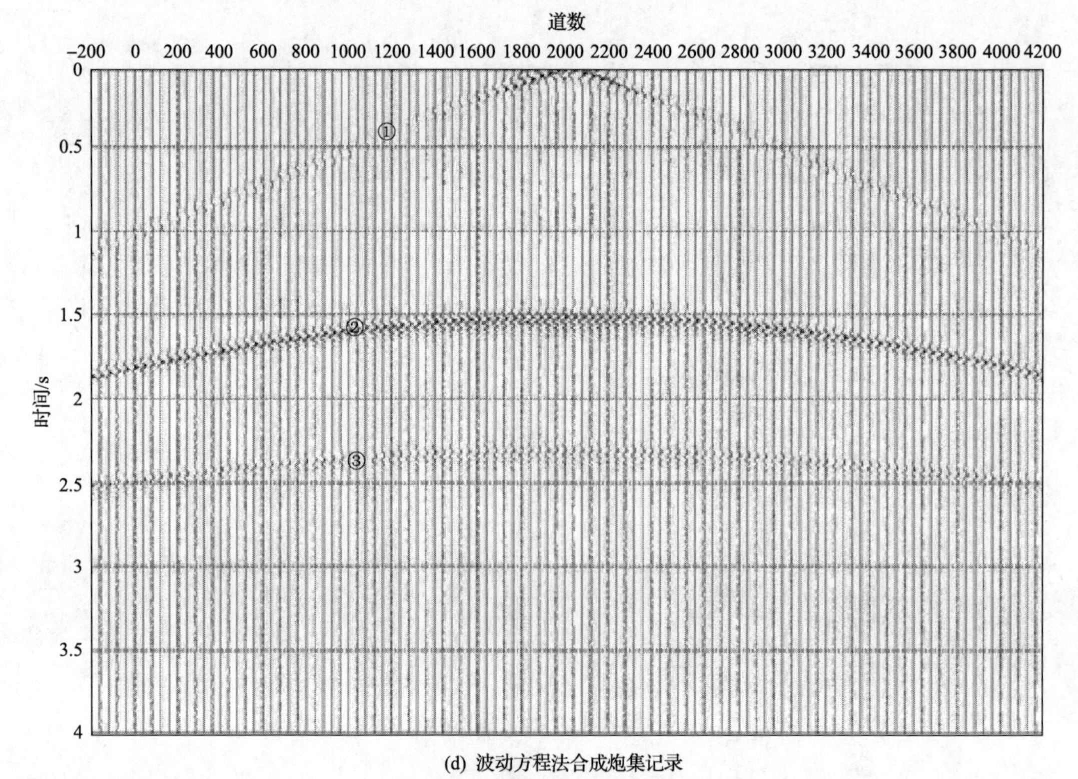

(d) 波动方程法合成炮集记录

图 7-22　运动学追踪图与炮集记录

了解了倾斜地层的反射特征，对我们在野外采集时从炮集记录中快速识别地层产状、分析地下结构复杂性，在室内进行资料处理时正确性、准确性的判定，解释时对复杂同相轴地质意义推测，具有一定的指导意义。所以要用计算速度快、精度高的正演方法来辅助采集、处理、解释这一系列工作，高斯射线束法恰恰就是很好的选择。

3. 双斜模型

此模型为两个倾斜地层或断面相交的情况，具体地层参数见表 7-3。在复杂的断裂系统中经常见到多个断层互相错开，形成像此模型一样的地质现象，对于复杂断层区往往存在能量的绕射、散射等复杂传播情况，这样就会在接收点处存在射线覆盖不到的阴影区、焦散区等奇异区域。而高斯束法和波动方程法相似，可在此区域有一定的能量延续，但普通射线法没有此效果，这是高斯射线束法的一大特点，所以用此双斜模型来检测程序的有效性，具有一定的实际地质意义。

结合射线追踪图 7-23(a)，对比高斯射线束正演图 7-23(b)、图 7-23(c)试射法正演图和波动方程正演图 7-23(d)可知：

表 7-3　双斜模型地层参数

地层序号	速度/(m/s)	密度/(g/cm^3)	炮点处地层铅直厚度/m	倾角/(°)
1	2000	2.3	1500	0
2	2500	2.4	1000	−12.8(左), 12.8(右)

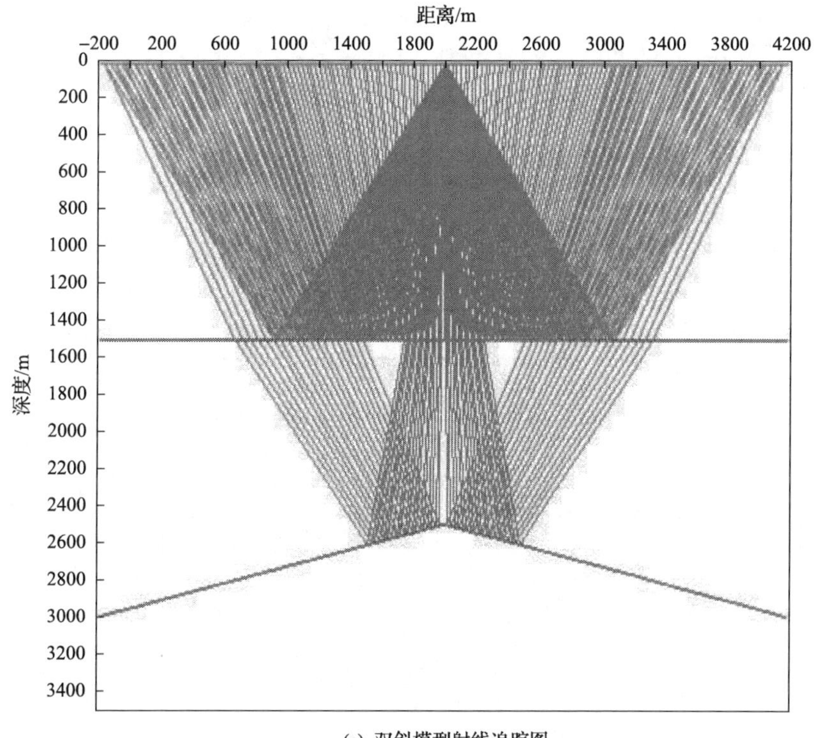

(a) 双斜模型射线追踪图

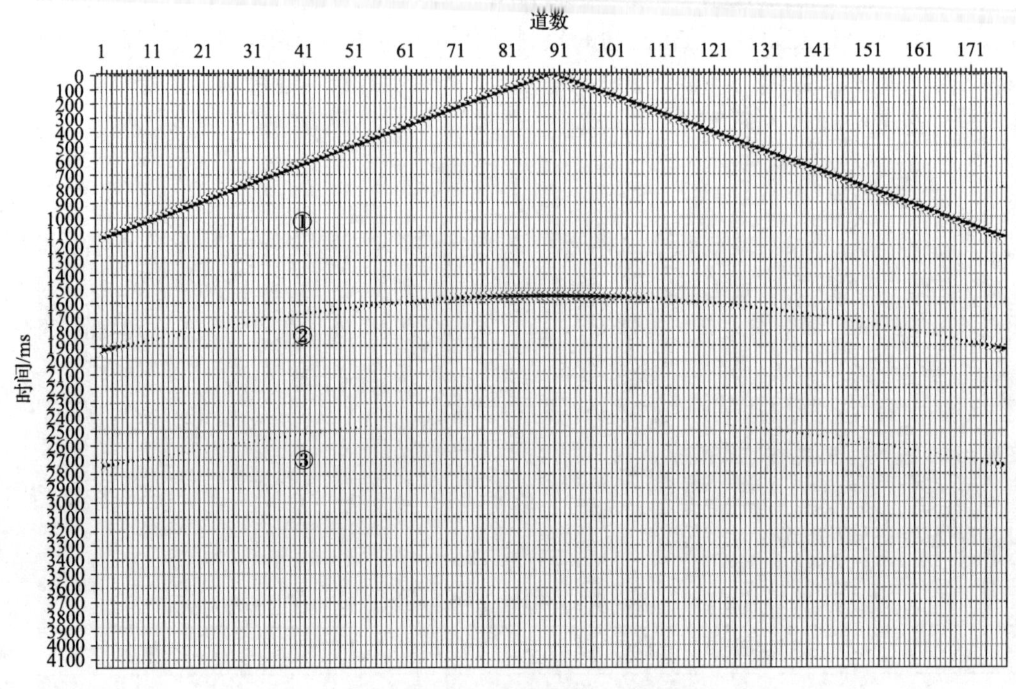

(b) 双斜模型高斯射线束合成炮集记录

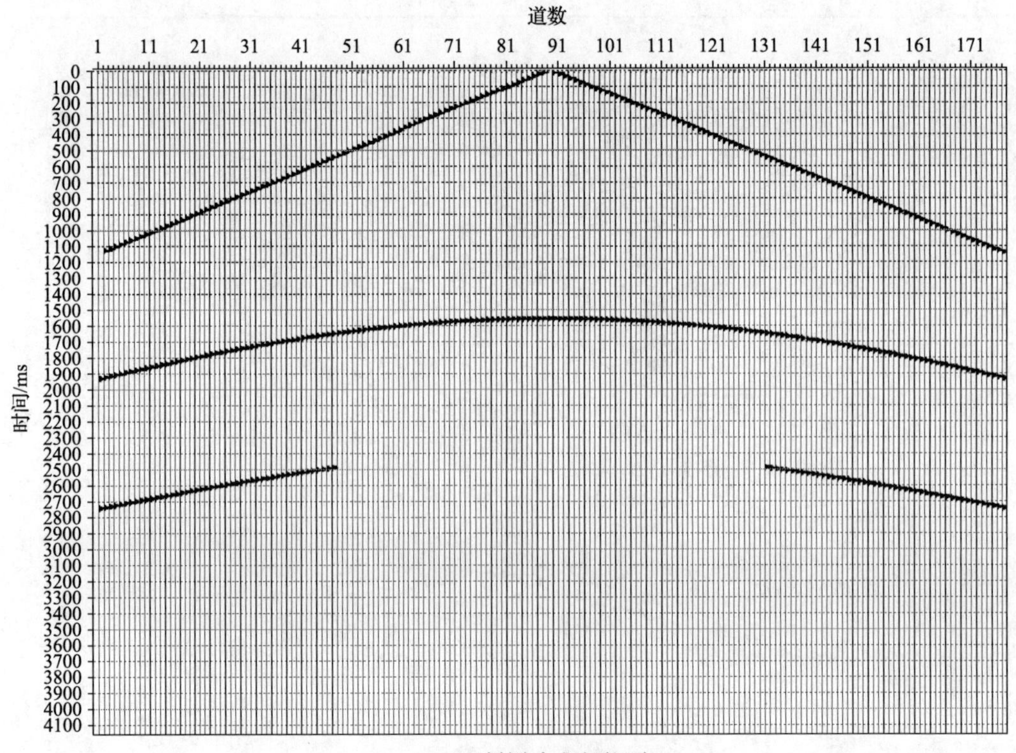

(c) 试射法合成地震记录

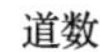

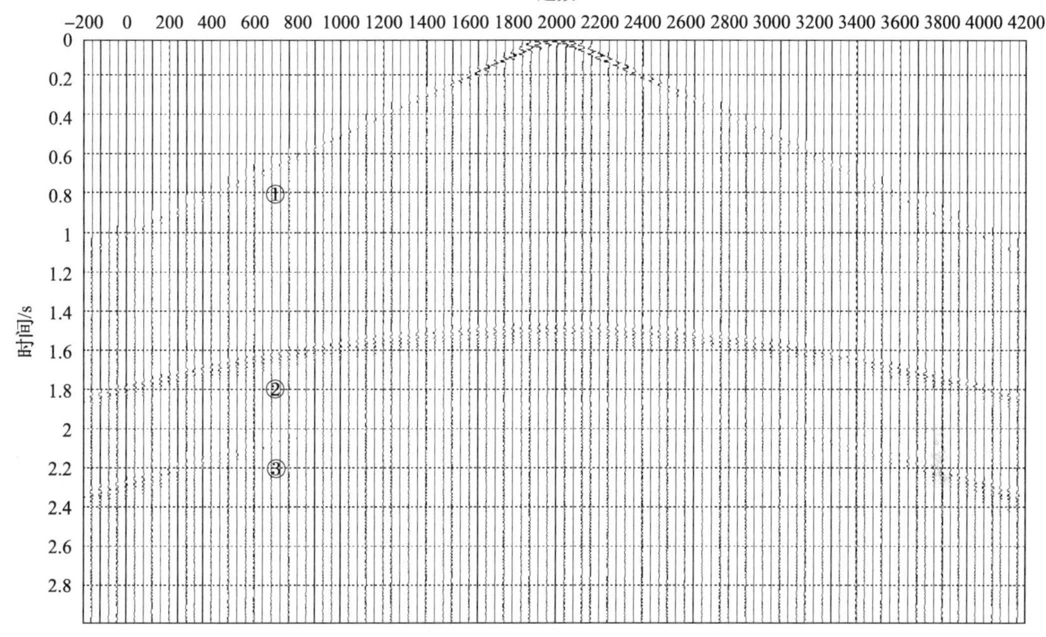

(d) 双斜模型波动方程法合成地震记录

图 7-23　双斜模型射线追踪图和炮集记录

(1)此模型在–210～4100m 时，没有第二界面的射线出射地表，此区域为射线追踪的阴影区域。利用高斯射线束法进行正演，会在此区域存在着一定能量的绕射，如图 7-23(b)中的③同相轴。若采用普通射线正演方法，理论上来说，倾斜反射层能量只应该分布在 1～46 道和 132～177 道，如图 7-23(c)所示，在 45～132 道上均没有来自双斜界面的能量；但是在高斯射线束法合成记录上③、④同相轴的能量分别分布在 1～55 道和 123～177 道上，这说明高斯束法合成记录上在断点处延续了 9 道的绕射能量，绕射距离达 215m，可见在阴影区成像方面，高斯束法比试射法优越；将高斯束法正演结果与波动方程法正演结果相比可以看出，同相轴的形态与分布位置基本一致，在断点处都存在着能量延续，而且延续范围基本一样。这是因为高斯射线束法是接收点处，附近多条射线的能量加权叠加的结果，在没有射线的地方会有相邻其他射线的一些能量分布，形成一定的过渡区域，而波动方程正演方法是基于波动理论来实现的，在断点处会有绕射能量存在，并且距离断点越远能量越小，由于高斯射线束法是波动方程的高频近似解，所以两者在延续长度上相差不大。

(2)从各波能量大小来看，高斯射线束合成记录上直达波没有随炮检距的增大而减小，这是因为

$$n=0 \tag{7-67}$$

故波场位移相位因子实部：

$$G = \frac{1}{\omega} \frac{n^2}{L(R)^2} = 0 \tag{7-68}$$

所以波场 $U_{\varphi}(R,\omega) = A(R)\exp(\mathrm{i}\omega\theta - \omega G)\exp(\mathrm{i}\omega t)$ 没有振幅的变化，只有相位的变化，而波动方程法得到的合成记录上直达波随炮检距有明显的变化，这是由于波动方程理论中考虑了球面扩散效应或地层吸收等使振幅衰减的因素造成的。如图 7-23(b)和图 7-23(d)所示，高斯射线束法和波动方程法合成记录上反射波同相轴②、③能量都有明显的差异，这是由于波动方程理论和高斯束理论中都考虑了球面扩散、反射透射、地层吸收、角度或偏移距变化、检波点和接收点物理性质差异等影响因素。但是基于普通射线理论的合成记录，如图 7-23(c)，各同相轴振幅一样，不随深度、偏移距等变化，在这一点上试射法正演不如前两种方法精度高。

对比图 7-23(b)和 7-23(d)中的①、②、③同相轴，可以看出在波动方程合成记录中，深层的反射波相对浅层反射波同相轴较粗、频率较低，而在高斯射线束法合成地震记录上没有明显的体现。这是由于高斯射线束是波动方程集中于射线附近的高频渐进时间调和解，所用频率相对较高，子波频率成分在传播过程变化不明显，都近似为高频造成的。

(3)在此模型计算中笔者统计了三种方法的计算时间，试射法平均需要 7s，高斯射线束法平均需要 2min，而波动方程法则平均需要 6min。由此可见，试射法计算速度最快，是波动方程法的 51 倍，是高斯束法的 17 倍；高斯束法计算速度中等，是波动方程法的 3 倍；波动方程法计算速度最慢，这主要是因为波动方程法设计网格的剖分、波场的递推计算、波场显示等步骤非常浪费时间。由于此模型较简单，用试射法进行两点间的射线追踪费时较短，所以速度较快，为高斯束法的 17 倍，但在比较复杂的模型中，试射法中两点间的射线追踪需要很长时间，可能比高斯束法运动学追踪部分所需时间还多，这也是试射法的又一大缺点。从计算速度和计算精度上来看，高斯束法正演是试射法正演和波动方程法正演的调和，是比较好的一种方法。

7.3　三维起伏地表的高斯束正演模拟方法

随着地震勘探向复杂地表探区转移，快速、精确、适应性强的三维起伏地表正演模拟在地震资料的采集、处理、解释中具有重要意义。本书发展了一种三维起伏地表高斯束正演模拟方法。基于传统高斯束正演方法，本书把高斯束理论引入到三维起伏地表模型的正演模拟中，导出了三维起伏地表高斯束正演公式，并给出了笛卡儿坐标系下相应的实现算法。在实现本书方法的基础之上，对典型的三维起伏地表模型进行试算，模拟结果表明：①本书方法可以较好地刻画由于起伏地表引起的波场畸变和由于复杂构造引起的同相轴干涉现象，在起伏地表正演模拟中充分发挥了高斯束的优势；②试算得到的射线路径及单炮记录证实了本方法正确性及对三维复杂地表模型一定的适应性。

7.3.1　三维起伏地表高斯束正演模拟原理

首先，简单介绍三维起伏地表高斯束表达式。在射线中心坐标系下(图 7-24)从源点 O 出发传播至检波点 $R(s,n,m)$，P 波三维高斯束位移主分量(本书中为射线切线方向)的一般表达式为

$$U_{\mathrm{P}}(R,\omega,t)=A(s)\exp\left\{-\mathrm{i}\omega\left[t-(\tau+\frac{1}{2}\boldsymbol{q}^{\mathrm{T}}\boldsymbol{M}\boldsymbol{q})\right]\right\} \tag{7-69}$$

式中，ω 为圆频率；t 为时间参量；τ 为中心射线走时；$\boldsymbol{q}=\begin{bmatrix} n \\ m \end{bmatrix}$；$\boldsymbol{q}^{\mathrm{T}}$ 为 $\boldsymbol{q}$ 的转置矩阵；$A(s)$ 是中心射线的位移；$\boldsymbol{M}$ 为动力学参数矩阵。

如果根据式(7-69)来计算 R 点的位移，需要存储整条射线路径上的坐标、走时、振幅及动力学参数值，并在这条路径上搜索最近的时间步。为了减少内存开销和避免繁杂的搜索过程，下面我们导出直接由地表出射点 Q 的 $A(Q)$ 、τ^{Q} 、$\boldsymbol{M}(Q)$ 值表示的 R 点位移表达式。由 Taylor 展开式得

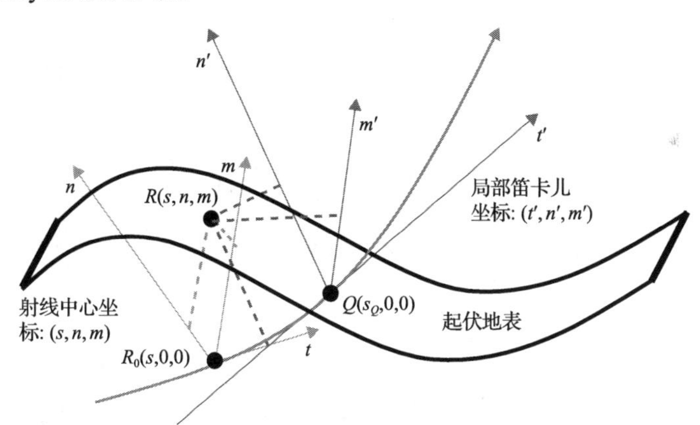

图 7-24　射线中心坐标系

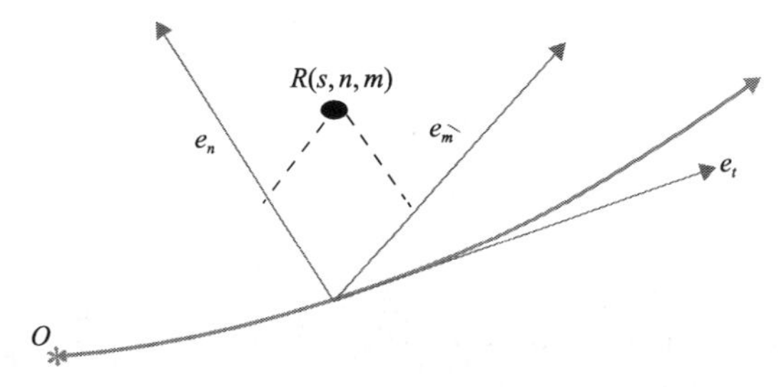

图 7-25　局部笛卡儿坐标系和射线坐标系的转换关系

$$\begin{cases} A(R)=A(Q)[1+o(\omega^{-1/2})] \\ T(R)=\tau^{\mathrm{S}}+\dfrac{1}{2}(\boldsymbol{q}^{\mathrm{S}})^{\mathrm{T}}\boldsymbol{M}^{\mathrm{S}}\boldsymbol{q}^{\mathrm{S}}=\tau^{\mathrm{Q}}+\dfrac{1}{v^{\mathrm{Q}}}(s-s^{\mathrm{Q}})-\dfrac{\partial v^{\mathrm{Q}}/\partial s}{2(v^{\mathrm{Q}})^{2}}(s-s^{\mathrm{Q}})^{2}+\dfrac{1}{2}(\boldsymbol{q}^{\mathrm{S}})^{\mathrm{T}}\boldsymbol{M}^{\mathrm{Q}}\boldsymbol{q}^{\mathrm{S}} \end{cases} \tag{7-70}$$

式中，$o(\omega^{-1/2})$ 为 $\omega^{-1/2}$ 的高阶无穷小量；$T(R)$ 为 R 点的复值走时；s 为射线弧长；v 中心射线上的速度，上标 R 和 Q 代表空间位置。利用射线中心坐标系和以 Q 点为起点的局部笛卡儿坐标系转换关系：

$$\begin{cases} n = n'[1+o(\omega^{-1/2})] \\ m = m'[1+o(\omega^{-1/2})] \\ s - s^Q = t'\left[1 - \dfrac{\partial v^Q/\partial n}{v^Q}n' - \dfrac{\partial v^Q/\partial m}{v^Q}m'\right][1+o(\omega^{-1/2})] \end{cases} \tag{7-71}$$

可得

$$T(R) = \tau^Q + \frac{1}{v^Q}t' - \frac{\partial v^Q/\partial n}{(v^Q)^2}t'n' - \frac{\partial v^Q/\partial m}{(v^Q)^2}t'm' - \frac{\partial v^Q/\partial s}{2(v^Q)^2}(t')^2 + \frac{1}{2}(\boldsymbol{q}^Q)^{\mathrm{T}}\boldsymbol{M}^Q\boldsymbol{q}^Q \tag{7-72}$$

进一步利用三维局部笛卡儿坐标系和普通笛卡儿坐标系的转换关系(图 7-25 中左侧为局部笛卡儿坐标系，右侧为射线坐标系)：

$$\begin{cases} n' = (x-x^Q)\cos\alpha\cos\beta + (y-y^Q)\cos\alpha\sin\beta - (z-z^Q)\sin\alpha \\ m' = -(x-x^Q)\sin\beta + (y-y^Q)\cos\beta \\ t' = (x-x^Q)\sin\alpha\cos\beta + (y-y^Q)\sin\alpha\sin\beta + (z-z^Q)\cos\alpha \end{cases} \tag{7-73}$$

并令

$$\boldsymbol{n}' = \begin{bmatrix} n' \\ m' \\ t' \end{bmatrix}, \boldsymbol{l} = \begin{bmatrix} \sin\alpha\cos\beta \\ \sin\alpha\sin\beta \\ \cos\alpha \end{bmatrix}, \boldsymbol{A} = \begin{bmatrix} (v^Q)^2 M_{11} & (v^Q)^2 M_{12} & -\partial v^Q/\partial n \\ (v^Q)^2 M_{21} & (v^Q)^2 M_{22} & -\partial v^Q/\partial m \\ -\partial v^Q/\partial n & -\partial v^Q/\partial m & -\partial v^Q/\partial s \end{bmatrix}, \boldsymbol{x} = \begin{bmatrix} x-x^Q \\ y-y^Q \\ z-z^Q \end{bmatrix} \tag{7-74}$$

可得到普通笛卡儿坐标系下三维起伏地表高斯束的最终表达式：

$$U(R,\omega,t) = A(Q)\exp\left\{-\mathrm{i}\omega\left[t - \left(\tau^Q + \frac{\boldsymbol{l}^{\mathrm{T}}\cdot\boldsymbol{x}}{v^Q} + \frac{1}{2}(\boldsymbol{n}')^{\mathrm{T}}\cdot\boldsymbol{A}\cdot n'\right)\right]\right\} \tag{7-75}$$

式中，(x,y,z) 和 (x',y',z') 分别为 R 点和 Q 点的笛卡儿坐标；α、β 为普通笛卡儿坐标系下中心射线切向的余纬角和经度角。

运动学射线追踪是求取射线路径和相应的走时，在三维笛卡儿坐标系中满足如下方程：

$$
\begin{cases}
\dfrac{\mathrm{d}x}{\mathrm{d}\tau}=v\sin\alpha\cos\beta \\
\dfrac{\mathrm{d}y}{\mathrm{d}\tau}=v\sin\alpha\sin\beta \\
\dfrac{\mathrm{d}z}{\mathrm{d}\tau}=v\cos\alpha \\
\dfrac{\mathrm{d}i}{\mathrm{d}\tau}=-\cos\alpha(v_x\cos\beta+v_y\sin\beta)+v_z\sin\alpha \\
\dfrac{\mathrm{d}j}{\mathrm{d}\tau}=\dfrac{1}{\sin i}(v_x\sin\beta-v_y\cos\beta)
\end{cases}
\tag{7-76}
$$

式中，$v_i\,(i=x,y,z)$为中心射线处速度函数的偏导数。

动力学射线追踪的关键是求取复值动力学参数 2×2 矩阵$\boldsymbol{P}$、$\boldsymbol{Q}$和$\boldsymbol{M}$，其满足如下方程：

$$
\begin{cases}
\dfrac{\partial \boldsymbol{Q}}{\partial\tau}=v^2\boldsymbol{P} \\
\dfrac{\partial \boldsymbol{P}}{\partial\tau}=\dfrac{1}{v}\boldsymbol{V}\cdot\boldsymbol{Q} \\
\boldsymbol{M}=\boldsymbol{P}\boldsymbol{Q}^{-1}
\end{cases}
\tag{7-77}
$$

式中，$\boldsymbol{V}=\begin{bmatrix}\dfrac{\partial^2 v(s)}{\partial n^2} & \dfrac{\partial^2 v(s)}{\partial n\partial m} \\ \dfrac{\partial^2 v(s)}{\partial m\partial n} & \dfrac{\partial^2 v(s)}{\partial m^2}\end{bmatrix}$，在三维笛卡儿坐标系下二阶速度偏导数为

$$
\begin{cases}
\dfrac{\partial^2 v}{\partial n^2}=\dfrac{\partial^2 v}{\partial x^2}\cos^2\alpha\cos^2\beta+\dfrac{\partial^2 v}{\partial y^2}\cos^2\alpha\cos^2\beta+\dfrac{\partial^2 v}{\partial z^2}\sin^2\alpha \\
\qquad +2\dfrac{\partial^2 v}{\partial x\partial y}\cos^2\alpha\sin\beta\cos\beta-2\dfrac{\partial^2 v}{\partial x\partial z}\sin\alpha\cos\alpha\cos\beta-2\dfrac{\partial^2 v}{\partial y\partial z}\sin\alpha\cos\alpha\sin\beta \\
\dfrac{\partial^2 v}{\partial m^2}=\dfrac{\partial^2 v}{\partial x^2}\sin^2\beta+\dfrac{\partial^2 v}{\partial y^2}\cos^2\beta-2\dfrac{\partial^2 v}{\partial x\partial y}\sin\beta\cos\beta \\
\dfrac{\partial^2 v}{\partial n\partial m}=\dfrac{\partial^2 v}{\partial m\partial n}=-\dfrac{\partial^2 v}{\partial x^2}\cos\alpha\sin\beta\cos\beta+\dfrac{\partial^2 v}{\partial y^2}\cos\alpha\sin\beta\cos\beta \\
\qquad +\dfrac{\partial^2 v}{\partial x\partial y}\cos\alpha(\cos^2\beta-\sin^2\beta)+\dfrac{\partial^2 v}{\partial x\partial z}\sin\alpha\sin\beta-\dfrac{\partial^2 v}{\partial y\partial z}\sin\alpha\cos\beta
\end{cases}
\tag{7-78}
$$

分别给定$\boldsymbol{Q}$、$\boldsymbol{P}$初值为$\boldsymbol{I}$、$\mathbf{0}$和$\mathbf{0}$、$\boldsymbol{I}$（$\boldsymbol{I}$和$\mathbf{0}$分别为 2×2 的单位矩阵和零矩阵），

可得到两组线性无关的解 $\boldsymbol{Q}_1$、$\boldsymbol{P}_1$ 和 $\boldsymbol{Q}_2$、$\boldsymbol{P}_2$，它们组成了传播矩阵 $\boldsymbol{\Pi}=\begin{bmatrix}\boldsymbol{Q}_1 & \boldsymbol{Q}_2\\ \boldsymbol{P}_1 & \boldsymbol{P}_2\end{bmatrix}$，则 $\boldsymbol{P}$、$\boldsymbol{Q}$ 的通解可表示为

$$\begin{bmatrix}\boldsymbol{Q}\\ \boldsymbol{P}\end{bmatrix}=\boldsymbol{\Pi}\cdot\boldsymbol{C} \tag{7-79}$$

式中，$\boldsymbol{C}=\begin{bmatrix}\boldsymbol{I}\\ \mathrm{i}\dfrac{\omega_1}{4\pi^2 v_{\mathrm{a}}}\boldsymbol{I}\end{bmatrix}$；i 为虚数单位；$v_{\mathrm{a}}$ 为速度模型几何平均值；ω_1 为数据地震最低频率；$\boldsymbol{I}$ 为 2×2 单位矢量。

在地层内部内，采用四阶龙格-库塔法解方程式(7-78)和式(7-79)就可得到各时间步的坐标、走时和动力学参数矩阵。在地层分界面上，利用二分法可求出交点的近似坐标，利用矢量折射定律可得到反射或透射射线的方向，但是动力学参数矩阵在界面上会发生突变(Červený，2005)，在此直接给出界面入射点 O 反射或透射点 $\widetilde{O}$ 处传播矩阵的边界条件：

$$\boldsymbol{\Pi}(\widetilde{O},S_0)=\boldsymbol{\Pi}(\widetilde{O},O)\boldsymbol{\Pi}(O,S_0) \tag{7-80}$$

式中，

$$\boldsymbol{\Pi}(\widetilde{O},O)=\begin{bmatrix}\boldsymbol{G}^{\mathrm{T}}(\widetilde{O})\boldsymbol{G}^{-\mathrm{T}}(O) & 0\\ \boldsymbol{G}^{-1}(\widetilde{O})[\boldsymbol{E}(O)-\boldsymbol{E}(\widetilde{O})-\mu\boldsymbol{D}]\boldsymbol{G}^{-\mathrm{T}}(O) & \boldsymbol{G}^{-1}(\widetilde{O})\boldsymbol{G}(O)\end{bmatrix} \tag{7-81}$$

$$\begin{aligned}
&G(O)=\begin{bmatrix}\varepsilon\cos i_{\mathrm{S}}\cos\kappa & -\varepsilon\cos i_{\mathrm{S}}\sin\kappa\\ \sin\kappa & \cos\kappa\end{bmatrix} G(\widetilde{O})=\begin{bmatrix}\pm\varepsilon\cos i_{\mathrm{R}}\cos\kappa & \mp\varepsilon\cos i_{\mathrm{S}}\sin\kappa\\ \sin\kappa & \cos\kappa\end{bmatrix}\\
&\boldsymbol{E}=\begin{bmatrix}E_{11} & E_{12}\\ E_{21} & 0\end{bmatrix}\\
&E_{11}(O)=-\sin i_{\mathrm{S}}v^{-2}(O)[(1+\cos^2 i_{\mathrm{S}})v_{,z_1}-\varepsilon\cos i_{\mathrm{S}}\sin i_{\mathrm{S}}v_{,z_3}]\\
&E_{12}(O)=E_{21}(O)=-\sin i_{\mathrm{S}}v^{-2}(O)v_{,z_2}\\
&E_{11}(\widetilde{O})=-\sin i_{\mathrm{R}}v^{-2}(\widetilde{O})[(1+\cos^2 i_{\mathrm{R}})\tilde{v}_{,z_1}\mp\varepsilon\cos i_{\mathrm{R}}\sin i_{\mathrm{R}}\tilde{v}_{,z_3}]\\
&E_{12}(\widetilde{O})=E_{21}(\widetilde{O})=-\sin i_{\mathrm{R}}v^{-2}(\widetilde{O})\tilde{v}_{,z_2}\\
&\mu=\varepsilon(v^{-1}(O)\cos i_{\mathrm{S}}\mp v^{-1}(\tilde{O})\cos i_{\mathrm{R}})
\end{aligned} \tag{7-82}$$

其中，$\varepsilon=\mathrm{sign}(\bar{\tau}\cdot\bar{n})$，为方向指数；$i_{\mathrm{S}}$ 为入射角；i_{R} 为反射角或透射角；$\boldsymbol{D}$ 为界面的曲率矩阵，分量为 $D_{ij}=\left(\dfrac{\partial^2 f}{\partial z_i\partial z_j}\right)\Big/\left(\dfrac{\partial f}{\partial z_3}\right)$；$z_1$、$z_2$ 和 z_3 为局部笛卡儿坐标系中的三个分量(见附录)；κ 为射线中心坐标系中 e_n 和局部笛卡儿坐标系中 $\bar{i}_2^z$ 的夹角；式(7-82)最后一行式子中，当发生透射时取减号，发生反射时取加号。

检波点 R 处有效能量叠加的离散表达式为

$$u(R,t)=\sum_{i=1}^{N}\sum_{j=1}^{M}g(R,t,\alpha_i,\beta_j)\Delta\alpha\Delta\beta \tag{7-83}$$

式中，$g(R,t,\alpha_i,\beta_j)$ 为以初始角 (α_i,β_j) 出发在检波点 R 处高斯波包，得其近似表达式为

$$\begin{aligned} g(R,t,\alpha_i,\beta_j)=&2\pi f_{\mathrm{m}}\left|\varPhi A(R')\right|\exp\left\{-[2\pi f_{\mathrm{m}}(t-\theta)\gamma]^2+(2\pi f_{\mathrm{m}}G/\gamma)^2-2\pi f_{\mathrm{m}}G\right\}\\ &\times\cos(2\pi f^*(t-\theta)+\nu-\arg[\varPhi A(R')]+\pi/2) \end{aligned} \tag{7-84}$$

式中，R' 为中心射线在地表出射点；f_{m}、γ、ν 为 Gabor 子波参数；$f^*=f_{\mathrm{m}}\left(1-\dfrac{4\pi f_{\mathrm{m}}G}{\gamma^2}\right)$；$\theta(R)=\tau^{R'}+\boldsymbol{l}^{\mathrm{T}}\boldsymbol{x}/v^{R'}+\mathrm{Re}[1/2*(\boldsymbol{n}')^{\mathrm{T}}\boldsymbol{A}\boldsymbol{n}')]$；$G=\mathrm{Im}[1/2*(\boldsymbol{n}')^{\mathrm{T}}\cdot\boldsymbol{A}\cdot\boldsymbol{n}')]$；$A(R')$ 为 R' 点振幅，在层状介质中，$A(R')=A_0\left\{\dfrac{\rho(s_0)v(s_0)\det[\boldsymbol{Q}(s_0)]}{\rho(R')v(R')\det[\boldsymbol{Q}(R')]}\right\}^{1/2}\prod\limits_{i=1}^{M}R_i\prod\limits_{i=1}^{M}\left[\dfrac{\tilde{\rho}\tilde{v}}{\rho v}\right]\cdot\prod\limits_{i=1}^{M}\left(\dfrac{\det(\widetilde{\boldsymbol{Q}})}{\det(\boldsymbol{Q})}\right)$；$\rho$ 为密度；R_i 为经过第 i 个界面反射系数；“~”表示生成射线一侧的量值；$\varPhi=\omega/2\pi\left\{-\det[\boldsymbol{P}^{\mathrm{T}}(R')]\right\}^{1/2}$，为能量叠加的权系数。

7.3.2　数值算例

1. 模型一：起伏地表层状模型

在实现三维起伏地表高斯束正演模拟方法的基础上，本书首先通过简单的三维起伏地表层状模型对方法正确性进行了测试。其中，模型尺寸为 4000m×4000m×3700m，各层速度如图 7-26 所示；观测系统：三炮四线制（图 7-26，蓝线为炮线，绿线为接收点线），道间距为 25m，测线间距为 500m，炮间距为 50m，炮线距为 500m，采样间隔为 4ms，记录时间为 4s，全排列接收；射线角度间隔 $\Delta\alpha=2°$，$\Delta\beta=10°$。经试算得到的射线路径如图 7-25 所示，基于式(7-69)和式(7-75)模拟得到炮记录如图 7-27(a)和(b)所示，分析

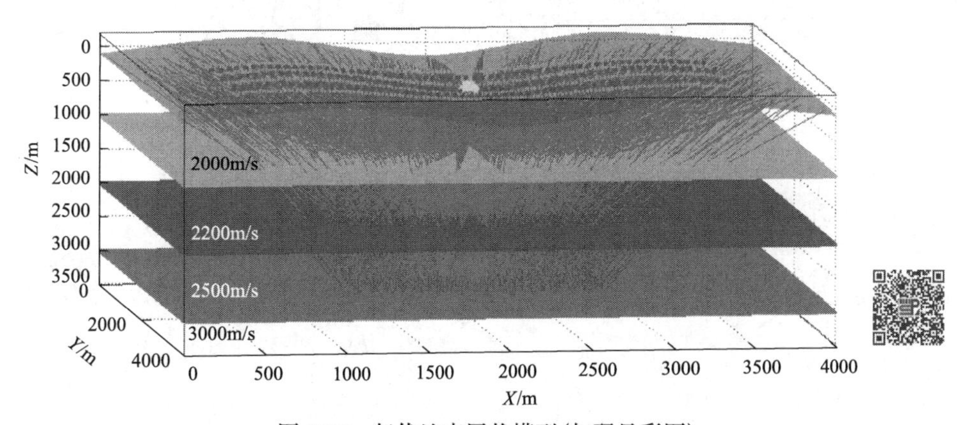

图 7-26　起伏地表层状模型（扫码见彩图）

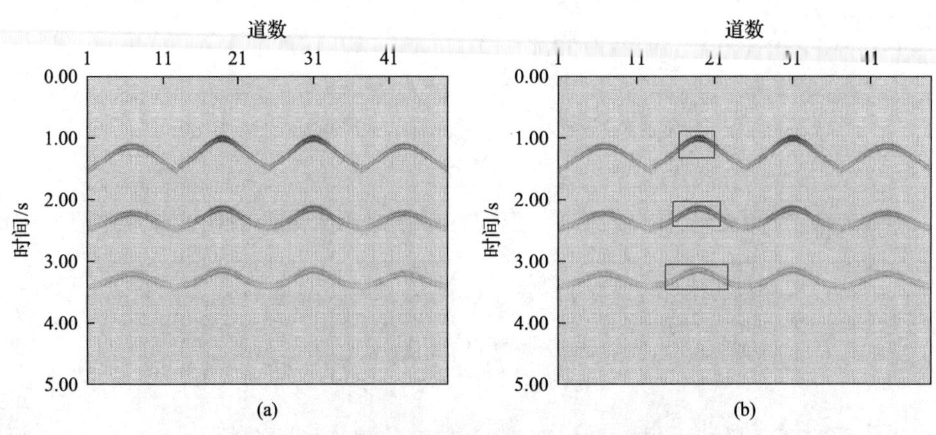

图 7-27　基于不同算法模拟的起伏地表层状模型炮记录

两炮记录可以看出：①两种算法计算的炮记录在走时和能量分布上都是一致的，这说明了式(7-75)的有效性。后者在计算时不需要存储整条中心上的走时、振幅、动力学参数，大大减少了计算机内存开销，也避免了搜索最近时间步的复杂运算，节省了计算时间；②利用高斯束理论模拟的反射同相轴不仅在垂向上有能量的强弱[如图 7-27(b)的矩形框]，在横向上也有能量的变化，这主要是由动力学参数 q 决定的几何扩散和由振幅 $A(Q)$ 决定的透射损失导致的；③在起伏地表影响下，水平地层同相轴的几何形态发生畸变，不再是标准的双曲线，这是在起伏地表探区地震资料处理时，静校正不准和常规叠加效果不好。图 7-27 的试算结果验证了本书方法的正确性和有效性。

2. 模型二：起伏地表台地模型

在验证了起伏地表高斯束正演方法的有效性后，为了说明其适应性，对高斯束正演中经典的角点模型进行测试。此模型的大小为 4000m×4000m×2500m，上层速度为 2000m/s，下层速度为 3000m/s，观测系统与模型一相同，射线角度间隔为 $\Delta\alpha=2°$，$\Delta\beta=2°$。试算得到的射线路径如图 7-28 中红色线条，得到的炮记录如图 7-29 所示。从图 7-28 和

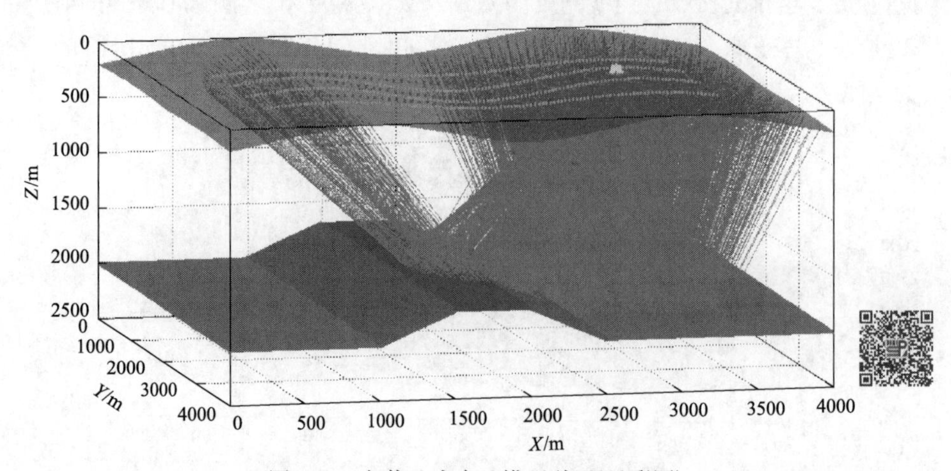

图 7-28　起伏地表台地模型(扫码见彩图)

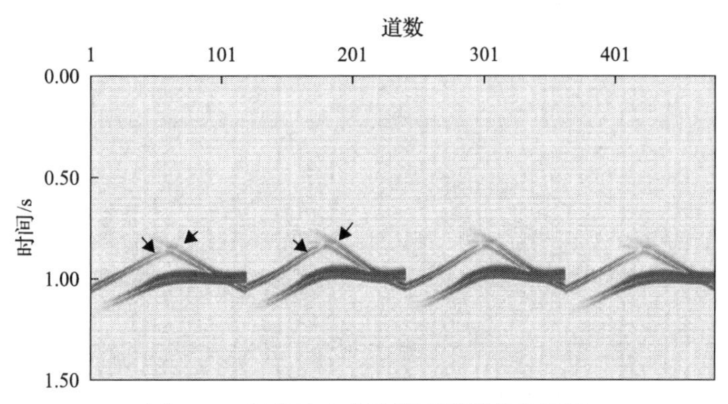

图 7-29　起伏地表台地模型模拟的炮记录

图 7-29 可以得到以下认识：①从两图中射线和反射同相轴的对应关系可知，高斯束正演方法对起伏地表角点模型是适应的；②在射线的盲区内(图 7-28 中射线的空白区)，地台上部的水平面和断面都存在一定的绕射能量(图 7-29 中箭头处)，究其原因可知，高斯束是基于傍轴射线性使射线能量分布在地表面上有效椭圆域内，因此在断点、断面及岩性尖灭点附近都会存在一定的过度能量；③图 7-28 中地台下部同相轴也存在和模型一相似的畸变，并且上部的水平面和断面绕射能量发生干涉，这是主要是由于起伏地表影响了射线的走时。此台地模型试算结果也验证了式(7-75)的正确性和一定的适应性。

3. 模型三：起伏地表复杂模型

为了验证起伏地表高斯束正演方法的普适性，在此利用含有断裂构造的起伏地表模型进行试算。此模型尺寸为 4000m×4000m×4000m，接收时间为 5s，速度分布如图 7-30 所示，观测系统与模型一相同。计算得到的射线路径如图 7-30 中红色线条，得到的炮记录如图 7-31。对比两图可以看出，起伏地表使得反射同相轴发生畸变(图 7-31 矩形框内)，复杂构造使反射同相轴相互干涉(图 7-31 箭头处)，两者共同复杂化了地震波场。图 7-30 和图 7-31 的试算结果验证了本书方法对起伏地表复杂构造模型也具有一定的适应性。

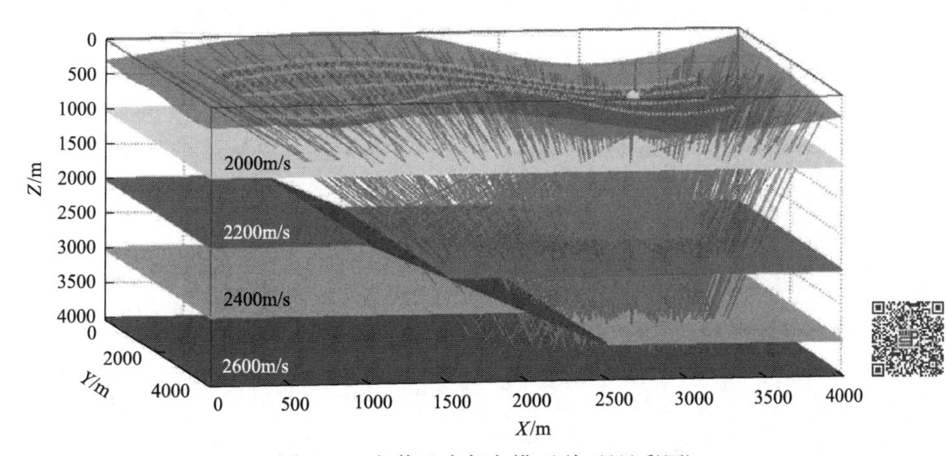

图 7-30　起伏地表复杂模型(扫码见彩图)

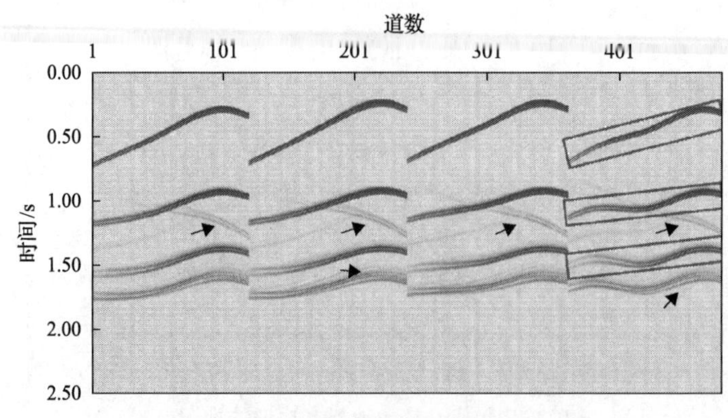

图 7-31　起伏地表复杂模型模拟的炮记录

7.3.3　结论和讨论

基于常规高斯束理论，本书实现了一种适应于起伏地表模型的三维高斯束正演模拟方法，通过三个典型模型试算，验证了本书方法的正确性、有效性和一定的适应性。通过分析测试结果可以得到以下认识：①相对于波动方程方法来说，高斯束方法更容易实现三维起伏地表的正演模拟，不需要变网格或变坐标等复杂计算，利用式(7-76)、式(7-77)和式(7-83)直接在笛卡儿坐标系就可以实现射线追踪和地震记录的合成；②相对于式(7-69)的实现方法，本书给出的算法不需要存储整条射线路径上的坐标、走时及动力学参数等，也避免了搜索检波点附近最近时间步的运算，在一定程度上减少了计算机内存开销，提高了计算效率；③三个模型的试算结果表明本方法正确性、有效性，对三维起伏地表模型有一定的适应性，是实现快速、精确、适应性强的三维正演模拟方法不错选择。

虽然本书实现了起伏地表三维高斯束正演模拟方法，还可以在如下几个方面进一步深入研究：①由于高斯束正演是基于给出界面、速度信息的三维地质模型，而不是基于离散网格的速度模型，因此在处理复杂模型时不如波动方程正演方法灵活，所以要进一步研究更加灵活方便、对更复杂起伏地表适应性好的实现方法；②结合地震波动力学思想，进一步研究高斯束的能量分布问题，使高斯束能量分布在更加合理的范围内；③结合双程波思想，进一步研究基于高斯束理论的反问题，发展高斯束逆时偏移；④引入反演成像思想，进一步发展最小二乘高斯束偏移方法，以及基于起伏地表的高斯束最小二乘方法，因为射线类偏移方法具有更高的效率，基于高斯束的最小二乘偏移方法有望今后应用于海量实际资料的成像处理中。

7.4　基于投影菲涅耳波带的三维起伏地表高斯束正演模拟方法

随着油气勘探深入，地震勘探的重心逐渐向西部的山地、黄土塬、沙漠等复杂起伏地表地区转移。在近地表高程和速度急剧变化的起伏地表探区，复杂的地质条件对地震数据的采集、处理和解释都造成较为严重影响，具体体现在数据采集成本上升、地震数据品质降低、存在静校正问题、成像过程复杂且后期解释难度提高。由于地震波数值模拟能够帮助认识地震波传播规律及波形特征，对数据的采集、处理和解释有一定指导作用，因此针对起伏地表模型的正演模拟方法，尤其是三维起伏地表正演，正受到研究人员的广泛关注。

首先，简单介绍国内外起伏地表条件下地震正演模拟的研究现状。第一种是基于有限差分的变网格、不规则网格和坐标变换的正演方法。Jastram 和 Behle(1992)提出声波介质中垂向变网格正演模拟方法，之后又推广到弹性波介质；Hayashi 和 Burns(1999)采用变网格技术对二维起伏地表条件下黏弹性波场进行了系统分析；Tessmer 等(1992)、Tessmer 和 Kosloff(1994)、Hestholm 等(1999)和 Tessmer(2000)利用坐标变换的思想，将起伏地表模型和波动方程变换到水平地表坐标系中后，在新坐标系中通过差分方法来求解波动方程；裴正林(2004)运用零速度法和广义虚像法相结合的方法来处理有限差分正演中的自由边界，并成功对任意起伏地表黏弹性波场进行了模拟。第二种是基于有限元法的一些算法。黄自萍等(2004)提出了一种有限元与有限差分耦合的区域分裂法，并成功模拟了起伏地表的地震波传播；马德堂和朱光明(2004)则将有限元和伪谱法相结合来模拟起伏地表模型的地震波场。第三种是有限元与谱展开法相结合的谱元法。Komatitsch 等(1998)、Komatitsch 和 Tromp(1999)首先将谱元法应用到波动方程求解问题，并之后实现二维和三维起伏地表地震波数值模拟。以上三种方法均基于波动方程的不同数值解法来模拟起伏地表条件下的地震波场。

其次，简单介绍高斯束正演模拟的进展。国内外许多学者对高斯束正演模拟的研究主要集中在高斯束在不同介质中的应用和高斯束初始参数改进方面。首先，在不同介质中的应用方面：Červený 等(1982)、Červený(1983，1985)在引入高斯束理论后，将其应用于单层二维非均匀介质、侧向变速的层状介质、三维弹性非均匀介质及三维弹性侧向变速层状介质的正演模拟中。徐盛岩等(1988)将高斯束理论用于二维黏弹性介质地震波场的模拟。其次，在高斯束参数选择方面：Červený 等(1982)给出了最初的动力学追踪初始参数；George 等(1987)对束参数的选择给出了一些改进，确保了合成记录的稳定性；Cruz 等(2012)首先提出在二维介质中利用投影菲涅耳波带半径来约束高斯束的有效半宽度，并给出了相应的初始参数，但没有给出投影菲涅耳波带半径的计算方法。近年来，基于起伏地表的三维高斯束正演方法还处于起步阶段。

针对起伏地表条件下三维复杂模型，本书引入了三维投影菲涅耳波带的思想，发展了基于投影菲涅耳波带的三维起伏地表高斯束正演模拟方法。在实现方法的基础之上，本书将通过三个典型模型试算来验证本方法的正确性和一定的适应性。

7.4.1　三维高斯束正演模拟原理

1. 三维高斯束正演算法

首先，简单介绍三维高斯束表达式。在射线中心坐标系下(图 7-32)从源点 $(s_0,0,0)$ 出

发传播至 (s,n,m)，P 波三维高斯束位移主分量（本书中为射线切线方向）的表达式为

$$U_{\mathrm{P}}(s,n,m,\omega,t)=A(s)\exp\left\{-\mathrm{i}\omega\left[t-\int_{s_0}^{s}\frac{\mathrm{d}s}{v(s)}\right]+\frac{\mathrm{i}\omega}{2}\boldsymbol{q}^{\mathrm{T}}\boldsymbol{M}\boldsymbol{q}\right\} \tag{7-85}$$

式中，ω 为圆频率；t 为时间参量；$v(s)$ 为射线中心速度；$\boldsymbol{q}=\begin{bmatrix} n \\ m \end{bmatrix}$；$\boldsymbol{q}^{\mathrm{T}}$ 为 $\boldsymbol{q}$ 的转置矩阵；$A(s)$ 是中心射线的位移值。

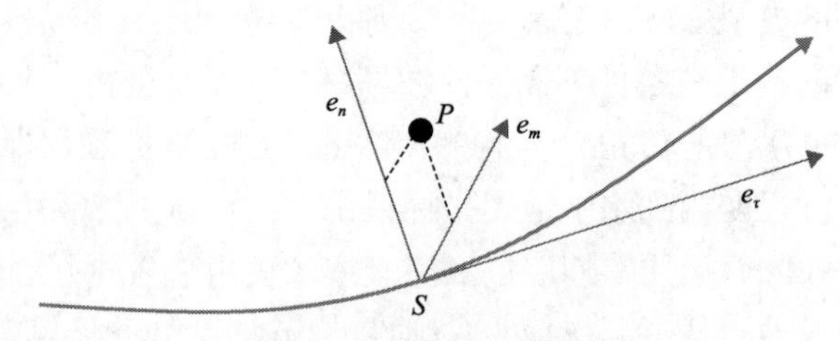

图 7-32　射线中心坐标系

对于射线中心坐标系和球坐标系的转换，本书采用式(7-86)的表达形式（邓飞和邓祥娥，2009）：

$$\begin{cases} e_\tau=(\sin\alpha\cos\beta,\sin\alpha\sin\beta,\cos\alpha) \\ e_n=(\cos\alpha\cos\beta,\cos\alpha\sin\beta,-\sin\alpha) \\ e_m=(-\sin\beta,\cos\beta,0) \end{cases} \tag{7-86}$$

式中，e_τ、e_n、e_m 为射线坐标系中的基坐标；(α,β) 为球坐标系中立体角（图 7-33）；进而可以实现球坐标系和笛卡儿直角坐标系之间的转换，利用直角坐标系下射线追踪的结果来计算式(7-85)所需要 A、$\boldsymbol{q}$、$\boldsymbol{M}$ 的值。

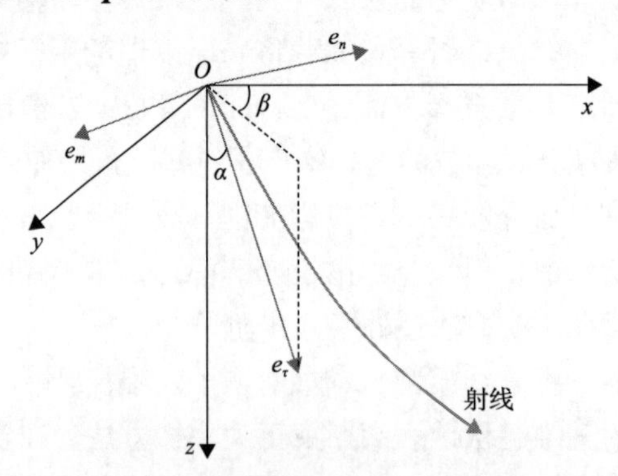

图 7-33　笛卡儿坐标与中心射线

运动学射线追踪在三维坐标系下满足如下方程：

$$\begin{cases}\dfrac{\mathrm{d}x}{\mathrm{d}\tau}=v\sin\alpha\cos\beta\\ \dfrac{\mathrm{d}y}{\mathrm{d}\tau}=v\sin\alpha\sin\beta\\ \dfrac{\mathrm{d}z}{\mathrm{d}\tau}=v\cos\alpha\\ \dfrac{\mathrm{d}i}{\mathrm{d}\tau}=-\cos\alpha(v_x\cos\beta+v_y\sin\beta)+v_z\sin\alpha\\ \dfrac{\mathrm{d}j}{\mathrm{d}\tau}=\dfrac{1}{\sin i}(v_x\sin\beta-v_y\cos\beta)\end{cases}\tag{7-87}$$

式中，τ 为旅行时；v 为中心射线的 P 波速度；$v_i\ (i=x,y,z)$ 为中心射线处速度函数的偏导数。在层内采用四阶龙格-库塔法进行求解各时间步的坐标，在界面上利用二分法求出交点的近似坐标，并利用矢量折射定律计算反射或透射方向。

动力学射线追踪主要是求解动力学射线参数矩阵 $\boldsymbol{M}$，其满足动力学追踪方程：

$$\frac{\mathrm{d}\boldsymbol{M}(s)}{\mathrm{d}s}+v(s)\boldsymbol{M}^2(s)+v^{-2}(s)\boldsymbol{V}=0\tag{7-88}$$

式中，$\boldsymbol{V}=\begin{bmatrix}\dfrac{\partial^2 v(s)}{\partial n^2} & \dfrac{\partial^2 v(s)}{\partial n\partial m}\\ \dfrac{\partial^2 v(s)}{\partial m\partial n} & \dfrac{\partial^2 v(s)}{\partial m^2}\end{bmatrix}$。为方便求解，一般令 $\boldsymbol{M}=\boldsymbol{P}\boldsymbol{Q}^{-1}$ 和 $\boldsymbol{X}=\begin{bmatrix}Q\\ P\end{bmatrix}$，可把非线性方程式(7-88)化成线性动力学追踪方程：

$$\mathrm{d}\boldsymbol{X}_i/\mathrm{d}s=\boldsymbol{H}\boldsymbol{X}_i,\quad i=1,2\tag{7-89}$$

式中，$\boldsymbol{X}_i$ 为 $\boldsymbol{X}$ 的列向量；$\boldsymbol{H}=\begin{bmatrix}\boldsymbol{0} & v\boldsymbol{I}\\ -v^2(\mathrm{s})\boldsymbol{V} & \boldsymbol{0}\end{bmatrix}$；$\boldsymbol{0}$ 为 2×2 零矩阵；$\boldsymbol{I}$ 为 2×2 单位矩阵。在给定四阶单位矩阵的初始条件下，可得到 $\boldsymbol{X}$ 的通解：

$$\boldsymbol{X}=\boldsymbol{\Pi}(s)\boldsymbol{C}\tag{7-90}$$

式中，$\boldsymbol{\Pi}(s)$ 为 4×4 传播矩阵，其列向量为方程式(7-89)四组线性独立的解；$\boldsymbol{C}$ 为一个 2×4 的复值初始参数矩阵。把 $\boldsymbol{\Pi}(s)$ 和 $\boldsymbol{C}$ 分块如下：

$$\begin{cases}\boldsymbol{\Pi}(s)=\begin{bmatrix}\Pi_{11} & \Pi_{12}\\ \Pi_{21} & \Pi_{22}\end{bmatrix}\\ \boldsymbol{C}=\begin{bmatrix}C_1\\ C_2\end{bmatrix}\end{cases}\tag{7-91}$$

其中，$\boldsymbol{\Pi}_{ij}$ 和 $C_i\ (i,j=1,2)$ 为 2×2 的子矩阵，可得到高斯束的动力学参数矩阵：

$$\begin{cases} \boldsymbol{Q} = \Pi_{11}C_1 + \Pi_{12}C_2 \\ \boldsymbol{P} = \Pi_{21}C_1 + \Pi_{22}C_2 \\ \boldsymbol{M} = \boldsymbol{PQ}^{-1} = (\Pi_{21}C_1 + \Pi_{22}C_2)(\Pi_{11}C_1 + \Pi_{12}C_2)^{-1} \end{cases} \tag{7-92}$$

当射线经过界面时传播矩阵 $\boldsymbol{\Pi}(s)$ 发生突变，在射线与界面交点 O 点处边界条件见式(7-80)～式(7-84)。

2. 基于投影菲涅耳波带的高斯束初始参数

在此先简单介绍常规三维高斯正演初始参数矩阵 $\boldsymbol{C}$ 的选取。为了保证计算的稳定性，初始参数矩阵一般取(Červený and Pšenčík，1983；Hill，1990；邓飞和孙祥娥，2009)：

$$\boldsymbol{C} = \begin{bmatrix} \boldsymbol{I} \\ \boldsymbol{M}(s_0) \end{bmatrix} = \begin{bmatrix} \boldsymbol{I} \\ i\dfrac{\omega_1}{4\pi^2 v_a}\boldsymbol{I} \end{bmatrix} \tag{7-93}$$

式中，v_a 为速度模型几何平均值；ω_1 为数据地震最低频率；I 为 2×2 的单位矢量。这种取法仅仅从数值计算的稳定性考虑，没有考虑高斯束传播的物理意义。

针对常规动力学射线追踪初始参数的选择问题，本书用三维介质中投影菲涅耳波带椭圆来约束高斯束在射线终点处能量的分布。当中心射线终点处高斯束的有效半宽度椭圆与射线的投影菲涅耳波带椭圆一致时(图 7-34)，可得

$$\mathrm{eig}\left\{\mathrm{Im}\left[\boldsymbol{M}(G)\right]\right\} = \mathrm{eig}\left[\frac{1}{\pi}\boldsymbol{H}_P(G)\right] \tag{7-94}$$

式中，eig 为特征值；G 为中心射线终点；$\boldsymbol{H}_P$ 为投影菲涅耳波带矩阵，其值可以通过经典射线传播矩阵 $\boldsymbol{\Pi}(s)$ 、面面传播矩阵 $\boldsymbol{T}(s)$ 及两者转换关系求出(Červený and Soares, 1992；Hubral et al., 1993；Schleicher et al., 1997)。根据传播矩阵 $\boldsymbol{\Pi}(s)$ 的辛属性及数学推导可得到：

$$\begin{cases} \boldsymbol{M}(s_0) = \begin{bmatrix} \mathrm{i}\varepsilon_1 & 0 \\ 0 & \mathrm{i}\varepsilon_2 \end{bmatrix} \\ \varepsilon_1 = \dfrac{\pi/\zeta_1 + \sqrt{(\pi/\zeta_1)^2 - 4\lambda_1^2\eta_1^2}}{2\eta_1^2} \\ \varepsilon_2 = \dfrac{\pi/\zeta_2 + \sqrt{(\pi/\zeta_2)^2 - 4\lambda_2^2\eta_2^2}}{2\eta_2^2} \end{cases} \tag{7-95}$$

式中，λ_1、λ_2 ($\lambda_1 \geqslant \lambda_2$) 为 Π_{11} 的特征值；η_1、η_2 ($\eta_1 \geqslant \eta_2$) 为 Π_{12} 的特征值；ζ_1、ζ_2 ($\zeta_1 \geqslant \xi_2$) 为投影菲涅耳波带矩阵 $\boldsymbol{H}_\mathrm{P}$ 的特征值。图 7-35 是用常规初始参数矩阵和本书给出的初始参数矩阵，在三维均匀介质中心测线模拟得到的高斯束传播图，可以看出用投影菲

涅尔带限制束宽后的高斯束，在整条传播路径上能量更集中，且在射线终点处有效半宽度远远小于常规高斯束的有效半宽度，这样会使每条高斯束仅对投影菲涅耳波带内检波点的波场有所贡献，即波场能量分布更符合波动理论。

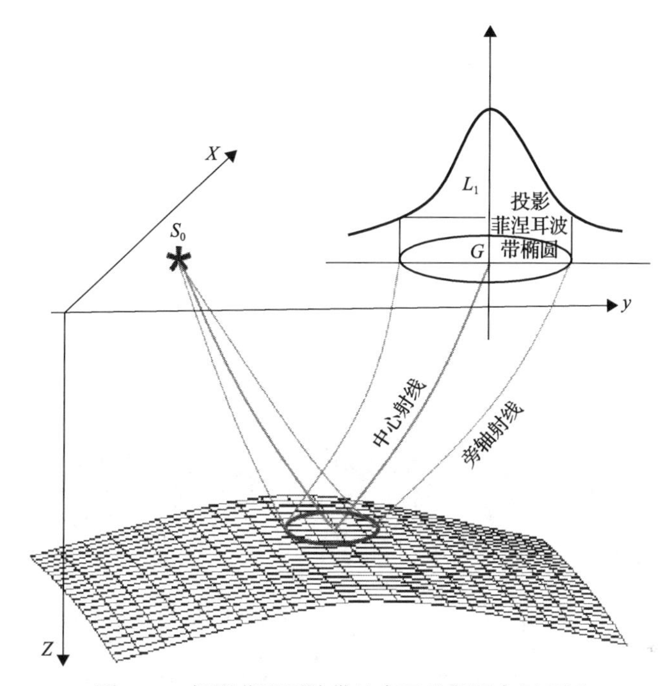

图 7-34　投影菲涅耳波带约束下的高斯束原理图

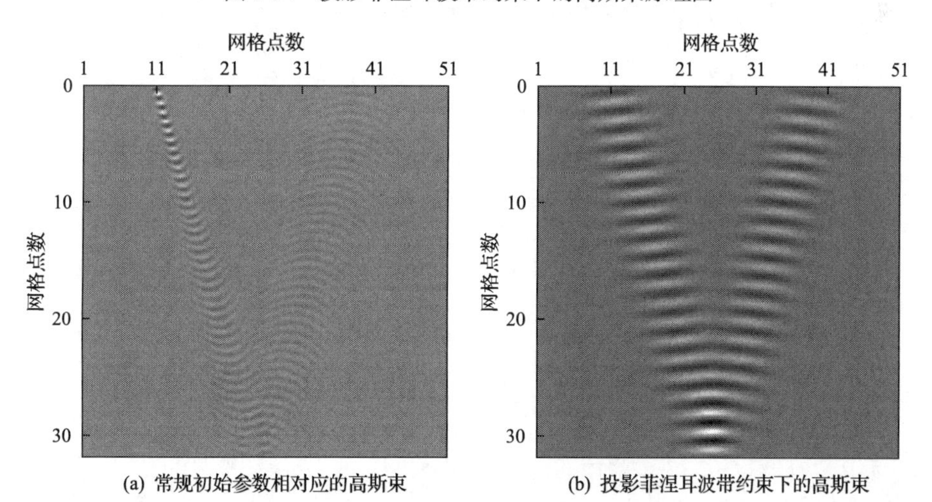

(a) 常规初始参数相对应的高斯束　(b) 投影菲涅耳波带约束下的高斯束

图 7-35　两种初始参数对应的高斯束传播对比

7.4.2　数值算例

1. 模型一：水平地表层状模型

在实现基于投影菲涅耳波带的三维起伏地表高斯束正演模拟方法的基础上，本书首先通过简单的三维水平地表层状模型对方法正确性进行了测试。模型尺寸为 4000m×4000m×4000m，各层速度如图 7-36 所示，$\Delta\alpha=2°$，$\Delta\beta=10°$。观测系统：三炮四线制，道间距为 25m，线间距为 500m，炮间距为 50m，炮线距为 500m，采样间隔为 4ms，记录时间为 4s，全排列接收。经试算得到的射线路径如图 7-36 中红色线条所示，得到两种初始参数的单炮记录见图 7-37，从炮记录可以得到以下认识：①两者同相轴的形态和位置是一致的，说明两者的运动学特征一致；②在纵向上，图 7-37(a)和(b)同相轴主要能量分布范围(图 7-37 中蓝色矩形框)从浅层到深层都逐渐增大，但图 7-37(b)比(a)增加得更慢，这是因为投影菲涅耳波带椭圆和常规有效半宽度椭圆都随射线路径增大而增大，但前者增大的速度没有后者速度快；③在横向上，同一深度(b)中同相轴主要能量分布范围比(a)小，并且深度越大，两者差异越大，这是因为同一射线路径上投影菲涅耳波带范围小于常规有效半宽度范围(图 7-35)，并且射线路径越长两者差异越大。经过此简单模型的试算和分析，验证了基于投影菲涅耳波带的高斯束正演方法的正确性，尤其是本方法还具有一定的保幅性。

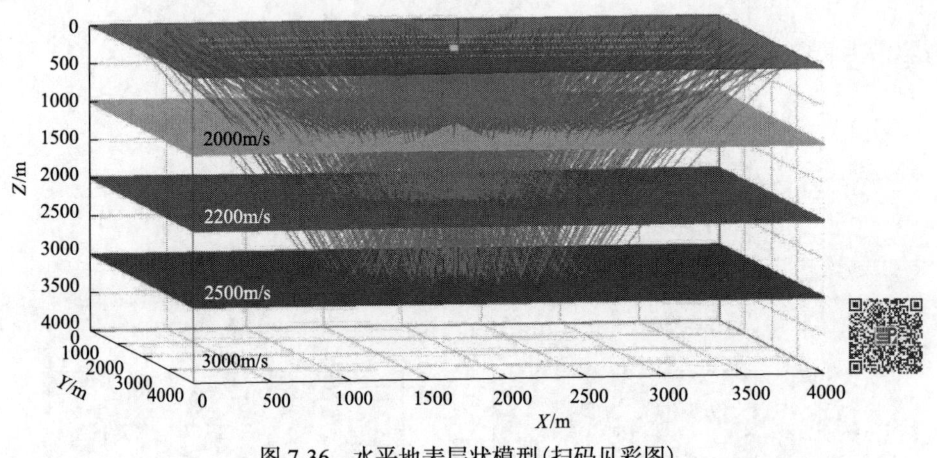

图 7-36　水平地表层状模型(扫码见彩图)

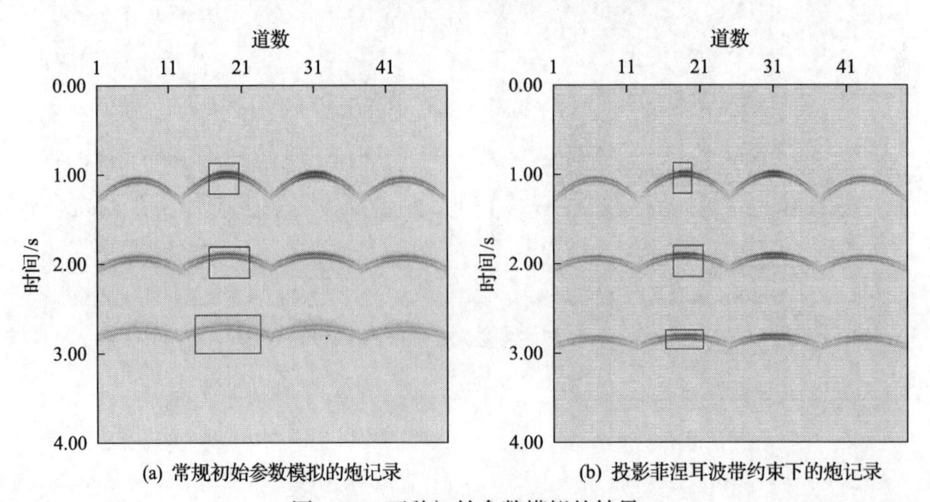

(a) 常规初始参数模拟的炮记录　(b) 投影菲涅耳波带约束下的炮记录

图 7-37　两种初始参数模拟的结果

2. 模型二：起伏地表台地模型

在验证本方法的正确性后，为了验证其对起伏地表和复杂模型的适应性，选用经典的起伏地表角点模型(图 7-38)进行测试。此模型的大小为 4000m×4000m×2500m，上层速度为 2000m/s，下层速度为 3000m/s，$\Delta\alpha$=2°，$\Delta\beta$=2°；观测系统与模型一相同。试算得到的射线路径如图 7-38 中红色线条，得到射线追踪的盲区见图 7-39，得到的炮记录见图 7-40。

从图 7-39 和图 7-40 可以得到以下认识：①对比两种初始参数合成的地震记录，可知本书方法对起伏地表角点模型是适应的；②在普通射线方法盲区内(如图 7-39 中的空白区域)，两种初始参数试算的炮记录都有一定的绕射能量[图 7-40 中箭头]，但

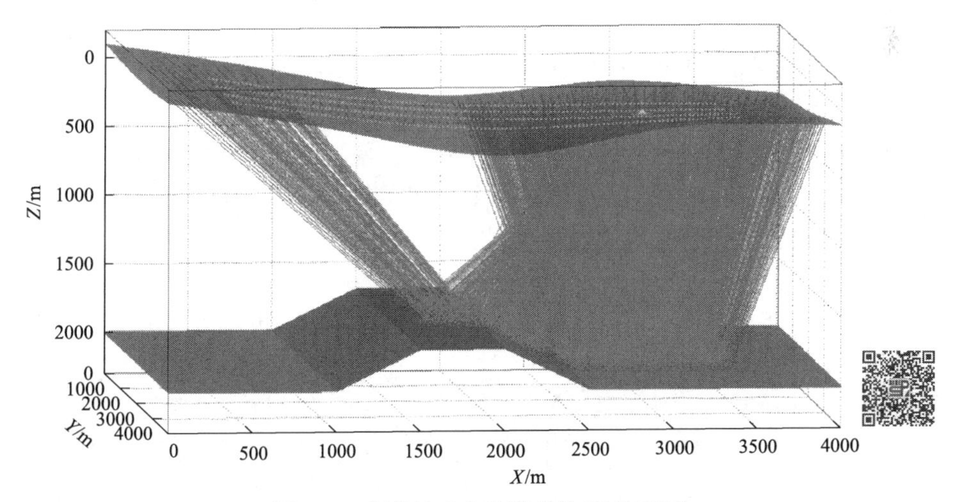

图 7-38　起伏地表台地模型(扫码见彩图)

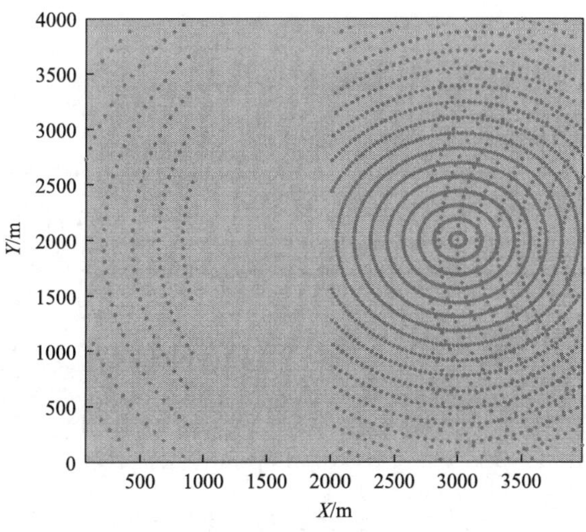

图 7-39　起伏地表台地模型盲区示意图

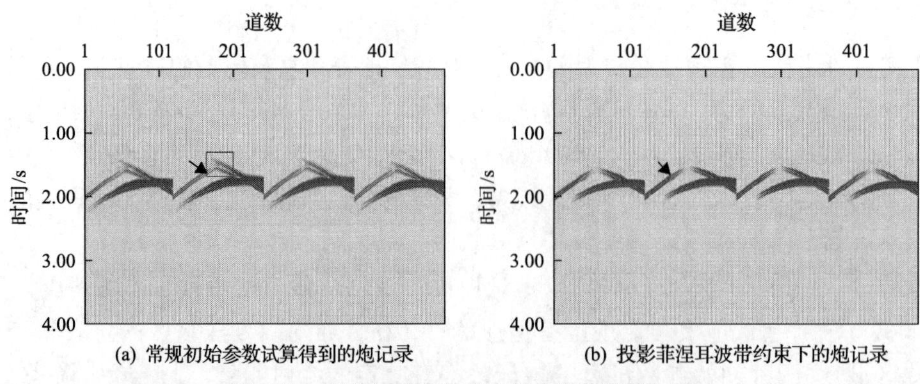

(a) 常规初始参数试算得到的炮记录　(b) 投影菲涅耳波带约束下的炮记录

图 7-40　两种初始参数对应的台地模型炮记录

图 7-39(b)中绕射能量范围(约 25 道)比图 7-39(a)中(约 40 道)的小，并且没有图 7-39(a)中的能量干涉现象[图 7-40(a)矩形框]。究其原因可能是在焦点处投影菲涅耳波带范围小于常规初始参数计算的有效范围，这样使绕射能量分布在合理的范围内。以上计算结果证实了本方法的对起伏地表和焦点绕射一定的适应性和保幅性。

3. 模型三：起伏地表复杂模型

为了验证本方法对含有复杂构造的适应性，在此利用含有断裂构造的起伏地表模型进行试算。此模型尺寸为 4000m×4000m×4500m，接收时间为 5s，速度分布见图 7-41，观测系统与模型一相同。计算得到的射线路径如图 7-41 所示的红色线条，得到的炮记录见图 7-42。从炮记录对比效果可以看出，本方法对复杂构造也具有较好的适应性，对绕射能量具有很好的控制作用，因而模拟结果较常规三维高斯束正演模拟方法具有更好的保幅性。

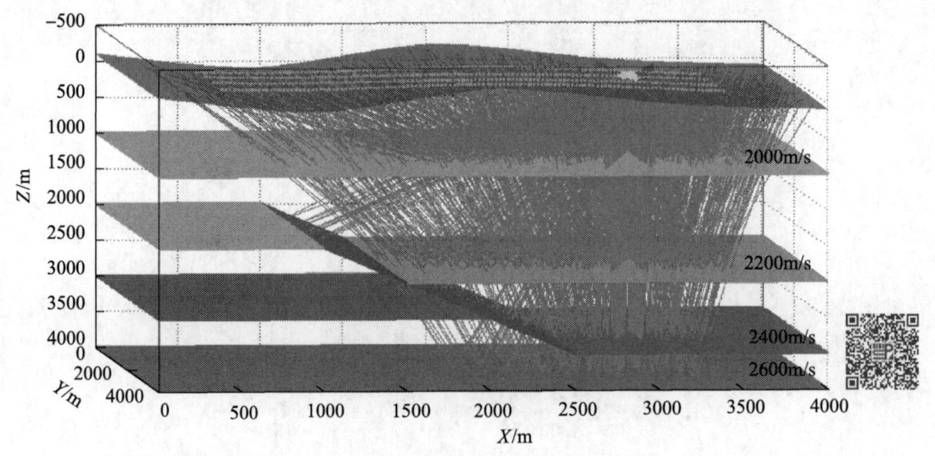

图 7-41　起伏地表复杂模型(扫码见彩图)

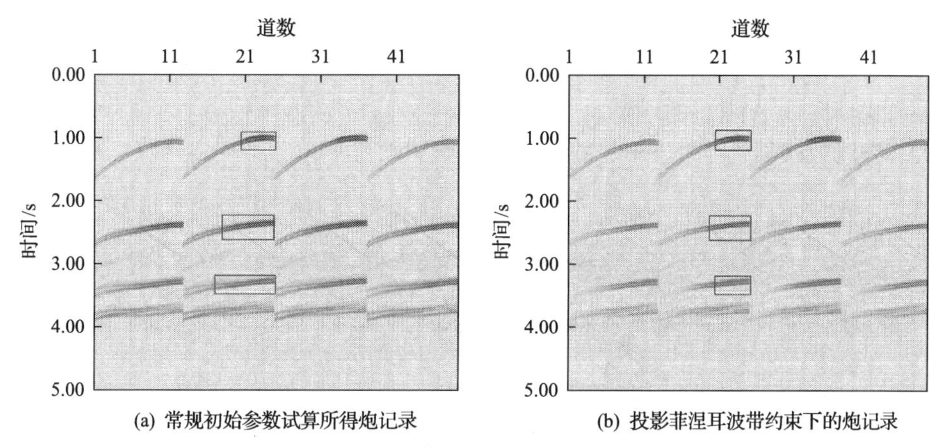

(a) 常规初始参数试算所得炮记录　　　　(b) 投影菲涅耳波带约束下的炮记录

图 7-42　起伏地表复杂模型炮记录

7.4.3　结论及讨论

基于投影菲涅耳波带思想，本书实现了一种适应于起伏地表模型的三维高斯束保幅正演模拟方法，通过三个典型模型试算及与常规方法的对比分析，验证了本书方法的正确性、适应性和优越性，通过对比分析可以得到以下认识：①相对于常规方法，在投影法菲涅耳波带约束下高斯束的传播更稳定，能量聚集性更好；②本方法使高斯束能量分布在投影菲涅耳波带内，赋予了能量分布范围明确的物理意义，使基于渐进射线理论的高斯束更符合波动理论；③与常规初始参数正演结果相比，本方法在中深部地层具有更好的保幅性，对起伏地表和复杂模型具有更好的适应性。

虽然本书实现了基于投影菲涅耳波带的起伏地表三维高斯束正演模拟方法，还可以在如下几个方面进一步深入研究：①本方法在计算投影菲涅耳波带时是基于 Červený 和 Soares(1992)近似理论，与精确解之间还存在一定误差，在后续过程中将会努力改进计算方法，使合成的地震记录具有更高的精度；②结合高斯束双程波思想(赵文智等，2007)，进一步研究基于投影菲涅耳波带的反问题，发展基于投影菲涅耳波带的高斯束逆时偏移；③引入反演成像的思想(贾承造，2004；王锐等，2005；王孝，2011)，进一步发展最小二乘高斯束偏移方法，以及基于起伏地表的高斯束最小二乘方法，因为射线类偏移方法具有更高的效率，基于高斯束的最小二乘偏移方法有望今后用于海量实际资料的成像处理中。

参 考 文 献

邓飞, 孙祥娥. 2009. 三维高斯射线束正演的研究与实现. 大庆石油地质与开发, 28(1): 126-131.

黄自萍, 张铭, 吴文青, 等. 2004. 弹性波传播数值模拟的区域分裂法. 地球物理学报, 47(6): 1093-1100.

贾承造. 2004. 中国石油近年油气重大发现与未来勘探战略//中国石油地质年会论文集. 北京: 中国石油学会, 中国地质学会.

马德堂, 朱光明. 2004. 有限元法与伪谱法混合求解弹性波动方程. 地球科学与环境学报, 26(1): 61-64.

裴正林. 2004. 任意起伏地表弹性波方程交错网格高阶有限差分法数值模拟. 石油地球物理勘探, 39(6): 628-634.

王锐, 芮拥军, 孙成禹, 等. 2005. 西部复杂探区地震资料叠前偏移技术研究. 油气地球物理, 3(3): 25-27.

王孝. 2011. 西部复杂地表条件下静校正方法研究. 成都: 成都理工大学.

徐盛岩，张中杰，何樵登，等. 1988. 粘弹介质中高斯束二维理论地震记录的合成. 吉林大学学报(地球科学版)，4：011.

赵文智，胡素云，董大忠，等. 2007. “十五”期间中国油气勘探进展及未来重点勘探领域. 石油勘探与开发，34(5)：513-520.

Červený V. 1983. Synthetic body wave seismograms for laterally varying layered structures by the Gaussian beam method. Geophysical Journal of the Royal Astronomical Society, 73(2): 388-426.

Červený V. 1985. Gaussian beam synthetic seismograms. Geophys, 58(1-3): 43-72.

Červený V. 2005. Seismic Ray Theory. Cambridge: Cambridge University Press.

Červený V, Pšenčík I. 1983. Gaussian beams and paraxial ray approximation in three-dimensional elastic inhomogeneous media. Geophys, 53(1): 1-15.

Červený V, Soares J E P. 1992. Fresnel volume ray tracing. Geophysics, 57(7): 902-915.

Červený V, Popov M M, Pšenčík I. 1982. Computation of wave fields in inhomogeneous media: Gaussian beam approach. Geophysical Journal International, 70(1): 108-128.

Cruz J C R, Lira G, Ferreira C A. 2012. Seismic modeling by Gaussian beams limited by projected fresnel zone//74th EAGE Conference & Exhibition Zncorporating EUROPEC 2012, Copenhgen.

George T, Virieux J, Madariaga R. 1987. Seismic wave synthesis by Gaussian beam summation: A comparison with finite differences. Geophysics, 52(8): 1065-1073.

Hayashi K, Burns D R. 1999. Variable grid finite-difference modeling including surface topography//SEG Technical Program Expanded Abstracts 1999: 2061.

Hestholm S O, Ruud B O, Husebye E S. 1999. 3-D versus 2-D finite-difference seismic synthetics including real surface topography. Physics of the Earth and Planetary Interiors, 113(1): 338-354.

Hill N R. 1990. Gaussian beam migration. Geophysics, 55(11): 1415-1428.

Hubral P, Schleicher J, Tygel M. 1993. Three-dimensional primary zero-offset reflections. Geophysics, 58(5): 692-702.

Jastram C, Behle A. 1992. Acoustic modelling on a grid of vertically varying spacing. Geophysical prospecting, 40(2): 156-169.

Komatitsch D, Tromp J. 1999. Introduction to the spectral element method for three-dimensional seismic wave propagation. Geophysical Journal International, 139(3): 805-822.

Komatitsch D, Tromp J, Vilotte J P. 1998. The spectral element method for elastic wave equations: Application to 2D and 3D seismic problems//SEG Technology Program Expanded Abstracts 1998: 2092.

Schleicher J, Hubral P, Tygel M, et al. 1997. Minimum apertures and Fresnel zones in migration and demigration. Geophysics, 62(1): 183-194.

Tessmer E. 2000. Seismic finite-difference modeling with spatially varying time steps. Geophysics, 65(4): 1290-1293.

Tessmer E, Kosloff D. 1994. 3-D elastic modeling with surface topography by a Chebychev spectral method. Geophysics, 59(3): 463-473.

Tessmer E, Kessler D, Kosloff D, et al. 1992. Multi-domain Chebyshev-Fourier method for the solution of the equations of motion of dynamic elasticity. Journal of Computational Physics, 100(2): 355-363.

Weber M. 1988. Computation of body-wave seismograms in absorbing 2-D media using the Gaussian beam method: Comparison with exact methods. Geophysical Journal, 92(1): 8-24.

第 8 章　边界条件的设置

描述地震波在地层中传播的波动方程是基于介质为无限空间而得出的。地球物理学研究的地表以下地层介质是半无限空间介质，地表处是自由边界，地震波传播理论所要研究的就是地震波在这半无限空间中传播的特征和规律。在用计算机对地震波在地层的传播进行数值模拟时，所取的介质模型的范围是有限的，不可能为无限空间，也就是要人为地限定模拟区域。在这个限定的模拟区域上，除了地表外都是人为的截断边界。在数值模拟过程中，当地震波入射到这种人为截断边界上时也会产生反射波，这种边界及其产生的反射波在实际勘探中是不存在的，如果不对其进行处理，将得不到与实际情形相符合的地震波场和模拟记录。人为截断边界的处理情况对正演模拟的最终结果有直接的影响，因此，必须构造合适的边界条件，消除人为的边界反射。本章主要对衰减边界条件及几种完全匹配层吸收边界条件进行了介绍，并通过模型试算验证了方法的准确性及有效性。

8.1　衰减边界条件

经过多年的研究，相关领域的学者们设计了多种不同的人工边界处理方法。Cerjan 等(1985)通过在人工边界处设置衰减带的简单方法来消除边界反射，他提出的扩边衰减边界条件的设置较简单，适用性强，是常用的消除人为边界的办法。

Cerjan 等(1985)提出的衰减边界条件通过在模拟区域外设置衰减带，来衰减向外传播的地震波，其衰减带的设置如图 8-1 所示。在每一时间步的波场计算中，衰减带中的每个网格点上的波场振幅值都要乘一个衰减因子 $G(j)$，其表达式为

$$G(i) = \exp[-c^2(N-j)^2] \tag{8-1}$$

式中，c 为衰减系数，可由多次试验确定合理值；N 为衰减带的宽度(单位为网格点数)；j 为计算点到模型边界的距离(单位为网格点数)。

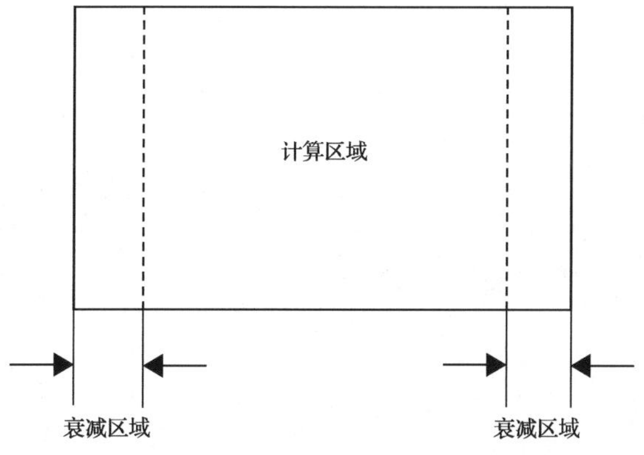

图 8-1　衰减边界示意图

这种衰减边界使用范围广泛、方法简单，但是其存在自身的缺陷：若边界宽度和衰减系数的选择不当，仍会产生一些虚假的反射波场；另外，对于在衰减带中不同衰减系数的介质界面上产生的虚假反射，为了得到满意的衰减效果需要通过扩边来进行改善，这也增大了计算代价。

8.2 完全匹配层边界条件

Berenger(1994)针对电磁波的传播情况，提出了一种完全匹配层(简写为 PML)的边界条件，并从理论上证明了这种方法可以完全吸收来自不同方向、不同频率的电磁波，而不产生任何反射。Collino 和 Tsohka(2001)将这种方法应用到弹性波数值模方法中，并取得了很好的效果。这一节主要介绍 PML 边界条件的基本思想和原理，以及相应的公式推导。

8.2.1 PML 边界条件的基本思想

PML 边界条件的基本思想是在计算区域的边界上加入吸收层，波在吸收层中能量按传播距离的指数规律衰减，不产生反射，从而达到消除人为边界的目的。图 8-2 可以更加直观地表现 PML 边界条件。

图 8-2 PML 边界条件

8.2.2 PML 边界条件的基本原理

1. 一维声波方程完全匹配层

一维声波方程可表示为

$$\frac{1}{v^2(x)}\frac{\partial^2 u(x,t)}{\partial t^2}=\frac{\partial^2 u(x,t)}{\partial x^2} \tag{8-2}$$

式中，$u(x,t)$为位移；$v(x)$为速度。

通过引入中间变量，可以分解为

$$\frac{\partial u(x,t)}{\partial t}=v^{2}(x)\frac{\partial A(x,t)}{\partial x} \tag{8-3}$$

$$\frac{\partial A(x,t)}{\partial t}=\frac{\partial u(x,t)}{\partial x} \tag{8-4}$$

式(8-3)和式(8-4)中，$A(x,t)$ 为引入的中间变量。

通过式(8-3)和式(8-4)构建新的方程组，可以得

$$\frac{\partial \tilde{u}(x,t)}{\partial t}+d(x)\tilde{u}(x,t)=V^{2}(x)\frac{\partial \tilde{A}(x,t)}{\partial x} \tag{8-5}$$

$$\frac{\partial \tilde{A}(x,t)}{\partial t}+d(x)\tilde{A}(x,t)=\frac{\partial \tilde{u}(x,t)}{\partial x} \tag{8-6}$$

式(8-5)和式(8-6)中，$\tilde{u}(x,t)$ 为新方程的解，$d(x)$ 为一个函数。

对式(8-5)和式(8-6)进行傅里叶变换可以得

$$\mathrm{i}\omega\tilde{\tilde{u}}(x,\omega)+d(x)\tilde{\tilde{u}}(x,\omega)=v^{2}(x)\frac{\partial \tilde{\tilde{A}}(x,\omega)}{\partial x} \tag{8-7}$$

$$\mathrm{i}\omega\tilde{\tilde{A}}(x,\omega)+d(x)\tilde{\tilde{A}}(x,\omega)=\frac{\partial \tilde{\tilde{u}}(x,\omega)}{\partial x} \tag{8-8}$$

式(8-7)和(8-8)中，$\tilde{\tilde{u}}(x,\omega)$ 和 $\tilde{\tilde{A}}(x,\omega)$ 分别为 $\tilde{u}(x,\omega)$ 和 $\tilde{A}(x,\omega)$ 的傅里叶变换形式；i 为虚部。对 x 进行坐标变换得

$$x'(x)=x-\frac{\mathrm{i}}{\omega}\int_{0}^{x}\mathrm{d}(s)\mathrm{d}s \tag{8-9}$$

因此，则有

$$\frac{\partial x'(x)}{\partial x}=1-\frac{\mathrm{id}(x)}{\omega} \tag{8-10}$$

$$\frac{\partial \tilde{\tilde{A}}(x,\omega)}{\partial x}=\frac{\partial \tilde{\tilde{A}}(x,\omega)}{\partial x'}\frac{\partial x'(x)}{\partial x}=\frac{\mathrm{i}\omega+\mathrm{d}(x)}{\mathrm{i}\omega}\frac{\partial \tilde{\tilde{A}}(x,\omega)}{\partial x'} \tag{8-11}$$

$$\frac{\partial \tilde{\tilde{u}}(x,\omega)}{\partial x}=\frac{\partial \tilde{\tilde{u}}(x,\omega)}{\partial x'}\frac{\partial x'(x)}{\partial x}=\frac{\mathrm{i}\omega+\mathrm{d}(x)}{\mathrm{i}\omega}\frac{\partial \tilde{\tilde{u}}(x,\omega)}{\partial x'} \tag{8-12}$$

将式(8-11)和式(8-12)代入式(8-7)和式(8-8)中，并作傅里叶反变换得

$$\frac{\partial \tilde{u}(x',t)}{\partial t}=v^{2}(x')\frac{\partial \tilde{A}(x',t)}{\partial x'} \tag{8-13}$$

$$\frac{\partial \tilde{A}(x',t)}{\partial t}=\frac{\partial u(x',t)}{\partial x'} \tag{8-14}$$

通过对比式(8-3)、式(8-4)和式(8-13)、式(8-14)可以发现，两组式子具有相同的形式，因此解的形式也相同，只是在不同的空间坐标中。若前者的解为$u(x,t)$，那么后者的解为$u(x',t)$。

在均匀介质中，式(8-3)和式(8-4)有如下形式的特解：

$$u(x,t)=u_0\exp\left[-\mathrm{i}(k_x x-\omega t)\right] \tag{8-15}$$

则对应的式(8-13)和式(8-14)的特解为

$$\tilde{u}(x,t)=u_0\exp\left[-\mathrm{i}(k_x x'-\omega t)\right]=u_0\exp\left[-\mathrm{i}(k_x x-\omega t)\right]\left|-\frac{k_x}{\omega}\int_0^x d(s)\mathrm{d}s\right| \tag{8-16}$$

所以两者的振幅比为

$$\frac{\|\tilde{u}(x,t)\|}{\|u(x,t)\|}=\exp\left|-\frac{k_x}{\omega}\int_0^x d(s)\mathrm{d}s\right| \tag{8-17}$$

由式(8-17)可知，式(8-15)和式(8-16)的解是衰减的，$d(x)$起到了一个衰减系数的作用，按传播距离的指数衰减，且衰减速度很快。由此可以看出，PML 边界条件的本质为坐标变换。

2. 二维声波方程完全匹配层

与一维情况相同，由二维声波方程，即

$$\frac{1}{v^2(x,z)}\frac{\partial^2 u(x,z,t)}{\partial t^2}=\frac{\partial^2 u(x,z,t)}{\partial x^2}+\frac{\partial^2 u(x,z,t)}{\partial z^2} \tag{8-18}$$

引入中间变量u_1、u_2、A_1和A_2将上式分解为

$$\begin{cases}u=u_1+u_2\\ \dfrac{\partial u_1}{\partial t}=v^2(x,z)\dfrac{\partial A_1}{\partial x}\\ \dfrac{\partial u_2}{\partial t}=v^2(x,z)\dfrac{\partial A_2}{\partial z}\\ \dfrac{\partial A_1}{\partial t}=\dfrac{\partial u_1}{\partial x}+\dfrac{\partial u_2}{\partial x}\\ \dfrac{\partial A_2}{\partial t}=\dfrac{\partial u_1}{\partial z}+\dfrac{\partial u_2}{\partial z}\end{cases} \tag{8-19}$$

由此，可以得到二维声波方程的完全匹配层：

$$\begin{cases} u = u_1 + u_2 \\ \dfrac{\partial u_1}{\partial t} + \mathrm{d}(x)u_1 = v^2(x,z)\dfrac{\partial A_1}{\partial x} \\ \dfrac{\partial u_2}{\partial t} + \mathrm{d}(z)u_2 = v^2(x,z)\dfrac{\partial A_2}{\partial z} \\ \dfrac{\partial A_1}{\partial t} + \mathrm{d}(x)A_1 = \dfrac{\partial u_1}{\partial x} + \dfrac{\partial u_2}{\partial x} \\ \dfrac{\partial A_2}{\partial t} + \mathrm{d}(z)A_2 = \dfrac{\partial u_1}{\partial z} + \dfrac{\partial u_2}{\partial z} \end{cases} \tag{8-20}$$

8.3　卷积完全匹配层边界条件

PML 吸收边界条件方法的本质是将波动方程在 PML 层内进行复坐标变换。对于变换后的坐标，方程及其解的形式不变，但是对于原坐标解是衰减的。传统的 PML 吸收边界条件中频率域坐标变换为(以 x 方向为例)

$$\tilde{x}(x) = x - \frac{\mathrm{i}}{\omega}\int_0^x d_x(s)\mathrm{d}s \tag{8-21}$$

即

$$\partial_{\tilde{x}} = \frac{\mathrm{i}\omega}{\mathrm{i}\omega + d_x}\partial_x = \frac{1}{s_x}\partial_x \tag{8-22}$$

式中，

$$s_x = \frac{\mathrm{i}\omega + d_x}{\mathrm{i}\omega} = 1 + \frac{d_x}{\mathrm{i}\omega} \tag{8-23}$$

其中，x 和 $\tilde{x}$ 分别是变换前后的坐标；i 是虚数单位；ω 是频率；d_x 是 x 方向的衰减系数；∂_x 为一阶偏微分算子，$\partial_x = \partial / \partial x$；$s_x$ 是复拉伸函数。卷积完全匹配层(简写为 C-PML)的复频移拉伸函数则是对式(8-23)进行扩展而使其形式更一般化，即

$$s_x = \kappa_x + \frac{d_x}{\alpha_x + \mathrm{i}\omega} \tag{8-24}$$

式中，$\alpha_x \geqslant 0$，$\kappa_x \geqslant 1$，是引入的辅助吸收因子。由式(8-23)、式(8-24)可见，复拉伸函数是复频移拉伸函数在 $\alpha_x = 0$，$\kappa_x = 1$ 情况下的特例。

将式(8-22)变换回时域，用 $\bar{s}_x(t)$ 表示 $1/s_x$ 的傅里叶反变换，可以得

$$\partial_{\tilde{x}} = \bar{s}_x(t) * \partial_x \tag{8-25}$$

可见坐标变换在时域是卷积关系，可以通过引入记忆变量来避免直接计算卷积。通

过推导最后可以得

$$\partial_{\tilde{x}} = \frac{1}{\kappa_x}\partial_x + \psi_x \tag{8-26}$$

式中，ψ_x 是记忆变量，可以通过下式递推得

$$\psi_x^n = b_x \psi_x^{n-1} + a_x (\partial_x)^{n-1/2} \tag{8-27}$$

式中，$b_x = \mathrm{e}^{-(d_x/\kappa_x + \alpha_x)\Delta t}$；$a_x = \dfrac{d_x}{\kappa_x(d_x + \kappa_x \alpha_x)}(b_x - 1)$；$\Delta t$ 是时间步长。

8.4　多轴完全匹配层边界条件

在二维 VTI 介质中，假设体力为零，则一阶速度-应力波动方程为

$$\frac{\partial \boldsymbol{W}}{\partial t} = A\frac{\partial \boldsymbol{W}}{\partial x} + B\frac{\partial \boldsymbol{W}}{\partial z} \tag{8-28}$$

式中，$\boldsymbol{W} = (v_x, v_z, \sigma_{zz}, \sigma_{xz}, \sigma_{xx})^{\mathrm{T}}$ 是由速度分量 $v_i(i = x,z)$、应力分量 $\sigma_{ij}(i,j = x,z)$ 构成的列向量；$\boldsymbol{A}$、$\boldsymbol{B}$ 为系数矩阵，可表示为

$$\boldsymbol{A} = \begin{bmatrix} 0 & 0 & 0 & 0 & \rho^{-1} \\ 0 & 0 & 0 & \rho^{-1} & 0 \\ C_{13} & 0 & 0 & 0 & 0 \\ 0 & C_{44} & 0 & 0 & 0 \\ C_{11} & 0 & 0 & 0 & 0 \end{bmatrix},\quad \boldsymbol{B} = \begin{bmatrix} 0 & 0 & 0 & \rho^{-1} & 0 \\ 0 & 0 & \rho^{-1} & 0 & 0 \\ 0 & C_{33} & 0 & 0 & 0 \\ C_{44} & 0 & 0 & 0 & 0 \\ 0 & C_{13} & 0 & 0 & 0 \end{bmatrix}$$

式中，ρ 为介质密度；C_{ij} 为介质的弹性常数。

传统的 PML 吸收边界条件方法通过引入衰减因子 d，并分裂变量来实施。以 v_x 为例，将其分裂成垂直于边界的 $v_x^{\perp}$ 和平行于边界的 $v_x^{\parallel}$ 两项，即

$$v_x = v_x^{\perp} + v_x^{\parallel} \tag{8-29}$$

则在计算区域内满足方程

$$\rho\frac{\partial v_x}{\partial t} = \frac{\partial \sigma_{xx}}{\partial x} + \frac{\partial \sigma_{xz}}{\partial z} \tag{8-30}$$

在匹配层内变为

$$\begin{cases} \rho(\partial_t + d_x)v_x^{\perp} = \dfrac{\partial \sigma_{xx}}{\partial x} \\ \rho\partial_t v_x^{\parallel} = \dfrac{\partial \sigma_{xz}}{\partial z} \end{cases} \tag{8-31}$$

其他变量的构建与此类似，这样就可以构建出传统的 PML 吸收边界条件，波的传播能量在其中呈指数衰减。

多轴完全匹配层(简写为 M-PML)吸收边界条件方法将基于分裂的传统 PML 进行一般化扩展，并在几个正交方向上同时引入衰减因子，以垂直于 x 轴的匹配层中的 v_x 为例，有

$$\begin{cases}\rho(\partial_t + d_x^{(x)})v_x^{\perp} = \dfrac{\partial\sigma_{xx}}{\partial x}\\ \rho(\partial_t + d_z^{(x)})v_x^{\parallel} = \dfrac{\partial\sigma_{xz}}{\partial z}\end{cases} \tag{8-32}$$

式中，$d_x^{(x)}$、$d_z^{(x)}$ 均为衰减系数，$d_x^{(x)}$ 与传统 PML 吸收边界条件方法中的 d_x 取法相同，而 $d_z^{(x)} = p^{(z/x)} \cdot d_x^{(x)}$。

其余变量的构建与此类同。类似地，在垂直于 z 轴的匹配层中引入衰减系数 $d_x^{(z)}$、$d_z^{(z)}$，而 $d_x^{(z)} = p^{(x/z)} d_z^{(z)}$。

$p^{(z/x)}$ 与 $p^{(x/z)}$ 分别为不同方向衰减系数的比例系数，也称为稳定性因子，通过调整稳定性因子可使计算结果稳定。稳定性因子可根据经验关系获取，不同的介质模型对应的稳定性因子有所不同。特别当稳定性因子都为零时，M-PML 介质退化为传统的分裂 PML 介质。

8.5　多轴卷积完全匹配层边界条件

本节以 C-PML 和 M-PML 吸收边界条件为基础，将两者结合，提出多轴卷积完全匹配层(简写为 MC-PML)吸收边界条件，即在 C-PML 吸收边界的实施过程之中，借鉴 M-PML 吸收边界条件算法在多个方向同时引入衰减因子的思想，同时保留 C-PML 吸收边界的复频移的坐标变换关系。具体实施过程：对每一部分匹配层，均在几个正交方向上进行坐标变换，与匹配层垂直的方向为主方向，并保留 C-PML 吸收边界原来的坐标变换关系，其余方向通过稳定性因子进行坐标变换，并采用 C-PML 吸收边界条件方法中的不分裂递推卷积算法计算变换后的空间偏导数。书中以二维情况下与 x 轴垂直的匹配层为例进行说明。在 x 和 z 两个方向上都进行空间坐标变换，即

$$\partial_{\tilde{x}} = \frac{1}{s_x}\partial_x,\quad \partial_{\tilde{z}} = \frac{1}{s_z}\partial_z \tag{8-33}$$

对于与 x 轴垂直的匹配层，x 轴方向为主方向，此方向上的复拉伸函数为

$$s_x = \kappa_x + \frac{d_x^{(x)}}{\alpha_x + \mathrm{i}\omega} \tag{8-34}$$

其中的参数与 C-PML 吸收边界中一致。z 轴方向上的复拉伸函数为

$$s_z = 1 + \frac{d_z^{(x)}}{\mathrm{i}\omega} \tag{8-35}$$

式中，$d_z^{(x)} = p^{(z/x)} \cdot d_x^{(x)}$。

式(8-33)～式(8-35)是频率域坐标变换关系，通过变换回时域并采用式(8-34)、式(8-35)对两个方向都进行变换后的计算。

对角部区域的处理情况与C-PML和M-PML吸收边界方法类似，即只进行简单的叠加处理。也就是说，MC-PML吸收边界方法也可视为对这几种PML方法的广义扩展，通过调整系数的取值，MC-PML吸收边界方法可退化为C-PML、M-PML或传统的PML吸收边界方法，但退化后都是不分裂形式。

理论分析及数值模拟均验证了传统的PML吸收边界方法在某些情况下不稳定，甚至C-PML吸收边界方法也不稳定，这主要是由于这两种吸收边界条件只具有单轴衰减特征，造成在匹配层内具有指数增长解。Meza-Fajardo和Papageorgiou(2008，2010)通过特征值灵敏度分析方法证明，由于采用多轴衰减剖面的M-PML吸收边界条件引入了稳定性因子，使系数矩阵特征值向负半实轴移动，从而消除了匹配层内的不稳定。这一节提出的MC-PML吸收边界条件方法，保留了M-PML吸收边界条件方法中多轴衰减剖面的引入，通过在正交的几个方向上同时引入衰减系数，也可以保证匹配层内的稳定性。

8.6　模型试算与应用

为了验证以上几节中介绍的几种完全匹配层方法的正确性与有效性，下面对几种不同介质模型进行了正演模拟计算，并将计算结果进行了对比。首先与文献Liu和Tao(1997)一样，选择两种各向异性介质：Drossaert和Giannopoulos(2007)提出的锌晶体模型和张显文等(2009)提出的介质模型Ⅲ。这两种介质模型都已被证明了在传统PML中由于存在指数增长解而产生不稳定性，C-PML也不能消除这种不稳定性，而M-PML可以使其稳定。

1. 锌晶体模型

计算中使用的锌晶体模型参数如下：$c_{11} = 1.65 \times 10^{11}\,\mathrm{N/m^2}$，$c_{22} = 6.2 \times 10^{10}\,\mathrm{N/m^2}$，$c_{33} = 3.96 \times 10^{10}\,\mathrm{N/m^2}$，$c_{12} = 5.0 \times 10^{10}\,\mathrm{N/m^2}$，$\rho = 7100\,\mathrm{kg/m^3}$，模型物理区域大小为25cm×25cm，物理区域四周加匹配层，震源采用主频为170kHz的里克子波，是与z轴方向一致的集中力震源，位于模型中间，模拟计算数据总时长为400μs(20000个时间步长)。图8-3给出了不同PML情况下不同时刻的z分量波场快照对比。由图8-3中可以看出：在36μs时，只有qP波入射到匹配层，三种PML情况下的计算结果几乎一样；到了82μs，波将要传播出整个区域，此时三种PML都没有出现不稳定现象，但是M-PML出现了相对比较严重的反射，吸收效果不好，MC-PML也有反射，但是比较轻微，基本不影响结果，C-PML 的结果最干净；在 400μs 的时候，C-PML 出现不稳定现象，如果继续计算，不稳定的增长噪音会污染整个区域，而 M-PML 和 MC-PML 的结果都是稳定的，不过 M-PML 的稳定需要 $p^{(z/x)} = p^{(x/z)} = 0.15$，而 MC-PML 中只需要 $p^{(z/x)} = p^{(x/z)} = 0.03$ 就可以稳定。这说明了 M-PML 和 MC-PML 较为稳定，而 C-PML 中会有不稳定的现象，而且 MC-PML 稳定所需的稳定性因子较小，这样可以减弱离散后的虚假反射，提高吸收效果。图 8-4 是物理区域中的能量变化关系对比图，由图可知：大约 0～100μs 震源注入能量，波开始传播，并有部分能量被匹配层吸收，这段时间三种 PML 情况下的能量变化基本一致，几乎不能区分；大约 100～200μs 时三种 PML 情况下的能量变化开始有明显区别，其中 C-PML 情况下的能量量级最低，但是能量减小的速度有所放缓，M-PML 和 MC-PML 情况下的能量减小速度基本一样，不过 M-PML 情况下的能量的量级相对较大，原因可能是由于 M-PML 中虚假反射较严重的缘故；大约 200～400μs，波已完全传播出

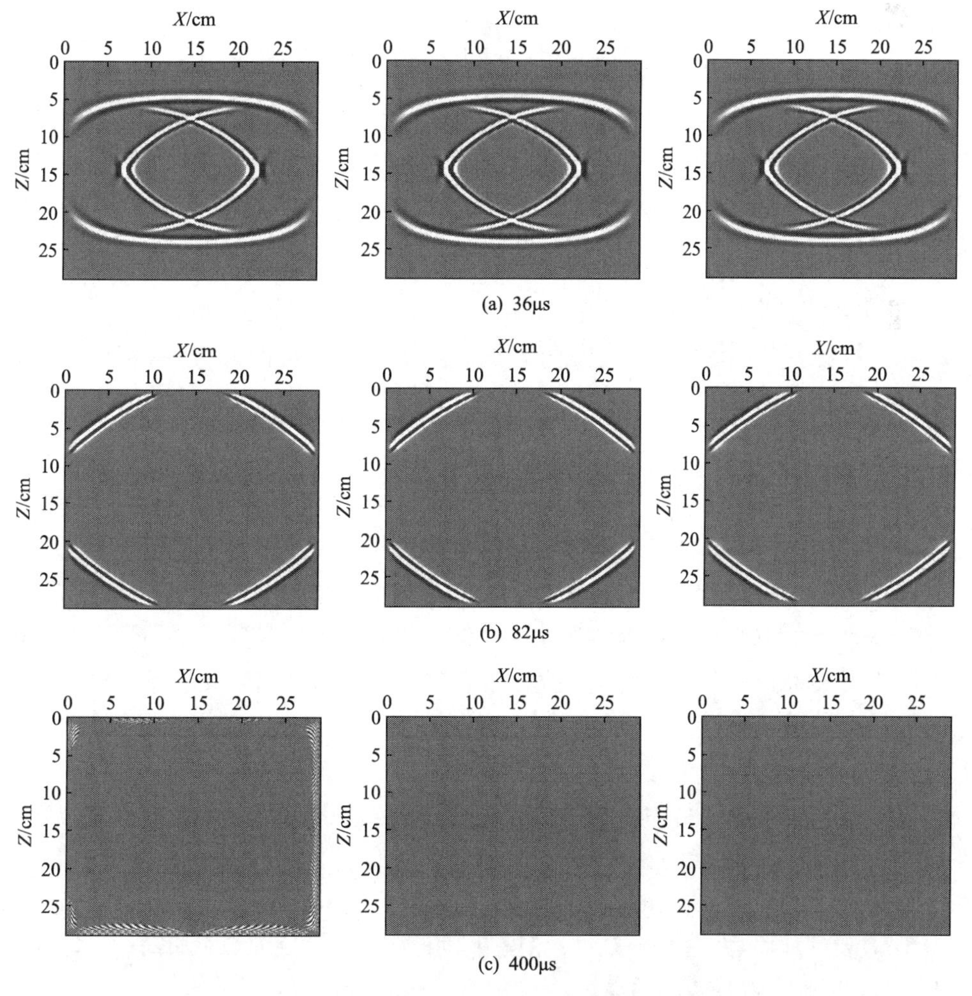

图 8-3　锌晶体介质不同 PML 条件下不同时刻波场快照对比图

左边一列是 C-PML 的波场快照，中间是 MC-PML 的波场快照（$p^{(z/x)} = p^{(x/z)} = 0.03$），

右边一列是 M-PML 的波场快照（$p^{(z/x)} = p^{(x/z)} = 0.15$）

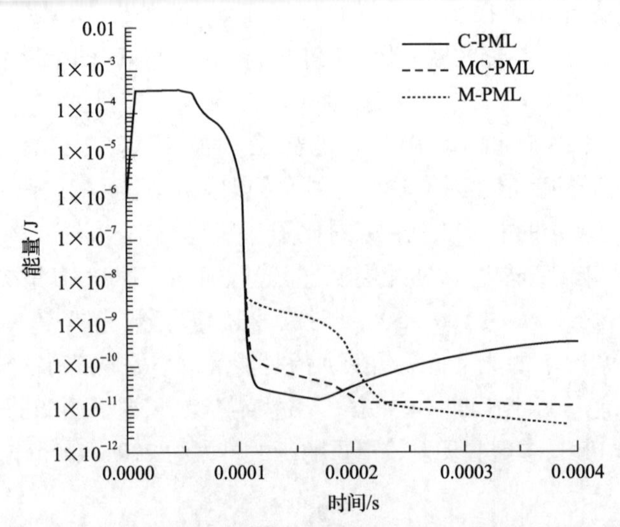

图 8-4 锌晶体介质物理区域中能量随时间变化对比图

整个区域，C-PML 中能量开始增长，出现不稳定性，而 M-PML 和 MC-PML 中的能量持续降低，没有能量增长的不稳定现象出现，不过 M-PML 降低的斜率更大，最终的能量量级也最低，这主要是由于其所需的稳定性因子更大的缘故。这也说明了在锌晶体模型介质中 C-PML 有不稳定性，而 M-PML 和 MC-PML 都可以是稳定的，其中 MC-PML 所需的稳定性因子更小，从而虚假反射也更弱。

2. 模型Ⅲ

在上面模型计算的基础上，进一步基于 Drossaert 和 Giannopoulos(2007)模型Ⅲ对三种边界条件进行了计算对比分析。模型Ⅲ的介质参数：$c_{11}=4\mathrm{N/m^2}$，$c_{22}=20\mathrm{N/m^2}$，$c_{33}=2\mathrm{N/m^2}$，$c_{12}=7.5\mathrm{N/m^2}$，$\rho=1\mathrm{kg/m^3}$，模型物理区域大小为 8m×8m，物理区域四周加匹配层，震源采用主频为 0.9Hz 的里克子波爆炸震源，位于模型左上角，距离物理区域左边界和上边界均为 0.15m，数值模拟计算总时长为 40s(20000 个时间步长)。图 8-5 是不同 PML 情况下不同时刻的 x 分量波场快照对比。由图可知：C-PML 在这种情况中是不稳定的，而且不稳定性更强，不稳定性出现的时刻比锌晶体模型更早；而 M-PML 和 MC-PML 都是稳定的，不过所需的稳定性因子更大，两者相比较，MC-PML 所需的稳定性因子比 M-PML 要小，吸收效果也较好(12s 波场快照中部)。

图 8-6 是物理区域中的能量变化对比图，由图也可以得出与锌晶体介质模型计算结果类似的结论，即 C-PML 在这种情况下是不稳定的，有能量增长的现象出现，而 M-PML 和 MC-PML 都是稳定的。在 40s 内震源释放完能量后能量持续降低，不过 MC-PML 比 M-PML 吸收要好一些(大约 15～20s)，但是差别较小，这是因为二者所需的稳定性因子差别不大而且匹配层选择较厚的缘故。

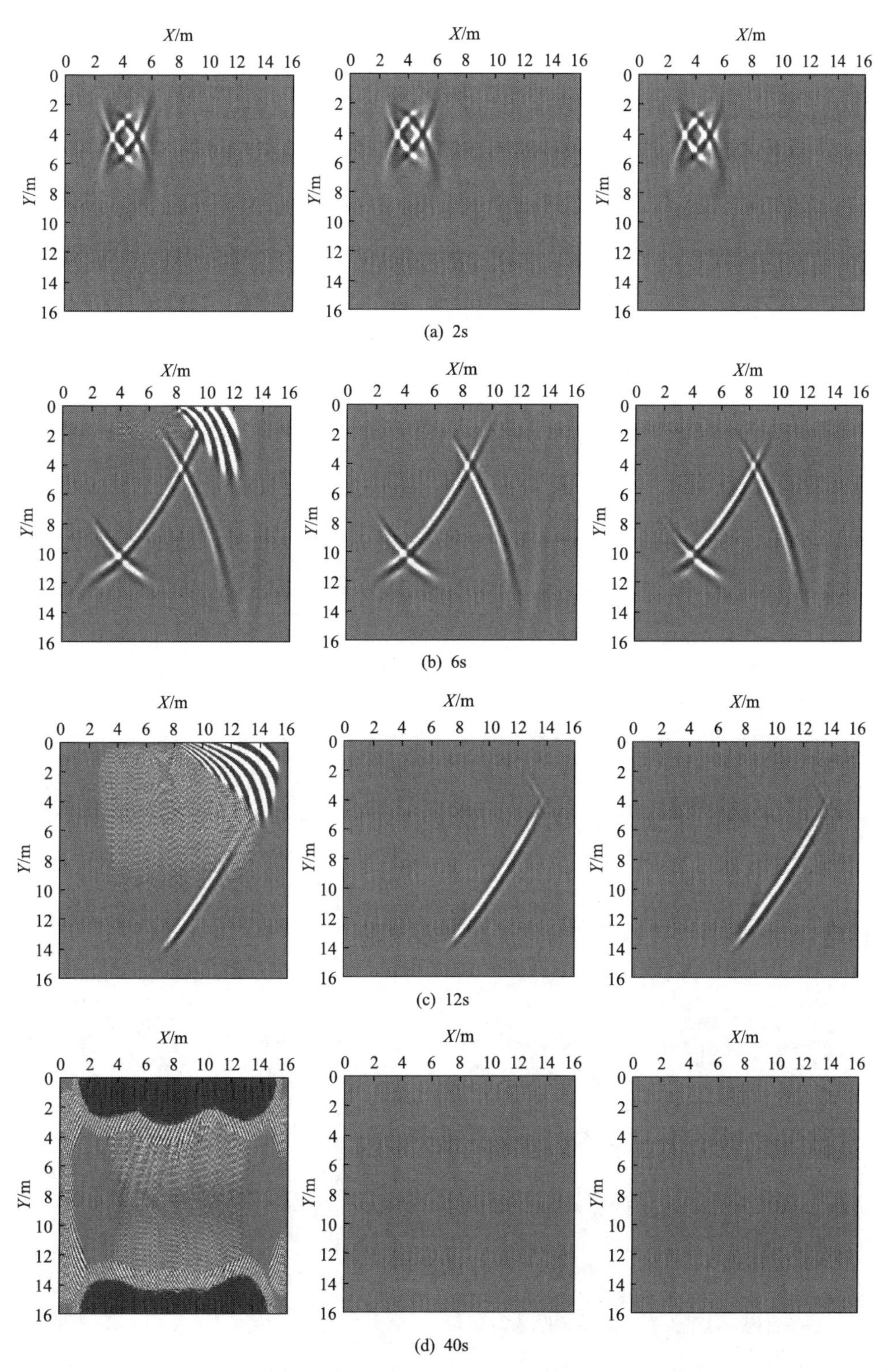

图 8-5　模型Ⅲ中不同 PML 条件下不同时刻波场快照对比图

左边一列是 C-PML 的波场快照，中间为 MC-PML 的波场快照（$p^{(z/x)}=0.15$，$p^{(x/z)}=0.35$），右边则为 M-PML 的波场快照（$p^{(z/x)}=0.2$，$p^{(x/z)}=0.4$）

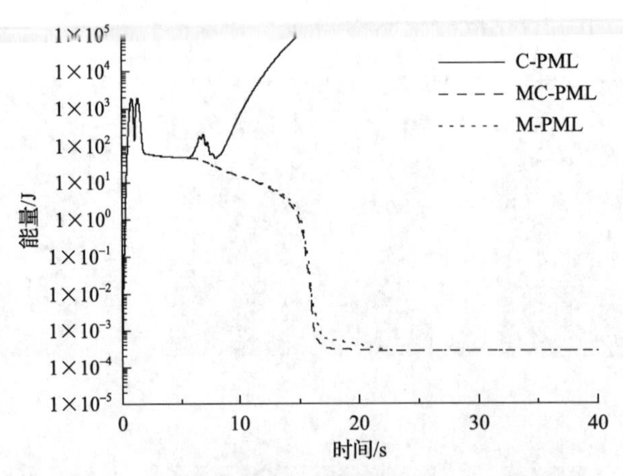

图 8-6　模型Ⅲ物理区域中能量随时间变化对比图

3. 各向同性弹性介质

下面考察 MC-PML 在各向同性弹性介质中的性能。已经有文献报道在各向同性弹性介质中传统的 PML 也存在不稳定性，甚至在高泊松比自由表面的半空间各向同性弹性介质的情况下 C-PML 也不能使其稳定。本书选择上述文献中的两种介质模型在 MC-PML 条件下进行试算，第一个是狭长开放区域的各向同性弹性介质模型，第二个是自由表面的半空间各向同性弹性介质模型。

第一个模型介质参数为纵波速度为 4000m/s，横波速度为 2310m/s，密度为 2500kg/m^3，模型物理区域长 9km，宽 0.8km，物理区域四周加匹配层，震源采用主频为 10Hz 的里克子波爆炸震源，位于模型底部，距离物理区域左边界和下边界均为 0.3km，正演模拟计算总时长为 3s(6000 个时间步长)。图 8-7 是 $p^{(z/x)} = p^{(x/z)} = 0.1$ 的 MC-PML 情况下的不同时刻 z 分量波场快照，可以看出这个结果很好地模拟了波的传播过程，没有不稳定的现象出现，吸收效果也比较好，这说明了 MC-PML 在这种情况下能够得到

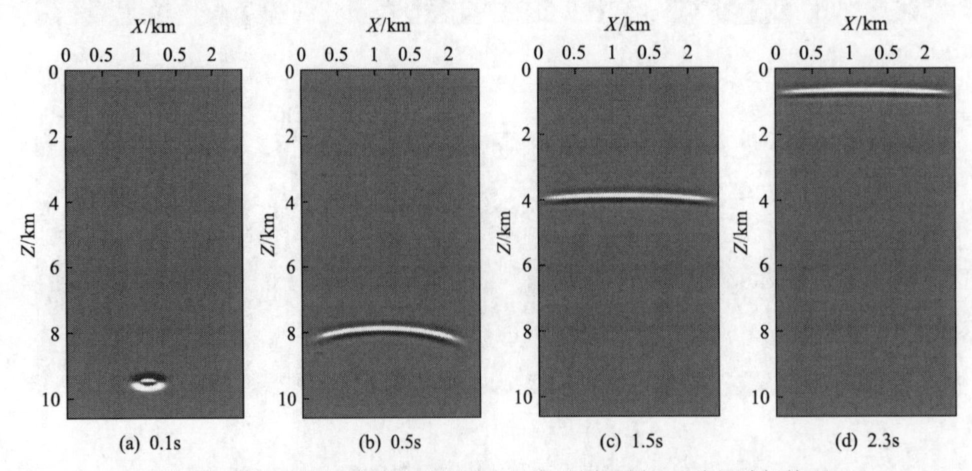

(a) 0.1s　(b) 0.5s　(c) 1.5s　(d) 2.3s

图 8-7　狭长开放区域的各向同性介质中不同时刻的 z 分量波场快照

很好的结果。图 8-8 是物理区域中的能量变化图，由图可以看出，在 0～0.2s 震源注入能量并开始传播，0.2～2.2s 能量缓慢减小，这是因为狭长区域中波近似平面波传播，2.2～3s 波开始传播出物理区域并被匹配层吸收，能量急剧下降并保持较低的量级。整个过程能量持续减少，没有不稳定的现象出现。

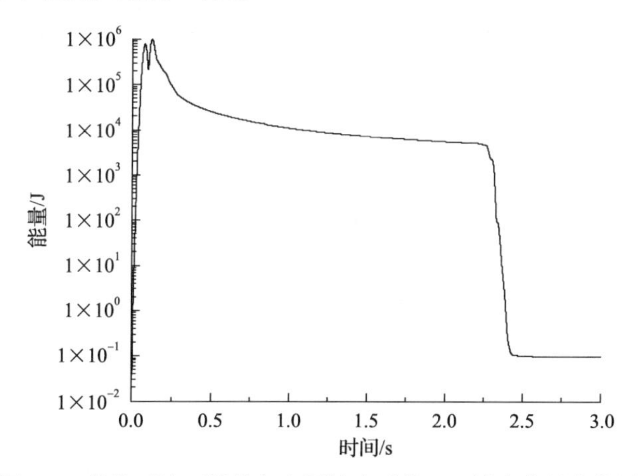

图 8-8　狭长开放区域的各向同性介质物理区域中能量变化图

第二个模型是自由表面的半空间各向同性弹性介质，其介质参数为纵波速度为 3200m/s，横波速度为 1870m/s，密度为 2700kg/m^3，模型物理区域长 15km，宽 1km，物理区域下边和左右两边加匹配层，上边采用自由边界条件，震源采用主频为 2.5Hz 的里克子波爆炸震源，位于模型左上角，距离物理区域左边界和上边界均为 0.25km，数值模拟计算总时长为 10s(20000 个时间步长)。图 8-9 是 $p^{(z/x)} = p^{(x/z)} = 0.1$ 的 MC-PML 情况

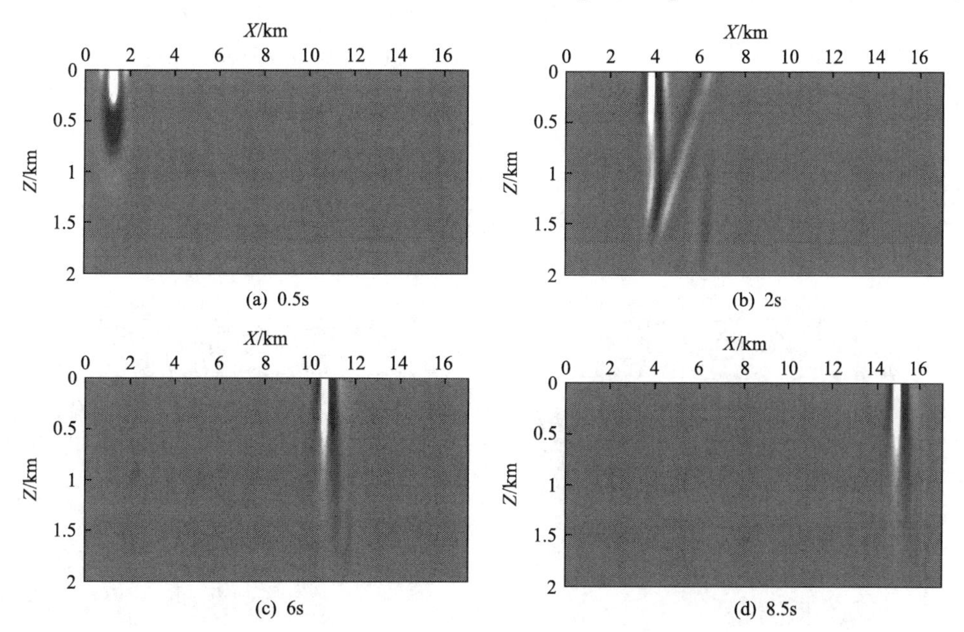

图 8-9　带自由表面的半空间各向同性介质中不同时刻的 z 分量波场快照

下的不同时刻 z 分量波场快照，由图可以看出，体波和面波及其传播的过程都得到了很好的模拟，面波能量强和随深度衰减的特征得到体现，没有不稳定的现象出现，体波和面波的吸收效果也都较好，这说明 MC-PML 在这种情况下能够得到很好的结果。图 8-10 是物理区域中的能量变化图，由图可以看出，在 0～1s 震源注入能量并开始传播，2～9s 能量缓慢减小，这是因为狭长区域中波近似平面波传播，此时进入匹配层的能量较少，8～10s 波开始传播出物理区域并被匹配层吸收，能量急剧下降并保持较低的量级。整个过程能量持续减少，没有不稳定的现象出现。

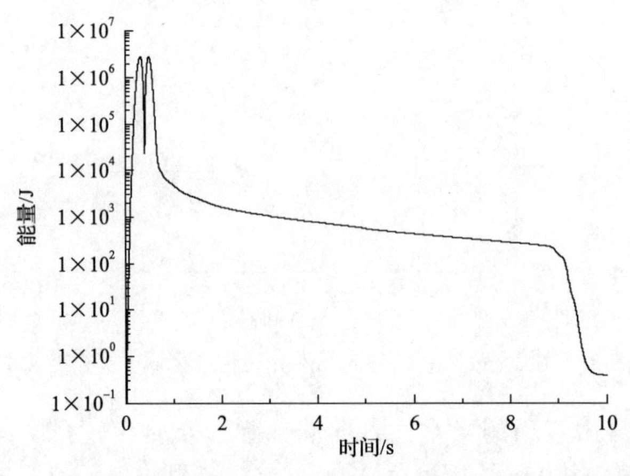

图 8-10　带自由表面的半空间各向同性介质物理区域中能量变化图

4. 复杂黏性介质模型

为了考察 MC-PML 对复杂的非均匀介质的适应性，以及对黏性介质的应用，选择国际通用的 Marmousi 模型进行正演模拟。速度场如图 8-11 所示，模型大小为 737×750，空间间隔为 5m，震源主频为 30Hz，中间放炮，地表接收，模型四周加匹配层，品质因子由李氏经验公式得到。图 8-12 是炮记录，图 8-13 是不同时刻的波场快照，可以看出波的传播过程被较好地模拟，没有明显的边界反射，也没有不稳定现象出现，说明了 MC-PML 对复杂黏性非均匀介质具有较好的适应性。

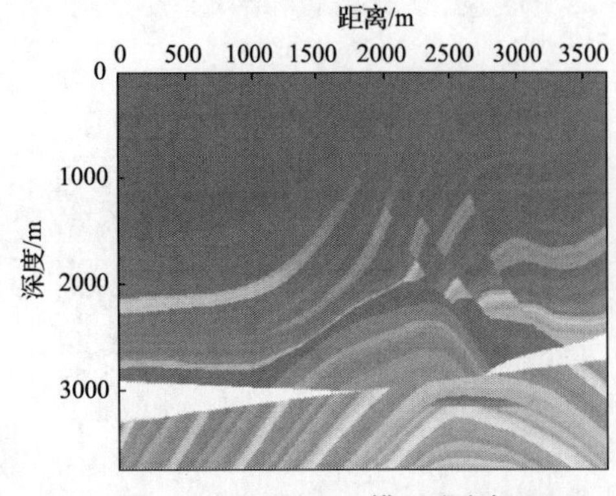

图 8-11　Marmousi 模型速度场

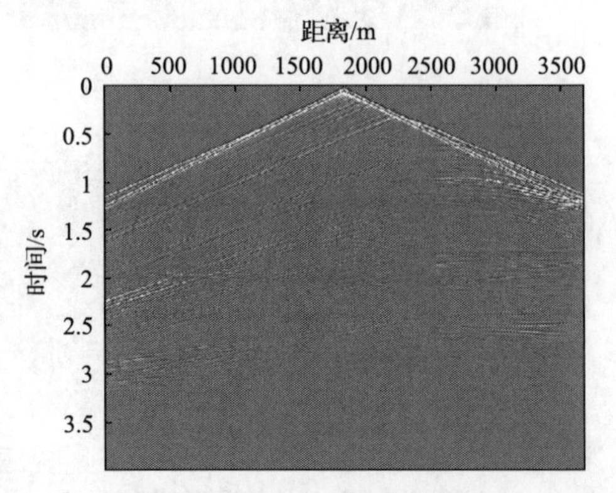

图 8-12　Marmousi 模型单炮记录

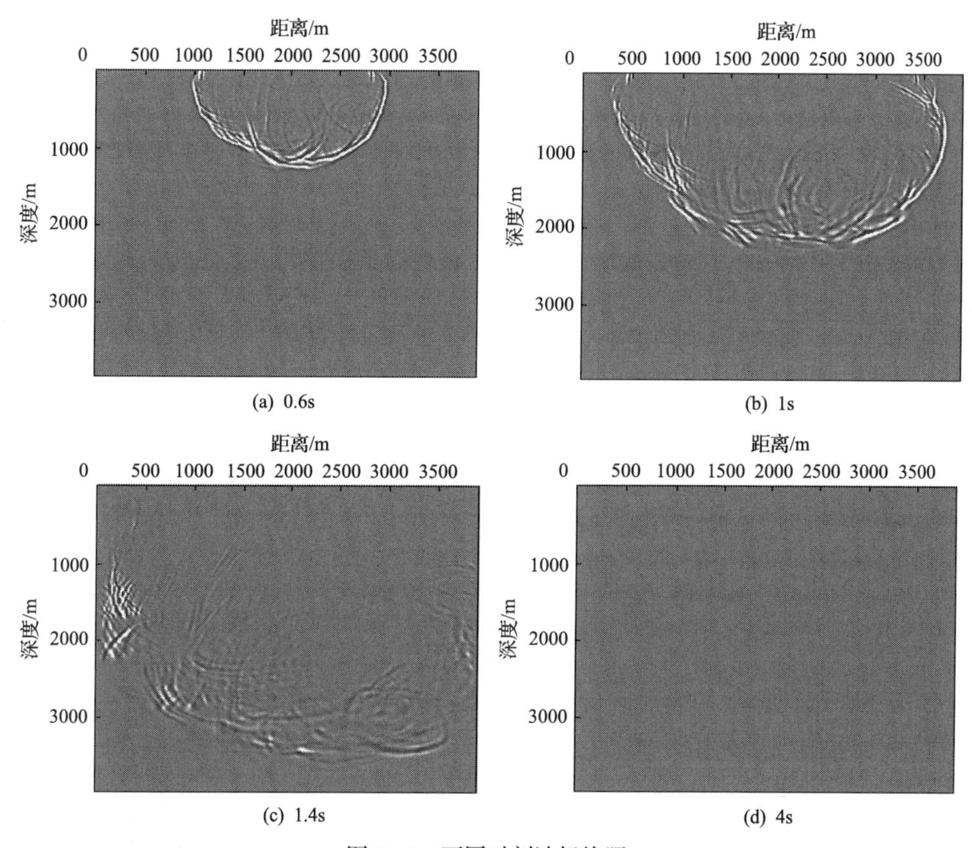

(a) 0.6s

(b) 1s

(c) 1.4s

(d) 4s

图 8-13 不同时刻波场快照

参考文献

张显文, 韩立国, 黄玲, 等. 2009. 基于递归积分的复频移 PML 弹性波方程交错网格高阶差分法. 地球物理学报, 52(7): 1800-1807.

Berenger J P. 1994. A perfectly matched layer for the absorption of electromagnetic waves. Journal of Computational Physics, 114(2): 185-200.

Cerjan C, Kosloff D, Kosloff R. 1985. A nonreflecting boundary condition for discrete acoustic and elastic wave equations. Geophysics, 50(4): 705-708.

Collino F, Tsohka C. 2001. Apllication of the perfectly matched layer model to the linear elastodynamic problem in anisotropic heterogenous media. Geophysics, 66(1): 294-307.

Drossaert H F, Giannopoulos A. 2007. A nonsplit complex frequency-shifted PML based on recursive integration for FDTD modeling of elastic waves. Geophysics, 72(2): T8-T17.

Liu Q H, Tao J P. 1997. The perfectly matched layer for acoustic waves in absorptive media. The Journal of the Acoustical Society of America, 102(4): 2072-2082.

Meza-Fajardo K C, Papageorgiou A S. 2008. A non-convolutional split-field, perfectly matched layer for wave propagation in isotropic and anisotropic elastic media: Stability analysis. Bulletin of the Seismological Society of America, 98(4): 1811-1836.

Meza-Fajardo K C, Papageorgiou A S. 2010. On the stability of a non-convolutional perfectly matched layer for isotropic elastic media. Soil Dynamics and Earthquake Engineering, 30: 67-81.